公共工事のデザイン・ビルド
―日・米・英にみるパートナーシップのデザイン・ビルド方式―

埜本信一／編著

大成出版社

推薦のことば

　現在、わが国の公共工事を取り巻く環境は、大きく変化している。公共投資の量が急激に減少しているだけでなく、新設から維持管理・更新へ、その質も変化している。また、度重なる談合事件により、100年間使い続けてきた指名競争入札は、一般競争入札に変わり、総合評価方式やＣＭ方式等、種々の新しい制度が次々に導入されはじめている。一方で、これらの変化に対して、これまでの公共調達制度が担保していた調達の目標が今後も実現できるかどうかを検証する必要がある。将来の社会的要請に応えられるよう、改めて制度の目指すべき方向を見直し、その再構築を考えるべき時期にきている。本書は、デザイン・ビルド方式に関する実務書であり、わが国においてもその活用が期待されている調達方式のひとつである。

　本書の特徴は、米国・英国とわが国のデザイン・ビルド方式の実例について、詳細な調査に基づき、その手続きやプロセス、契約の考え方を丁寧に記述したところにある。さらに、この方式を導入した各国の社会的背景を比較している点が優れた特徴である。設計と施工を一括で発注するという同じデザイン・ビルド方式であっても、それを求める背景が異なれば、期待する効果は異なるものであり、その制度設計は異なるものとなる。それぞれの国で歴史的に育まれてきた調達制度が異なれば、新しい方式の位置づけや活かし方も異なるのである。

　本書の著者である埜本信一氏とは、国際建設技術協会に所属されている時代に、何度か海外の公共調達制度に関する調査で同行させていただく機会を得た。それまでに海外調査の経験を重ねられてきた同氏が、「海外の制度をそのまま導入するのではなく、わが国の制度にとって都合のよいところを上手く取り込めばよい」と仰っていたのを今でも覚えている。世界の多様な試みから学ぶべきことは数多いが、社会的背景や歴史の異なる海外の制度を忠実に真似することが、わが国において必ずしも良い結果を生み出すとは限らないのである。わが国が抱える問題と将来の目指すべき方向をしっかり見据えた上で、制度設計に取り組むことが重要である。

　さらに、本書からは、埜本氏のわが国でのデザイン・ビルド方式の今後の発展への想いやコンサルタントへの配慮が伺える。一般的には、これまで設計・

施工分離で実施されてきた公共工事において、デザイン・ビルド方式が導入された場合の設計者の位置づけやその役目を担ってきたコンサルタントにとっては、これは大きな関心事だからである。建設会社が保有する技術力を活かすだけでなく、コンサルタントの役割もこの方式においては重要である。

　最後に、塰本氏の今後益々のご健勝をお祈り申し上げるとともに、このデザイン・ビルドに関する大作を、デザイン・ビルド方式に関心を持つ方だけでなく、公共調達に関係する実務者に是非、読んでいただきたいと思う次第である。

平成20年4月吉日

東京大学大学院工学系研究科
社会基盤学専攻教授　　小澤一雅

はじめに

　我が国における公共工事プロジェクトは、発注者に委託された建設コンサルタントが詳細設計を行い、その設計に基づく価格競争入札で落札した建設業者が施工して完成されている。このプロセスには、入札に先立ち建設すべき構造物の詳細が決められ、かつ必要に応じて施工方法も定められることから、発注者にとっても建設業者にとっても品質やコストに関するリスクが小さいという利点があるが、一方で建設業者の技術ノウハウが設計や施工方法に十分に生かされないという欠点がある。

　近年、公共工事の実施に関して、従来に増して経済性、品質、安全性、或いは工期短縮などが求められるようになり、これまで発注者と建設コンサルタントのみによって作成されてきた設計に建設業者の技術ノウハウの活用を可能にするプロジェクト実施方式を模索する動きが強くなった。その結果、国土交通省で平成9年に一定の要件を満たす工事で、建設業者に設計と施工を一体として発注する「デザイン・ビルド方式」が試行的に取入れられた。

　さらに、平成10年に「入札時VE」が、平成12年には「総合評価落札方式」が導入された。また、平成17年に制定された「公共工事の品質確保の促進に関する法律（品確法）」で、発注者に入札者から入札対象構造物の設計、施工法についての技術提案を求めるように努めることが義務付けられなど、デザイン・ビルドの入札・契約方式の促進に繋がる制度が整備された。このような背景の下で、建設業者の技術ノウハウを最大限に活用することが期待出来るデザイン・ビルド方式を取入れる発注者が徐々に増えてきた。

　しかし、これまで我が国におけるデザイン・ビルド方式に関連する制度整備は主として請負業者を選定する入札手続きに関するものであった。今後、デザイン・ビルド方式をより有効に活用するためには、欧米でデザイン・ビルド方式の導入時に議論となった、デザイン・ビルド方式の適用目的、建設コンサルタントおよび専門工事業者の位置付け、工事品質と適正契約額の確保策、リスク分担など契約に関わる事項についての幅広い検討が望まれる。なお、検討に際しては、デザイン・ビルド方式では同一の契約で多業種の企業が参画すること、設計および工事の詳細が契約後に確定されることから、各関係者がパート

ナーとして Win－Win の契約関係の下で協調してプロジェクトを完成する入札・契約制度作りを目指すことが必要である。

　本書では、先ず、デザイン・ビルドの入札手続きの詳細を紹介するとともに、デザイン・ビルド方式の特性と意義を述べ、次いで日本、米国、英国のデザイン・ビルド方式の実施例を通して日本と欧米諸国における建設コンサルタント、下請建設業者の位置付けと取扱いの相違を示したうえ、今後、我が国においてデザイン・ビルド方式をより適切に活用するための検討課題とそれに対する対応方針に関する提案をしている。

　また、巻末には参考資料として品確法、米国・英国でのデザイン・ビルド契約条項の例、デザイン・ビルド工事におけるコンサルタントのCM契約の例、および米国連邦道路庁が連邦議会の要請で実施したデザイン・ビルド発注実態調査の概要を添付した。

　本書が、発注者、建設コンサルタントおよび建設業者でデザイン・ビルド方式に関心は有るが馴染みのない方々、すでにデザイン・ビルド方式の入札契約の経験が有るが、さらにデザイン・ビルド方式の有効活用を模索する方々の参考になれば幸甚であります。

　最後に、本書を出版するにあたり、助言と推薦のことばを頂いた東京大学社会基盤学科の小澤一雅教授、貴重な資料を提供して下さいました国土交通省四国地方整備局および同松山河川国道事務所、関東地方整備局道路部、ワシントン州交通局、ユタ州交通局並びに英国道路庁に深く感謝を申し上げる次第であります。また、大成出版社には本書の編集と校正に尽力を頂いたことを記し厚くお礼申し上げます。

平成20年4月

　　　　　　　　　　　　　　　　　　　　　　　　　埜本　信一

公共工事のデザイン・ビルド
―日・米・英にみるパートナーシップによるデザイン・ビルド方式―

目　次

第1章　デザイン・ビルドの概説 …………………………………… 1
第1節　デザイン・ビルドの特性 ………………………………… 1
　1.1　デザイン・ビルドとは ………………………………………… 1
　1.2　デザイン・ビルドの設計責任 ………………………………… 4
　1.3　デザイン・ビルドの長所 ……………………………………… 6
　1.4　デザイン・ビルドの短所 ……………………………………… 12
　1.5　デザイン・ビルドの事業実施体制 …………………………… 13
第2節　デザイン・ビルドの導入経緯 …………………………… 16
　2.1　日本のデザイン・ビルド ……………………………………… 16
　2.2　米国のデザイン・ビルド ……………………………………… 24
　2.3　英国のデザイン・ビルド ……………………………………… 29
第3節　デザイン・ビルド入札の概要 …………………………… 35
　3.1　入札方式と入札評価方法 ……………………………………… 35
　3.2　総合評価落札方式の入札で提出する技術書類 ……………… 36
　3.3　総合評価による落札者の決定 ………………………………… 39
　3.4　デザイン・ビルドの入札手順例 ……………………………… 41
　3.5　デザイン・ビルド入札の日程と評価の事例 ………………… 43

第2章　デザイン・ビルド入札の詳説 …………………………… 51
第1節　日本のデザイン・ビルド ………………………………… 51
　1.1　総合評価落札方式とデザイン・ビルド入札 ………………… 51
　1.2　高度技術提案型デザイン・ビルドの入札 …………………… 57
　1.3　高度技術提案型の技術力資料 ………………………………… 60
　1.4　高度技術提案型の技術提案 …………………………………… 62
　1.5　総合評価方式の入札評価値の算定方法 ……………………… 70

第2節 米国のデザイン・ビルド ……………………………………………… 73
2.1 デザイン・ビルドによる請負業者選定方式 …………………… 73
2.2 入札書の評価項目と評価方法 …………………………………… 76
2.3 入札者と発注者間の情報・意見交換 …………………………… 78
2.4 その他 ……………………………………………………………… 80

第3章 デザイン・ビルドの入札事例 …………………………………… 83
第1節 日本の国土交通省の例 ………………………………………… 83
1.1 一般事項 ………………………………………………………… 83
1.2 競争参加資格関係 ……………………………………………… 85
1.3 入札・契約関係 ………………………………………………… 100
第2節 米国ワシントン州交通局の例 ………………………………… 109
2.1 一般事項 ………………………………………………………… 109
2.2 入札資格関係 …………………………………………………… 112
2.3 入札・契約関係 ………………………………………………… 122
第3節 英国道路庁の例 ………………………………………………… 141
3.1 一般事項 ………………………………………………………… 141
3.2 入札資格関係 …………………………………………………… 141
3.3 入札・契約関係 ………………………………………………… 142

第4章 デザイン・ビルドとコンサルタント ………………………… 157
第1節 米国におけるコンサルタント ………………………………… 157
1.1 コンサルタントへの影響 ……………………………………… 157
1.2 コンサルタントによる元請受注の問題 ……………………… 160
第2節 英国におけるコンサルタント ………………………………… 160
2.1 コンサルタントへの影響 ……………………………………… 160
2.2 コンサルタントによる品質管理 ……………………………… 163
第3節 日本におけるコンサルタント ………………………………… 170
3.1 デザイン・ビルドの導入動機とコンサルタント …………… 170
3.2 コンサルタントへの影響 ……………………………………… 171

第5章　日本におけるデザイン・ビルドの検討課題 …………177
第1節　デザイン・ビルドの活用 ……………………………………177
- 1.1　デザイン・ビルドの活用目的の多様化 ……………………177
- 1.2　デザイン・ビルドの活用方針の確立 ………………………179
- 1.3　デザイン・ビルドの活用指針・標準契約書類の作成 ………181
- 1.4　建設コンサルタントによる品質管理の監視 ………………181
- 1.5　建設業者と建設コンサルタントのパートナーシップの醸成 …182

第2節　デザイン・ビルドの入札・契約方式 ……………………183
- 2.1　適正な下請契約 ……………………………………………183
- 2.2　デザイン・ビルドでの能力評価型指名競争入札の導入を検討 …186
- 2.3　建設コンサルタントと建設業者のJV制度 …………………187
- 2.4　発注機関で発注準備に係わった建設コンサルタントの取扱い
……………………………………………………………………188
- 2.5　契約額の適正検証制度の導入 ………………………………189
- 2.6　技術提案書の作成費の支払い ………………………………192
- 2.7　詳細設計と工事着手時期 ……………………………………194

参考資料Ⅰ　公共工事の品質確保の促進に関する法律 ……………196
参考資料Ⅱ　米国・英国のデザイン・ビルド契約の主な条項 ……201
- 1.　米国の契約条項 ………………………………………………201
- 2.　英国の契約条項 ………………………………………………236

**参考資料Ⅲ　デザイン・ビルドによるミネソタ州崩落橋の新設
工事でのコンサルタントによるプロジェクト監理** …242
参考資料Ⅳ　米国連邦道路庁デザイン・ビルド発注実態調査 ……271

第1章　デザイン・ビルドの概説

第1節　デザイン・ビルドの特性

1.1　デザイン・ビルドとは

　これまで、公共工事は、発注者が建設コンサルタントに委託して作成した詳細設計に基づき、価格競争入札を行い最低価格の建設業者によって施工されてきた。すなわち、公共工事では設計と施工を分離して発注するのが原則であった。それに対して最近、我が国を始め世界の各地で導入されてきたデザイン・ビルド（Design-Build）方式は、設計と施工をまとめて発注し、一つの企業体（主に建設業者）が設計と施工の両方に責任を負って工事を完成する方式であり、日本の国土交通省ではデザイン・ビルド方式を、「設計・施工一括発注」方式と呼んでいる。なお、本書で紹介する日本のデザイン・ビルドに関する記述は、主として国土交通省が設置した「公共工事における総合評価方式活用検討委員会」、および国土交通省と関係6省庁が設置した「設計・施工一括発注方式導入検討委員会」が取り纏めた報告書などを参考にしたものである。

　米国のデザイン・ビルド方式に関する記述は、連邦道路庁（Federal Highway Administration）が「連邦規則集第23（道路）編の第636項（23 CFR Parts 636）」として定めたデザイン・ビルド入札の契約に関する規則、および同規則に基づき各州の交通局が道路建設のために策定したデザイン・ビルドの活用指針、および発注担当者に対する聞き取り調査などに基づいている。

　英国には公共工事の調達に関する体系的な法律は存在せず、公共工事の入札・契約は関係省庁が定める指針などに基づいて行われている。従って、本書の英国におけるデザイン・ビルドに関する記述は、同国の道路庁（Highways Agency）が作成した各種の指針、報告書などと現地で行った調査結果に基づいている。

　デザイン・ビルド方式は、事業実施プロセスのどの段階で採用されるかによって、次の3種類に区分することができる。なお、デザイン・ビルド方式で請

負業者が作成する設計の目的は、発注者が求める要件を満たす目的構造物の詳細の確定と、その構造物の施工に活用することであり、デザイン・ビルドの設計と従来方式の発注で発注者が入札図書の一部として、入札者に提供する詳細設計に大差はない。従って、デザイン・ビルドがどの段階で発注されても、請負業者が作成する最終設計は、従来方式の詳細設計と同様なものとなる。

(1) 早期デザイン・ビルド

　早期デザイン・ビルドは発注者がプロジェクトを企画した段階で、それ以降の計画、設計、施工をまとめて一つの企業体に発注する方式である。発注者側に建設に関する専門知識が無い場合、または、逆に技術的に簡易な災害復旧工事、設計および施工方法に比較案の余地がない工事等にも活用される。例えば、米国のロスアンジェルスで、1994年1月17日に発生したノースリッジ地震で、米国で最も交通量が多いといわれる州際道路Ⅰ-10の高架橋が破損し、その架け替え工事で、工期短縮のために、早期デザイン・ビルド方式が使われた。また、英国では世界文化遺産のストンヘッジ近傍の幹線道路A303の地下化と隣接バイパスなどが早期デザイン・ビルド方式で発注されている。

(2) 機能・性能仕様デザイン・ビルド

　高度な技術、知識が必要な場合、あるいは複雑で前例のない場合、工期が極めて短い場合などに、発注者は目的物の機能あるいは性能、概念図、概略工期を明示して発注する。通常、請負業者は2段階方式で選定される。第一段階では入札希望者から企業の技術力を審査する技術力資料、工事の設計・施工に対する基本的な取組方針を求め入札者を決定する。第二段階で入札者から価格提案と詳細な設計・施工方針、予定技術者などに関する技術提案を求め、両提案を総合的に評価し、発注者にとって最も有利な入札をした者を落札者とする。

(3) 概略または基本設計デザイン・ビルド

　発注者が、計画図あるいは概略または基本設計を作成したうえ、工期を設定し、入札者はそれに基づいて詳細な設計・施工方針、配置予定技術者およ

び代案などに関する技術提案を作成する。通常、発注者は入札者と技術提案について対話、あるいは交渉をして技術提案の内容を確認または改善をする。落札者の決定は、機能・性能仕様デザイン・ビルド方式とほぼ同様、2段階方式で行われる。

通常、道路建設プロジェクトでは、デザイン・ビルド方式であっても、発注前に関係機関との調整、地域住民説明、環境影響評価などが求められ、ある程度詳細な設計をする必要があり、各国とも概略または基本設計後にデザイン・ビルドで発注する場合が多い。

(4) デザイン・ビルドによる事業実施手順と関係者

図1-1は、早期デザイン・ビルド、機能・性能仕様デザイン・ビルド、および概略または基本設計デザイン・ビルド方式で建設業者が入札・契約を

図1-1 従来方式とデザイン・ビルドの事業実施手順と関係者例

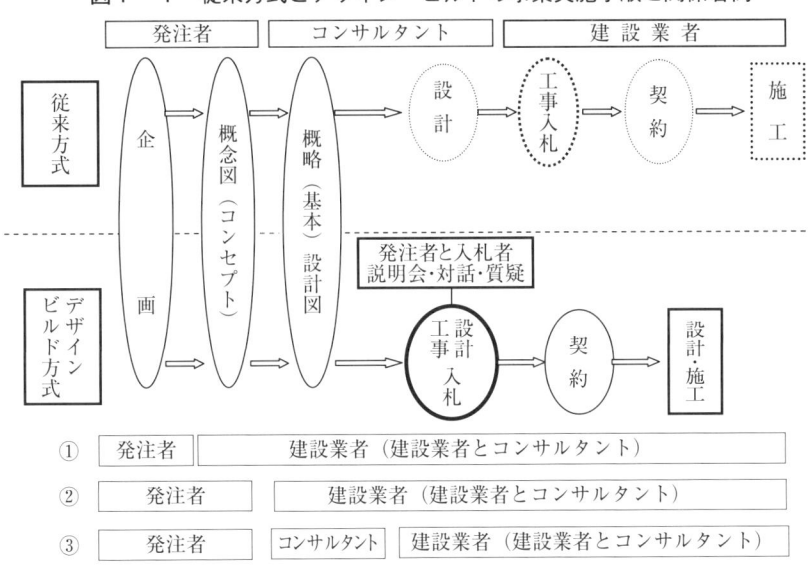

注1： ① 早期デザイン・ビルド
　　　② 機能・性能仕様デザイン・ビルド
　　　③ 概略または基本設計デザイン・ビルド
注2：括弧内は建設業者とコンサルタントのJVの場合

する場合の事業実施手順と関係者の例である。

　デザイン・ビルド方式で、請負業者は従来の入札契約方式に比べ、設計でより大きな自由裁量を与えられるが、それは同時に従来は発注者が負っていた設計リスクが請負業者に転嫁されることでもある。一方、発注者はデザイン・ビルドで請負業者の技術力の活用、およびリスク転嫁が可能になるが、契約履行過程で請負業者への関与を制限されることになる。従って、デザイン・ビルド方式の利点を最大限に生かすためには、契約時に事業の目的および機能、発注者と請負業者の役割分担、リスク分担を詳細に定め、それらを関係者が理解し、納得する必要がある。そのため、各国とも入札手続きの過程で説明会、対話、あるいは質疑を通し発注者と入札者が契約要件および条件を十分に理解し、確認する機会を設ける例が多い。

(5)　建設コストのリスク分担

　デザイン・ビルド方式では、工事対象の構造物の詳細な形状、寸法、工事数量が未確定の段階で契約金額が確定されるため、発注者と請負業者の両方にとって建設コストのリスクが大きい。デザイン・ビルドの特性の一つが、請負業者に設計・施工方法で大きな自由裁量を与えることであることから、発注者がコスト・リスクを過度に請負業者に転嫁する傾向がある。しかし、不適当なリスク転嫁は入札価格に反映され、結果的に発注者がコスト・リスクを負担することになる恐れがある。

1.2　デザイン・ビルドの設計責任
(1)　過失責任と無過失責任

　日本では、民法第644条で「受任者は委任の本旨に従い、善良なる管理者の注意を以って委任事務を処理する義務を負う」と規定されている。通常の公共工事の設計はコンサルタントとの委託契約で実施されており、受任者であるコンサルタントの設計に関する瑕疵担保は過失責任とされている。ちなみに、工事請負業者の担保責任は無過失責任である。同様に設計であっても請負契約であれば無過失責任になる。

　デザイン・ビルド方式では設計と工事施工を一括して請負契約として、企業（主に建設業者）に発注される。この際、受注者の瑕疵担保責任は契約の

工事施工に関する部分は請負契約として取扱うことに議論の余地はない。設計は所要の機能を有する工事を完成するための手段であること、デザイン・ビルドの主旨が受注者の責任において設計と施工の技術力を有機的に組合せて活用し、目的物を完成することであり、受注者が設計をコンサルタントに下請発注しても、発注者が工事は無過失責任、設計は過失責任と分離することは考えられない。従って、デザイン・ビルドの設計について、請負業者の瑕疵担保責任も無過失責任になると考えられる。ただし、請負業者と下請コンサルタント間での責任問題の取り扱いは両者の契約条件により決まる。

米国および英国のコンサルタントは、通常、善良管理（standard care）を欠いたことによる瑕疵に責任を負い、これは日本の過失責任に相当すると考えられる。米・英国で設計業務を発注する者は公共機関であっても、民間企業であっても契約時に受注コンサルタントに設計瑕疵責任保険の付保を要求し、コンサルタントが設計瑕疵に適正に対応しない場合に備えている。米国においてデザイン・ビルド契約であっても、設計瑕疵に関する限り請負業者の責任は過失責任であると主張する意見もあるが、デザイン・ビルドの場合、請負業者は設計瑕疵に対しても工事瑕疵と同様に無過失責任を負うという意見が強い。

(2) 請負業者と発注者間での設計リスク分担

デザイン・ビルド方式で受注者が負う設計の瑕疵担保責任は契約で発注者に分担された設計リスクに起因する瑕疵には及ばない。下記の**表1-1**は、設計瑕疵あるいは設計変更を引き起こす恐れのある主なリスクと、各国の多くの発注者が用いているリスク分担の例である。

表1-1 主な設計リスクと分担例

リスク項目	要素	リスク分担 発注者	リスク分担 受注者
発注者提供資料の不備	測量・地質調査ミス、関係機関の調整不備、コミュニティとの対話不足など	○	△ (注)
設計条件の設定方法の不適	発注者提供資料の解釈ミス、現地調査不足		○
設計条件の途中変更	法令・基準等の変更など	○	

| 設計能力不足 | 適用技術の不適、設計作業ミス、照査ミスなど | | ○ |
| 異常な自然条件 | 不可抗力、異常自然現象、自然災害など | ○ | |

注：設計リスク分担の原則に各国で大差はないが、米国および英国では入札者に発注者が提供した資料についても内容チェックを義務付けている例が多い。

1.3 デザイン・ビルドの長所

設計と工事の施工をまとめて契約するデザイン・ビルド方式は、従来の設計、施工分離方式に比べて、以下の様な長所がある（図1－2参照）。

① 建設業者の革新的な施工技術に基づく設計が可能になることから、コスト節減、工期短縮などの効果が期待できる（革新技術の活用）。

② 設計変更を巡り建設業者と設計者間の責任転嫁問題が解消する（責任の一元化）。

③ 設計が出来た部分から着工し、工事の完成を早めることが可能になる（事業の早期完成）。

④ （米国の場合、公共工事の入札は原則として一般価格競争によることになっているが、デザイン・ビルドでは総合評価入札が認められるため）、技術力の高い建設業者を選定して工事の品質を高めることが可能になる（履行能力の確認）。

(1) 革新技術の活用

従来、日本における公共事業の工事で建設業者の役割が役務提供に近いものであった背景には、今日と比べて公共工事を取巻く環境に以下の差異があったためと考えられる。

① 公共事業を計画するに当っては、例えば、軟弱地盤地帯、人家・構造物の密集地域を避けるなど施工条件を考慮する余地があったこと

② 時間価値が比較的低く工期短縮が強く求められなかったこと

③ 構造物が比較的単純、かつ小規模であったこと

④ 建設材料の種類、あるいは品質の開発速度が遅く工事現場では経験に基づく熟練技能が重視されたこと

図1-2 デザイン・ビルド方式の導入動機

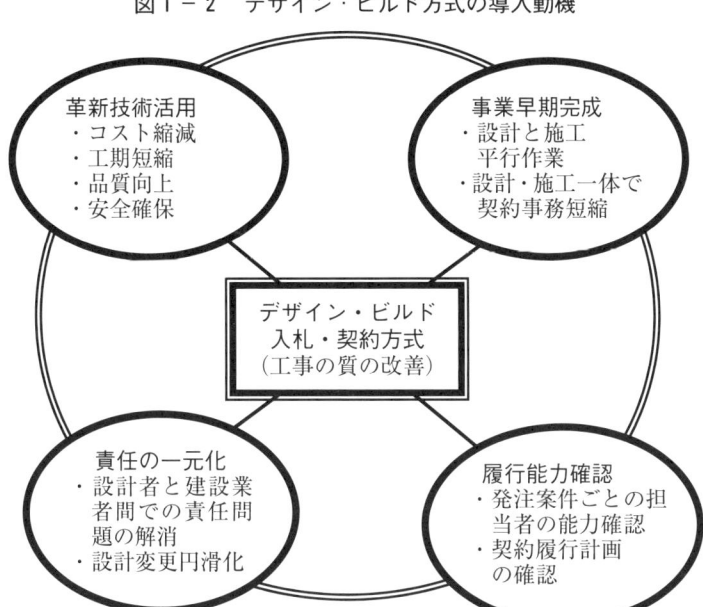

⑤ 工事従事者および第三者に対する安全管理に対する意識があまり高くなかったこと
⑥ 公共工事では経済コスト意識が低かったこと

　最近の公共事業を巡る施工環境は上記とは大きく異なってきており、それに適切に対処することが強く求められるようになった。そのため革新的な施工技術の開発と活用が不可欠となっている。しかしながら、施工技術は構造設計技術と異なり、理論面からの研究に加え現場での実験、実務経験を必要とし、さらに施工技術開発には多額の費用が必要なことから建設業界を中心にして進められて来ているのが実情である。

　一般に建設構造物の設計技術は理論と実験による裏打ちが必要であり、従来は主として学界の研究者を中心にして研究・開発されてきた。その結果は公開されるという傾向があるため、公共機関あるいはコンサルタントで業務に従事する者でも文献等で知識を吸収し、活用し易い。一方、施工技術は開発企業によって特許が取得される傾向が強いことから、第三者がその技術を自由に活用

し難いケースが多い。

　もし、公共機関あるいはコンサルタントによる設計が従来型の汎用施工技術のみを前提に作成されれば、民間企業で開発された革新的な施工技術が十分に活用されない恐れがあるうえ、民間企業の新技術の開発意欲が損なわれることにもなる。また、従来型の入札・契約方式の下では、公正、公平を期すために、公共機関あるいはコンサルタントは特定の建設業者が持つ施工技術を前提にした設計を作成することが許されない状況にある。

　公正、公平な入札の下で社会的に認められる方式で、特定の建設業者が有する技術の活用を可能にするする入札・契約方式には下記のものがある。

・公共機関、あるいはコンサルタントが従来方式により汎用技術で設計し、建設業者が革新的な施工技術を活用する入札時VEまたは契約後VEを認める入札・契約方式。
・建設業者が自己の新技術を活用して設計、施工をすることを可能にする入札・契約方式（デザイン・ビルド）。

　米国の公共工事入札は価格競争が原則であり、入札時VEは認められず、契約後VEの実施を制度化している発注機関が多い。しかし、これまでの経験から契約後のVEで有益な改善案が提案されても、その効果を発揮させるためには原設計を大幅に変更することが必要となり、あるいは関係者との再調整、再協議が困難であるなどの理由で、結果的に契約後VEは大きな効果をもたらさなかった。1993年に発足したクリントン政権は行政の効率を図るために国家行政評価制度（National Performance Review）を導入した。新たな政策の下で運輸省は入札者との対話を認める入札方式で調達の価値を高める道を模索した結果、1998年に合衆国法律集第23編（道路）を改正して、連邦政府の補助金で行う道路事業にデザイン・ビルド方式を用いることを可能にした。

　建設業者の革新的技術の活用は、建設工事に求められる三大要件といわれる、コスト縮減、工期短縮、品質確保に直接的、あるいは間接的に役立つこと、さらに工事に関わる安全確保、環境保全の上でも貢献することが期待できることから、デザイン・ビルド方式は広義の意味での建設工事の質の向上に役立つとして世界の多くの国で注目を浴びるようになってきた。

(2) 設計・施工の責任の一元化

米国および英国においてデザイン・ビルド方式が普及してきている背景には、前述の技術面からの必要性に加えて、建設コンサルタントと建設業者間での責任のなすりあい問題がある。建設業者は工事費の増額、品質不良、あるいは工期遅延を設計の不備が原因として、発注者に契約変更を求める事例が少なくない。特に英国の中央政府の公共事業では、設計、施工監理が大幅にコンサルタントに委ねられ、発注機関が直接に関与していないために、建設業者から設計不備、あるいは監督員の不適切な指示を理由にした契約変更クレームが提出された場合、その解決には長時間を要している。また、既契約工事の最終契約額の確定が遅れることにより、新規発注工事の執行も影響を受けるなど予算管理上の問題が生じている。

　英国で建設事業は伝統的に発注者（施主）、設計者、請負業者の三者体制の下で実施されてきた。この体制の起源はおよそ1世紀半前にさかのぼる。当時、施主に選ばれた設計者（技術者あるいはコンサルタント）は設計、契約図書の作成、工事契約の管理をしていた。従って、設計者が発注者の代理人であり請負業者に対して絶対優位の立場にいた。また、契約書で請負業者は工事内容、金額、工期の変更について設計者の指示に従うと規定することが多かった。この三者体制の精神は以降の契約書の中で引き継がれてきたために、工事契約に関するクレームは比較的迅速に処理された。

　しかし、1979年に始まったサッチャー政権が市場競争原理主義を強力に推進し、コンサルタント選定も工事と同様に価格競争で行われるようになったうえ、1990年に誕生したメジャー政権下で建設投資が急激に減少したことから、設計業務の受注を巡ってコンサルタント間の価格競争が激しさを増し、設計の質が低下していった。一方、建設業界が契約書の近代化、技術力の向上を目指してきたことから、建設業者からの契約に係るクレームの増大、解決時間の長期化が深刻な問題となった。この様な背景から発注機関の間で設計責任と工事責任を一元化できるデザイン・ビルド方式を導入する動きが活発になった。

(3) 事業の早期完成

　公共事業の早期完成は施設の早期の供用開始につながり、市民など利用者に利益をもたらす。特に欧米の先進諸国では、例えば交通渋滞に対する既存

道路の拡幅事業、老朽化した下水道網のリハビリテーションなど既存の建設インフラの容量補強、あるいは修繕のための公共工事が増えているが、これらの工事は開発のための先行投資型事業と異なり、ニーズ追随型の事業であり利用者からは1日も早い完成を望まれるものが多くなっている。

デザイン・ビルド方式では、設計と工事の入札を1回で済ますことができるため、入札手続きに長い時間を要する欧米では事業実施期間の短縮効果をもたらす。また、全体の設計が完了しなくても、完成した部分から逐次、工事に着手できるため、事業の完成を早めることが可能となる。特に米国では事業の早期完成の手段としてデザイン・ビルドの入札・契約方式を用いる発注機関が多くなっている。

(4) 契約履行能力の確認

米国の従来型の入札・契約方式は価格による一般競争入札が原則であった。発注者は不良、あるいは不適格建設業者との契約を回避するために、入札前の資格審査または入札後に契約履行能力審査を行うと共に、契約履行ボンドの提出を求めている。しかし、入札前、入札後の審査は"一般競争入札の原則"の下で比較的簡単にならざるを得ないのが実情である。また、契約不履行の際には契約履行ボンドで対処できるとしても、ボンド会社との交渉、工事完成の遅延などの問題が発生する。それに対して、米国のデザイン・ビルド方式では、従来方式と違い、入札希望者が提出した契約履行能力審査資料で企業の能力を評価して一定数の企業を指名して入札をする「能力評価型指名競争入札」方式によることになっており、発注者は個別の発注案件ごとに入札希望者の契約履行能力を詳細に審査できる。従って、米国では不良あるいは不適格業者の排除を目的にしてデザイン・ビルド方式を用いる例も少なくない。英国においてもデザイン・ビルド方式を契約履行能力の高い建設業者と契約する手段とする例が多いといわれている。

日本では、これまで指名価格競争入札が一般的であったが、指名基準は企業全体の契約履行能力であり、個別の発注案件ごとにきめ細かい審査は行われていなかった。この弱点を補うために、総合評価で落札者を決定することができる方式が取り入れられた結果、一般の価格競争入札であっても、発注案件ごとに入札者の契約履行能力をチェックすることが可能である。従って、

我が国ではデザイン・ビルド方式によらなくても、入札時に技術的に不適切な建設業者をある程度は排除することが可能である。ただし、デザイン・ビルド方式では、高度技術提案型の総合評価落札方式によるため、必然的に入札者の契約履行能力が確認されることになる。

(5) 各国のデザイン・ビルド導入目的の比較

どの国においても、デザイン・ビルド方式の活用目的は限定されていない。従って、各発注機関がデザイン・ビルド方式を用いる場合は、発注案件を最も適切に完成させることが期待できる入札・契約手続きを定めれば良い。しかし、これまでのデザイン・ビルド方式の実績を見ると、米国や英国では、入札者の技術的契約履行能力、あるいは責任の一元化を重視するのに対して、日本のデザイン・ビルドによる発注の大部分は、入札者の革新的技術を活用して、投資価値（価値あるいは品質対建設コスト）を高める技術提案を求めることを目的にしている（図1－3参照）。

なお、米国、英国で入札者の技術力評価の対象には、元請となる建設業者のほかに、下請建設業者、下請コンサルタントも含まれる。日本では、入札資格確認で技術力の審査対象になるのは元請となる建設業者のみである。

図1－3　各国のデザイン・ビルド導入目的の特性

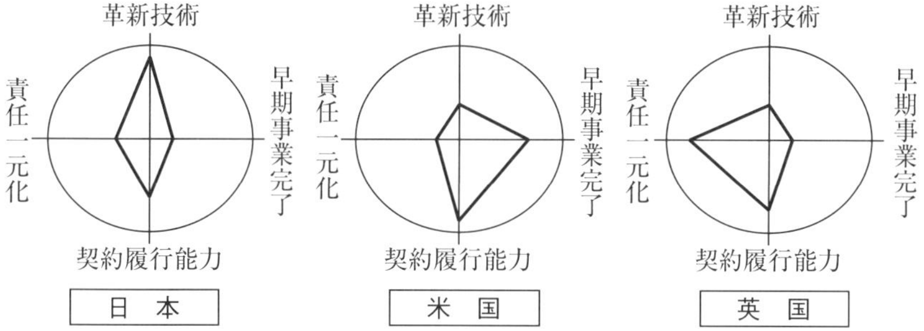
革新技術
責任一元化
早期事業完了
契約履行能力
日　本
革新技術
責任一元化
早期事業完了
契約履行能力
米　国
革新技術
責任一元化
早期事業完了
契約履行能力
英　国

補記

デザイン・ビルドの入札談合防止効果

日本では入札談合が深刻な社会問題となっている。デザイン・ビルド方式に、以下の理由で、入札談合防止という副次効果を期待する発注機関も多い。

- 建設コンサルタントが受注した設計業務に建設業者が無償で協力し（裏設計）、それを根拠にした入札談合が成立しなくなる。
- 従来の価格競争入札方式では談合が成立すれば、入札価格の調整だけで自動的に落札が可能である。しかし、技術提案を前提とするデザイン・ビルド方式では談合が成立しても入札者間で技術能力、代案の提出等の調整ができなければ落札することができない。

1.4 デザイン・ビルドの短所

設計と施工を一体の契約とするデザイン・ビルド方式は、いわゆる性能あるいは機能発注に近いものとなり、建設すべき構造物の形状、詳細および施工方法の選定は、基本的には請負業者に委ねられることから、以下のような問題が起きる恐れがある。

① 価格競争入札で落札者を決めると、請負業者のコスト削減意識が強くなり、完成した構造物の機能あるいは品質に欠陥が生じる恐れがある。従って、入札で価格と技術提案の競争をするのが望ましいが、そのためには入札・契約に手間が掛かる。

② 発注者が設計、あるいは施工に関する必要条件あるいは要件を詳細かつ明確にして入札者に示さないと完成した構造物が発注者の意図と異なる恐れ、あるいは工事途中に大幅な設計変更が必要となる恐れがある（注：従来方式では、詳細設計図が仕様書を補完する機能を持っている）。

③ デザイン・ビルドでは入札価格の見積りが困難であるが、総価契約の場合、価格リスクは請負業者が負うことになる。一方で請負業者に過度のリスクを負わせることは、契約額の上昇に繋がる恐れがある。

④ 設計過程で環境保全、地域住民の要望、関係機関との調整などの問題が発生した場合、請負業者のみでは適切かつ円滑な対応に問題が生じる恐れがある。契約で発注者と請負業者の役割分担を明確にする必要がある。

⑤ 入札コストが高くなる。

⑥ 発注者の設計、施工に対する関与の度合いが従来の入札・契約方式に比べれば低くなることから、発注者は請負業者側の設計および施工についての監督、検査、監視を強化する必要がある。また、工事完了後の瑕疵担保期間を慎重に決める必要もある。

1.5 デザイン・ビルドの事業実施体制

(1) 従来の三者体制

　国際的に公共工事の事業実施モデルとしては、公共機関である発注者、民間企業である建設コンサルタントと建設業者の三者体制が標準となっている。三者体制の下での公共工事は企画・コンセプト、計画・概略（基本）設計、詳細設計、入札・契約、施工の手順で実施され、公共機関が企画・コンセプトと入札・契約を、建設コンサルタントが計画・概略（基本）設計と構造設計を、建設業者が施工を担う。

　ただし、国情、公共機関の能力によっては、事業実施の一連の過程で民間企業の参画を一切求めず自らが、いわゆる全直営方式で実施する場合、あるいは計画、詳細設計までを直営方式で、施工のみを外注する場合、または企画も含めて全てを民間企業に外注するなど標準的な実施モデルと異なった多様な実施体制が用いられることもある。

　従来型の実施モデルで公共機関の主な役割は、事業の企画・コンセプト（目的、施設の機能と概略形状）を定めることである。建設コンサルタントの役割はコンセプトを実現するために、経済性、社会環境および適用可能技術の視点から最も適切な方法で、構造物の計画・概略設計および詳細設計をすることである。なお、入札・契約に関する直接の責任は公共機関が負うが、多くの国で入札・契約に必要な図書（工事用詳細図面、数量表、特記仕様書）の作成は建設コンサルタントに外注されている。施工を担う請負業者は、価格競争入札で選ばれ、契約図書に忠実に工事を実施することのみに責任を負っている。

　請負業者が公共機関あるいは建設コンサルタントが定めた契約図書に基づいて施工する従来型の実施モデルは、本来、事業主体の公共機関あるいは建設コンサルタントが施工に関する技術力でも建設業者を上回ることを前提にして、1890年代に英国で形作られたものである。当時、建設技術は主として事業主体の公共機関と公共機関から独立した技術者、すなわちコンサルタントに属し、建設業者に求められたのは主として役務提供であった。そのような歴史的背景から英国では発注者、コンサルタント、建設業者の三者による工事実施体制が定着し、それが世界の各地に普及していった。

(2) デザイン・ビルド方式の二者体制

　しかしながら、英国では時代が進むにつれて建設業者の施工力が向上してきたうえ、小さな政府への移行などが進み、政府機関の技術職員の役割が予算管理、事業企画などのマネージメント部門に傾斜したこと、厳しい価格競争の結果、コンサルタントの技術力が相対的に低下したこと、請負業者とコンサルタント間での設計を巡る紛争の多発などが相まって、従来の三者体制を見直す機運が生まれ、1980年代後半からデザイン・ビルド方式の活用が広まっていった。デザイン・ビルド方式では設計と施工を同一企業が受注するため、契約上、事業は発注者と請負業者の二者体制で実施されることになる。

　ただし、公共工事は企画・コンセプト、計画・概略（基本）設計、詳細設計、入札・契約、施工という手順を踏むが、この一連の過程のどの段階でデザイン・ビルド方式を取入れるかは、「第1節 1.1 デザイン・ビルドとは」の項で記述した通り、発注者の事業実施能力、デザイン・ビルドの導入目的により異なる。しかし、これまでの例によると何れの場合のデザイン・ビルド入札・契約でも、請負業者は建設業者が主体となっている。図1－4は標準的な従来型の実施体制モデル（三者体制）とデザイン・ビルドの実施体制モデル（二者体制）の一般的な例を示したものである。

補記

デザイン・ビルド方式での下請コンサルタント

　従来型の三者体制では、コンサルタントは発注者と直接に契約をするが、デザイン・ビルド方式の二者体制では、元請となる建設業者の下請となる。

① 米国・英国

　米国、英国ではデザイン・ビルドで入札者の指名、落札者の決定の際、下請コンサルタントの能力も評価の対象になる。また下請契約も、他の入札で実績として認められる。

② 日本

　日本では下請は元請から厳しい契約条件を付けられること、企業の実績として認められないなど、マイナスのイメージが強い。従って建設コンサルタントの間でデザイン・ビルド方式に反対する意見が強い。

---

(3) 二者体制での設計照査

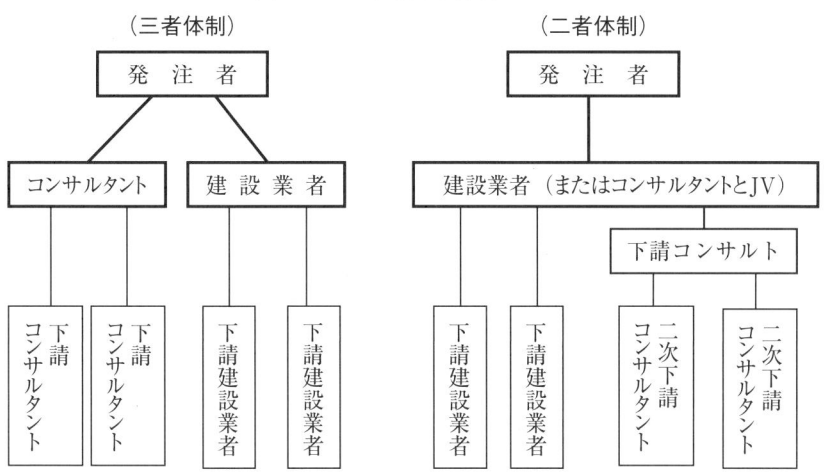

図1-4　事業実施体制モデル

　日本におけるデザイン・ビルド方式では、一般的に建設業者が元請業者になると考えられる。また、日本の建設業者は米国あるいは英国の建設業者に比べ設計能力が高いので、デザイン・ビルドによる発注工事を受注した場合、建設コンサルタントの参画を求めず、自ら設計を行うケースも少なくないと予想される。日本における、デザイン・ビルド方式の導入の主たる目的が、民間企業、すなわち、建設業者の技術ノウハウを設計に組み込み、建設コストの縮減、構造物の品質の向上あるいは確保、または工事中の騒音対策、工期の短縮などを図ることであり、建設業者が設計を行うことは、デザイン・ビルドの趣旨に沿うともいえる。しかし、詳細設計は建設業者が受注した後に行われるものであり、デザイン・ビルド方式であっても、利益が営業目的である建設業者の設計で、施工性、経済性が重視され、構造物の耐久性、景観などが犠牲にされることが懸念される。

　従って、デザイン・ビルド方式の発注工事の場合、発注者は請負業者に適切な設計管理体制を求めるとともに、発注者側でも十分なチェック体制を整備する必要がある。その際には、デザイン・ビルドの発注に先立ち、概略あるいは基本設計を行った建設コンサルタントを活用する等の措置を講じ、適切な設計照査を行うべきである。一方において詳細設計に発注者が過度に介入すると、請負業者のノウハウが十分に活用されない恐れもある。従って、

発注者の設計照査は、設計内容の確認、助言を目的とし、設計に関しては請負業者のイニシアーティブを尊重し、同時に設計瑕疵責任を請負業者に転嫁するのが望ましい。

第2節　デザイン・ビルドの導入経緯

2.1　日本のデザイン・ビルド
2.1.1　入札・契約制度の改革

　我が国の公共調達は、会計法（明治22年制定）に定められた規定に則して行われる。同法第29条の3は「…請負その他の契約を締結する場合においては、…公告して申込みをさせることにより競争に付さなければならない」と規定しており、政府機関が行う調達は全て、一般競争入札によることが原則である。しかしながら、明治33年に会計法が改正され、第29条の3第3項で「契約の性質または目的により競争に付すことが不利と認められる場合においては、指名競争に付するものとする」とされて以来、公共工事の調達は慣行的に指名競争入札で行われてきた。

　公共工事の調達に指名競争入札が相応しいとされたのは、建設される構造物は広く国民の福祉、安全に係わることから、入札で不適格あるいは不良業者を排除して工事品質を確保するためであった。なお、指名競争入札方式が取入れられた際には、入札者を所定の資格要件を満たす一定数の建設業者に限定しても、公正な価格競争があれば入札の最大目的である、適正価格による契約締結を実現し、かつ、入札事務の効率化が図れるとの期待があった。ちなみに長年、公共工事の調達を一般競争入札で行ってきた英国政府は、不良工事の続発等に悩まされ1964年に、公募に応じた者の中から入札者を指名して競争入札をする方式に切り替えている。

　しかし、我が国では、近年、公共工事を巡って談合入札、コスト高問題、あるいは建設市場の国際化への対応が強く求められるようになったことから、従来の指名競争一辺倒の入札方式が見直され、工事特性に応じ、指名競争入札に代えて一般競争入札を導入する発注機関が増えてきている。さらに、民間企業の技術力の発展を活用して、工事品質の向上、工期短縮、ライフ・サイクル・コストの縮減などを図るため品確法（公共工事の品質確保の促進に関する法律）

の制定、VE、CM および入札時に価格と共に技術提案を求め、落札者はそれらを総合的に評価して決める総合評価落札方式など新たな入札方式が取入れられるようになった。デザイン・ビルド方式もこれら入札方式の多様化の一環として導入されたものである。

(1) 談合入札の防止

　指名競争入札方式は、発注者が工事施工に相応しい一定数の業者を選定して、公正な価格競争を求めるものであり、適正価格で良質な工事を完成する優れた入札方式の一つである。しかし、"和を尊ぶ"我が国の国民性の下では、公正な競争でなく、指名された業者間で公平な受注機会を希求する環境が醸成され、しばしば競争入札を形骸化する談合入札が行われてきた。我が国では、公共工事入札は契約額の上限を制限する予定価格制度の下で行われることから、仮に談合入札であっても、業者による契約額の不当吊上げが防止されることから、入札当事者のみならず、一般国民の間にも談合入札は必要悪と見る風潮があった。

　戦後、我が国の公共工事予算は、国民の要望に応え増大の一途を辿り、各地で大型工事が計画、実施されてきたが、一方において、国民の間に環境保全意識および納税者意識が強まり、公共工事の計画、実施に対する関心も著しく高まった。その結果、1970年代から談合入札が社会的問題としてマスコミにも取り上げられようになり、入札制度の見直し議論が始まった。特に、指名競争入札に対しては、少数の指名業者による入札であり、談合を助長しているとの批判が強まった。また、指名の不透明性、官民癒着等の問題も指摘され、一般競争入札の導入が検討されることになった。

(2) 公共工事調達方式の国際化

　1986年、米国政府は関西国際空港の発注を契機に、外国企業による日本の建設市場への参入を容易にするため入札方式の改善を求めた。日本の対米輸出超を背景に、いわゆる日米建設摩擦と呼ばれた政治問題に発展した。その結果、1988年に日本政府は、外国企業の日本市場への習熟を促進し、アクセスを容易にするため特定の大型公共プロジェクトなどについて「入札・登録の手続き等に係わる特例措置（Major Project Arrangements MPA）」をとる

ことになった。MPAの主な内容は、1）特定プロジェクトの指定、2）建設業の随時登録受付、3）入札期間の延長、4）外国での実績を評価、および5）長期発注計画を発表することであった。

　また、日米建設摩擦の時期と、ほぼ時を一にして、ガット（GATT：現WTO）の政府調達委員会で公共工事市場の相互開放協定の協議が進展し、建設調達の国際化対応が緊急の課題となった（正式な協定署名は1994年4月にずれ込んだ）。特に、一般競争入札との対比で、国内外から指名競争入札制度の運用に当っては、客観性、透明性、競争性の改善を求める声が強まった。

(3) 一般競争入札の導入

　GATT政府調達協定の締結および日米建設摩擦に端を発した日本建設市場の開放措置を踏まえ、我が国では、1994年1月19日に「公共工事の入札・契約手続きの改善に関する行動計画」が閣議了解された。この行動計画の目的は、入札・契約手続きについて、透明性、客観性および競争性を高めること、国内外企業の無差別の徹底化、および国際的に馴染み易いものにすることであった。その結果、一定金額以上の工事は一般競争入札で調達を行うことになった。

　ただし、一般競争入札方式では指名競争入札方式に比べ、工事品質の低下が懸念されることから、入札に当っては、納税者の利益を増進するために、工事は透明かつ客観的な手続きで信頼のおける者に発注することが必要であり、発注工事ごとに技術面からの入札参加資格要件を設定することにされた。具体的には過去の同種工事の実績、十分な資格・経験を有する技術者の配置などが技術面での入札参加要件にされた。また、難易度の高い工事の場合には施工計画の提出も求めることとされた。

　一般競争入札の導入と併せ、従来の発注者による一方的な指名方式を改善し指名競争の長所を生かすために、公募指名競争入札方式も取入れられた。この方式では、一般競争入札と同様に入札希望者を公募し、その中から一定数の者が入札者として指名される。

(4) 入札時VEによるコスト縮減と品質向上

1991年から1992年に掛けて始まったバブル経済崩壊で引き起こされた財政赤字の中にあっても、数年間に亘り高い水準を保った公共投資に対して、国民の注目は有効かつ効率的な予算執行に向けられた。特に我が国の建設コストは諸外国と比較して、およそ3割高との批判が強まった。この様な状況の下で、政府は1997年に「公共工事コスト縮減に関する行動計画」を作成した。行動計画の目的の一つは、民間の持つ技術力の活用であった。建設省（現国土交通省）は民間企業の技術力で工事品質の低下を防止しつつ、建設コストの縮減を図るため、1998年に一般競争入札で、施工等に関して改善案を求める入札時 VE 方式を取入れた。

　VE（Value Engineering）は米国のジェネラル・モーターズで開発されたもので、投資価値（投資コストが生み出す価値あるいは品質など）を改善する手法である。VE は、担当者によって纏められた計画、設計、工法、あるいは使用材料を第三者が見直して、投資価値がより高くなる代案を見出すことである。なお、投資価値の向上には、価値を変えなくて投資コストを下げる方法と、投資コストを変えずに価値を高める方法がある。公共工事での入札時 VE 方式は、発注者が作成した設計、施工方法に対して入札者に投資価値を高める代案を求めることである。従って、入札時 VE 方式を取入れることにより、発注者は品質を維持しつつ、通常の入札と同様に価格競争で入札者に建設コストの低減を求め、投資価値を高めることも可能になる。場合によっては、建設コストの低減を求める代わりに、工事品質を競う入札方式で投資価値を高めることもあり得る。

　なお、我が国の公共工事での入札時 VE は、一般競争入札の対象工事で、比較的高度または特殊な技術力を要するとともに、民間の技術開発が進んでいる工事または施工方法などで固有の技術を要する工事で、コスト縮減の提案が期待されるものに適用することになっている。

(5)　総合評価落札方式の適用

　我が国の会計法により公共工事入札の落札者は、指名競争入札か、一般競争入札（入札時 VE を含む）かに係わらず、原則として予定価格の範囲内で最低価格を入札した者とされている。しかしながら、国家的視点からは、落札者を入札価格のみでなく、入札価格以外の要素も加味し（入札を総合的に

評価して）決定することが望ましい場合もある。例えば、最低価格の入札ではないが予定価格内であり、建設された施設のライフ・サイクル・コストが最小になる入札者を落札者とすることも考えられる。あるいは有料道路の建設工事で、入札での建設価格は最低入札価格より、やや高いが新工法で工期を短縮し、道路の供用時期を早めることにより、建設コストの割高分を上回る通行料金の増収が期待できる場合、財政的にはその入札者を落札者とするのが望ましい。

　従来、公共工事では、入札価格以外の要素を加味して落札者を決める例は殆んどなかったが、予算決算及び会計令第91条第2項に、「契約担当官等は、……その性質または目的から同条第1項の規定により難い契約……については、各省各庁の長が大蔵大臣（現財務大臣）に協議して定めるところにより、価格その他の条件が国にとって最も有利なものをもって入札をした者を落札者とすることができる。」とする規定がある。

　平成12年3月27日に本規定に基づき建設大臣（現国土交通大臣）と大蔵大臣（現財務大臣）の間で、一定の要件を満たす公共工事の入札で、落札者を価格とその他の要素を総合的に評価して決定する（総合評価落札）方式に関する包括協議が整った（詳細は**第2章第1節**の 1.1「総合評価落札方式とデザイン・ビルド入札」を参照）。

(6)　公共工事に関する品確法の制定

　我が国では平成17年4月1日に「公共工事の品質確保の促進に関する法律（品確法）」が施行された（注：巻末の**参考資料Ⅰ**を参照）。品確法の制定の背景には、財政悪化による公共投資の減少で、過度の受注競争が進み「工事品質を犠牲にするダンピング入札」の横行の兆しが現れたことがあった。同法は、公共工事の品質確保に関する基本理念、国等の責務、品質確保の促進に関する基本的事項を定めたものである。また、同法に関する閣議決定（平成17年8月）で、公共工事の品質確保のため、入札は価格以外の多様な要素をも考慮して価格および品質が総合的に優れた内容の契約がなされるよう、総合評価落札方式を原則とすることにされた。従って、品確法は発注者に競争入札に参加する者に対し、技術提案を求めるよう努めることを求めている。

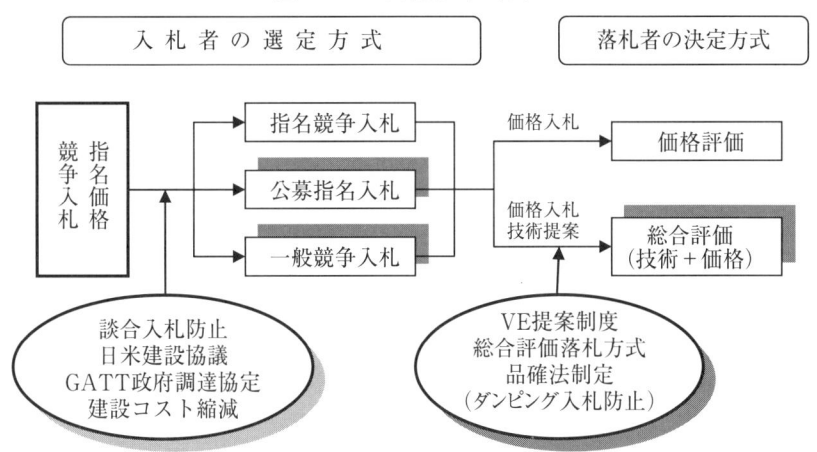

図1-5 入札方式の改革

2.1.2 デザイン・ビルドの導入
(1) 経緯と目的

　第二次世界大戦直後の混乱期を乗り越えた我が国は、1950年代半ばから経済復興を目指し、経済社会基盤を整備するために、公共投資を増大していった。それまで、建設業者の規模は小さく技術力も高くなかった。さらに、設計は発注機関による直営方式で行われていた。拡大の一途を辿る公共投資の増大は建設業者の発展および建設コンサルタント業の発生・拡大をもたらした。1960年代半ばからほぼ全ての公共工事で、発注機関が企画、監督および検査、建設コンサルタントが設計、建設業者が施工という三者による工事実施体制が確立され現在に至っている。これまでの設計、施工分離の入札・契約方式は、他国の例を参考にしながら、そのメリットを評価して慣行的に用いられているものであり、法的規制によるものではない。

　デザイン・ビルドに期待される主な効果には、**第1章第1節の1.3および1.4**のデザイン・ビルドの長所と短所で記したように、革新技術の活用、事業の早期完成、責任の一元化、履行能力の確認などがある。これらのうち、日本で期待されているのは主として革新技術の活用である。

　従って、工事内容と工事を取巻く環境などによっては、建設業者のノウハウを発注者による設計が完了し、工事入札が開始されてから活用するより設

計の段階から活用するのが望ましいことがある。国土交通省は平成9年に一定要件を満たす工事で設計と施工を一体として発注するデザイン・ビルド方式を試行的に取り入れることにした。また、平成13年には「設計・施工一括発注方式検討委員会」の報告書が出された。その結果、平成12年度までに8件、平成13年度以降は毎年10数件の工事がデザイン・ビルド方式で発注されてきている。

　平成17年4月に施行された品確法で、発注者は工事入札の際に入札対象の設計、施工法に対して入札者から技術代案を求め、落札者を総合評価方式で決定するように努めることにされた。この法整備は、総合評価落札方式を前提とするデザイン・ビルドによる入札事例を増加させる促進力となっている。

(2)　デザイン・ビルドの関連法令と参考資料

　我が国の公共工事の入札にザイン・ビルド方式を適用するためには、工事請負業者を価格競争と技術競争による、いわゆる総合評価競争で選定する制度と手続きを整備する必要がある（プロフェショナル・エンジニア法がある米国では、工事と設計を一体で発注することを可能にする法制度の整備も必要である）。我が国でデザイン・ビルド方式の適用に関して、これまでに整備された主な法令・参考資料には次のものがある。

① 　平成12年3月

　　大蔵大臣（現財務大臣）と建設大臣（現国土交通大臣）など関係大臣の間で「工事に関する入札に係わる総合評価落札方式について」の協議が成立

② 　平成13年3月

　　建設省ほか6省庁が設置した、設計・施工一括発注方式導入検討委員会の報告書（以下「設計・施工一括発注報告書」という）

③ 　平成17年4月

　　公共工事の品質確保の促進に関する法律（「品確法」）

④ 　平成17年9月

　　国土交通省が設置した委員会による、公共工事における総合評価方式活用ガイドライン（以下「総合評価のガイドライン」という）

⑤　平成18年4月

　　国土交通省が設置した委員会による、高度技術提案型総合評価方式の手続きについて（以下「総合評価の手続き」という）

⑥　平成19年3月

　　国土交通省が設置した委員会による、総合評価方式適用の考え方

　　（この報告書は、総合評価ガイドラインを見直し、その結果を高度技術提案型総合評価方式の手続きに盛込んだものである）

注：上記の国土交通省が設置した委員会が作成した資料は、委員会の責任で取り纏められたものであるが、デザイン・ビルド方式で発注する機関で活用されている。

2.1.3　発注者、建設業者、コンサルタントの役割分担の確立

　組織が縮小傾向の英国道路庁で、技術者の役割は事業計画、契約管理が中心になり、技術面の業務は可能な限り民間に任せる方向にある。一方、米国では政府内の技術者の力が強く、技術業務は出来る限りインハウスで実施する傾向が強い。米国の多くの州でデザイン・ビルド方式の対象工事を制限している一つの理由は、この点にあるように推測される。

　今後日本で、デザイン・ビルド方式を有効に活用するためには、どのような体制、すなわち発注者、建設業者、建設コンサルタントの役割分担が、今後のインフラ整備、並びに維持・管理にとって最善であるかを検討する必要がある。なお、最善の役割分担を検討する際には、経済性、利便性のほかに環境保全、景観、公共工事に対する社会的信頼性の向上など多様な要素も加味する必要がある。

---補記---

デザイン・ビルド方式と発注者の監督・検査

　米国および英国の公共工事においても、建設業者の技術力を有効に活用しようとの傾向がある。しかし、両国では建設業者の技術開発力が比較的弱いという特徴があり、デザイン・ビルド方式による場合でも、契約書で建設業者に設計の作成および設計のチェックを専門のコンサルタントに外注することを義務付けることが多い。また、両国の発注者は、民間企業は営利を最大目的として存在するものであることから、デザイン・ビルド方式でも、請負業者に厳しい

工事施工管理体制を要求すると共に、発注者による工事の監督あるいはモニタリングを十分に行うことにしている。日本において、デザイン・ビルド方式は、設計、施工を請負業者に一任することと理解して、発注者の監督業務が軽減できると期待する空気がある。しかし、デザイン・ビルド方式であっても公共機関の発注者は納税者、施設利用者に責任を負うものであり、工事の品質確保のために適切な監督・検査を行う必要がある。

2.2 米国のデザイン・ビルド

米国において公共工事の中核は道路事業である。道路事業費は連邦政府の歳入となる道路特定財源と、州政府の歳入となる道路特定財源で賄われている。ただし、連邦政府が直接に行う道路事業は国立公園、インデアン保留地内の道路などに限られ、連邦政府の道路特定財源の大部分は連邦道路補助金として州政府へ交付されている。従って、連邦道路補助金を充当する道路事業は連邦と州の両方の法令に基づいて実施されている。

2.2.1 新入札・契約方式に関する特別実験事業計画（SEP-14）
(1) 特別実験事業の背景

1988年、連邦道路庁は道路構造の品質を確保しつつ、ライフ・サイクル・コスト（LCC）を削減する入札契約方式を検討するため、州政府の道路関係機関と建設業界の代表および学識経験者で構成する作業班を交通研究委員会（TRB）内に設置した。作業班に与えられた任務は下記の通りである。
① 連邦および州政府、並びに諸外国で用いられている入札契約方式に関する情報を収集し、調査・研究をすること、
② 現行の入札契約方式が品質、工期およびコストに与える影響を分析すること、並びに
③ 建設工事における入札契約方式の改善および品質改善に関する提案をすること。

作業班は主として、「入札手続き」、「材料管理」、「品質」、および「保険と保証契約」の4分野に関しての調査・研究を行い改善策を提案した。

調査・研究結果に基づく作業班の主な提案は以下の通りである。
・コスト・プラス・タイム（価格と工期を評価する）入札の積極的活用

- 品質保証契約の可能性とデザイン・ビルド契約方式の導入に関する研究の実施
- 設計段階での施工性テスト制度の導入
- 工法仕様書方式から性能仕様書方式への移行。性能仕様書に品質の向上を図るためのインセンティブおよび非インセンティブ条項の挿入
- 新材料および工法に関する全国的な情報センター、および製品の品質評価に関する全国および地方センターの設立
- 有益な新技術の迅速な承認手段としてのVEの有効性に関する調査の実施

作業班の提案は、交通研究委員会の公報第386号に"新入札契約方式"として掲載された。なお、作業班の座長は、連邦道路庁に対して作業班の提案の有効性を検証するめに、特別実験事業（Special Experimental Projects；SEP-14）の実施を要望した。

(2) 特別実験事業計画の実施

作業班の提案を受けて連邦道路庁は合衆国法律集・第23編（道路編）第307節を根拠に、現行法令で解釈可能な範囲内で、下記の新たな入札契約方式を実験的に実施するため、1990年にSEP-14を策定した。それに基づき多くの州政府の交通局が実際の事業で実験的に新入札契約方式を採用し、その効果の検証を行った。

① コスト・プラス・タイム（Cost-plus-time bidding）入札契約方式
② レーン・レンタル（Lane rental）入札契約方式
③ デザイン・ビルド（Design-build contracting）入札契約方式
④ 品質保証条項付き（Warranty clauses）契約方式

2.2.2 デザイン・ビルドの導入

米国におけるデザイン・ビルドの基本理念は、建設業者に設計、施工方法の選定について最大限の自由度を与えることである。従って、入札で各建設業者は自社、並びに下請コンサルタントの有する能力を最大限に活用できる設計を提案するが、同時により大きな責任を負うことになる。すなわち、完成工事の品質を保証するため、請負業者には従来の契約に比べ、より拡大した賠償責任保険が求められ、契約書には品質保証条項が加えられることになった。

デザイン・ビルドでは設計と施工が一体的に契約され、請負業者は全体の設計が完成するのを待たず、設計ができた部分から発注者の承認を得て遂次着工できる。従って、デザイン・ビルド方式の大きなメリットの一つは事業期間を短縮できることである。また、デザイン・ビルドでは設計エラー、およびそれによる契約金の増額、および工事遅延のクレームは認められないことから、契約全体のクレームも大幅に減少することが期待される。なお、連邦道路庁では、デザイン・ビルド方式を従来の入札契約方式に対する代替方式の一種と位置づけ、デザイン・ビルド方式を予算上の都合、あるいは職員不足を補うために用いてはならないとしている。

> **補記**
>
> 米国の設計、施工分離発注
>
> 　米国では、連邦のブルックス法、各州の州法で、最近まで全てのプロジェクトで工事と設計を分離して発注する必要があったが、連邦調達規則および州法の改正で、やや限定的であるが、デザイン・ビルド方式の入札が認められる発注機関が増大してきた。

2.2.3　デザイン・ビルドに必要な入札・契約規定の改定

　連邦政府、あるいは連邦政府から補助金を得て州政府が道路事業（Federal-aid projects）を行う際には、合衆国法律集第23編（道路）第112節（入札契約）に定められた規定に基づいて実施しなければならない。従来、同法の規定で、

① 道路工事は競争入札で入札要件を満した入札のうち最低価格を提示した者と契約して施工する。

② 道路工事に係るコンサルタント業務の実施者は、（ブルックス法により）建築およびエンジニアリング業務と同様に能力評価をベースにした交渉で決定することになっていた。

　この規定は、道路事業は設計－入札－施工の手順で実施することを前提にしている。従って、設計業者は知的サービスの提供者として能力重視の入札方式で選定し、フィールドワークを提供する建設業者は価格重視の入札方式で選定することになっていた。従って、特別実験事業（SEP-14）の一環として実施するデザイン・ビルドの請負業者を従来の入札契約規定で選ぶことができるかが議論となった。

1991年に連邦道路庁の法務部長は施工に関しては、デザイン・ビルドの入札であっても価格競争の機能が期待できるとして、デザイン・ビルド方式の導入は可能であるとの結論を出した。

　設計に関してはブルックス法があることから、全面的にデザイン・ビルド方式を使用するためには新たな法令が必要であるが、同時に従来の規定の下においても試験的にデザイン・ビルド方式を試みることは認められるとの見解を出した。その結果、運輸長官の承認を得てSEP-14の一環として、連邦政府補助を受けた道路事業でデザイン・ビルド方式の有効性が検証されることになった。

　しかしながら、多くの州政府でブルックス法に準じたミニ・ブルックス法（州法）が制定されており、各地で建設関係者のみならず納税者である市民からもデザイン・ビルドの入札契約方式は違法であり、請負業者の選定は価格競争で最低入札者にするべきとの運動が起きた。そのような状況下で、連邦議会では法律でデザイン・ビルド方式を認める動きが出た。

　1998年に連邦議会は、米国の交通整備6ヶ年計画（1998会計年度～2003年会計年度）を定めた「21世紀に向けた交通最適化法（Transportation Equity Act for the 21st Century：TEA-21法）」を制定し、同年6月9日に施行された。デザイン・ビルド方式の使用を可能にするためTEA-21法の1307項の規定で、「合衆国法律集第23編（道路）第112節（入札契約）」に下記の事項が追加された。

① 運輸長官（連邦道路庁）は、TEA-21法の施行後3年以内に関係機関・組織と協議したうえデザイン・ビルドの入札契約に関する規則を制定すること。

② 上記のデザイン・ビルドの入札契約に関する規則が制定れた後に、連邦政府補助の道路事業で一定の要件を満たす工事にデザイン・ビルド方式を用いることを可能にすること。

　運輸長官は上記の①と②に従い、2002年12月10日に「連邦規則集第23（道路）編に第636項」としてデザイン・ビルドの入札契約に関する規則（Parts 636 Design-Build Contracting）を追加した。この規則は2003年1月9日に発効した。

2.2.4 デザイン・ビルドと品質保証条項付き契約

　連邦道路庁は連邦政府の道路補助金を通常の維持修繕に充当することを禁じている。従って、国家道路システム（National Highway System）の道路工事契約では、維持修繕と密接な関係を持つ品質保証契約はできなかった。すなわち、新設あるいは改良工事で品質保証契約を締結すれば、請負業者は当然のことながら将来の維持修繕費を工事契約額に見込む筈であり、その結果、連邦政府の補助金が維持修繕に用いられることになるからである。

　しかし、1991年の総合陸上輸送効率化法（ISTEA）で、国家道路システムの道路プロジェクトについて、州政府は連邦道路庁の監督を受けなくなり、州政府の交通局は新設あるいは改良工事で品質保証条項付きの契約を締結することができる様になった。そのため、1995年に連邦道路庁は品質保証条項付き契約についての「暫定ルール」を発表した。ただし、同ルールで品質保証条項付きの契約が認められるのは特定した工作物に限られており、純粋の維持修繕工事には認められていない。また、請負業者が管理できないものに対しても認められていない。

2.2.5 州政府によるデザイン・ビルドの導入

　米国で連邦政府が発注する公共工事の量は、州政府、あるいは地方自治体の発注量に比べ、はるかに少ない。連邦政府によるデザイン・ビルド方式に関する法令整備に応じて、多くの州政府、地方自治体もデザイン・ビルド方式の活用を可能にする法令整備をした。ただし、大多数の州、地方自治体はデザイン・ビルド方式による発注工事に制限を設けている。

　例えば、フロリダ州法ではデザイン・ビルド方式の対象工事を次の二つに区分して、

① 大規模デザイン・ビルド：1,000万ドル（約12億円）を超える橋梁、建築、鉄道工事
② 小規模デザイン・ビルド：1,000万ドル未満の橋梁、その他の交通施設工事

小規模デザイン・ビルド工事の年間総契約額は1億2,000万ドル(約144億円)以内に限定されている（注：地域業者の保護が目的と推測される）。

　また、バァージニア州は年間のデザイン・ビルド方式の契約数は5件以内、

かつ契約総額は2,000万ドル（約24億円）以内に制限している。ただし、同時期に5件が契約中で無ければ2,000万ドルを超えて契約をすることができる。

2.3　英国のデザイン・ビルド
2.3.1　予算管理と職員不足に対するデザイン・ビルド

　英国の道路庁がデザイン・ビルド方式を導入したのは1992年である。当初は試行的に用いられ、幾つかのプロジェクトでデザイン・ビルド方式の効果を確かめた後、1995年から大型工事で本格的に採用されるようになった。なお、現在のところ、デザイン・ビルド方式について、道路庁のプロジェクトマネージャーの反応は、一般的に好意的と言われている。

　英国の道路庁がデザイン・ビルド方式を取入れた直接の動機は、他の発注機関と同様、多くのプロジェクトで工事中に契約額が大幅に増加（コストオーバラン）し、最終契約額が当初の契約額を大幅に上回るという問題が続いたためである。契約額の増加は主に請負業者からの設計変更に関するクレームが多発した結果である。これは単にコストの増加問題のみならず予算管理を著しく困難にした。すなわち、多くのプロジェクトで工事契約の終了会計年度内に全クレームが解決せず、各プロジェクトの最終事業費が未確定で、翌年度以降の新規プロジェクトへの予算配分に支障をきたし、計画的な事業執行ができない状況となっていた。

　その結果、事業費（予算）の見通しの確実性を高めるため、デザイン・ビルド方式を導入して、設計および施工に関する責任を一元化すると共にそれらに伴うリスクを請負業者に転嫁して、設計変更クレームの機会をできる限り少なくすることになった。また、設計変更による契約金額の増大は必然的に工期の延長をもたらしていた。従って、デザイン・ビルド契約の導入は実質的に工期の延伸問題の解決に繋がることも期待された。さらに、道路庁の職員不足もデザイン・ビルド契約の導入の一因であった。職員不足を補うため、道路庁はプロジェクトの設計を外注にして、自らはプロジェクトのマネジメントのみに専念することにした。

2.3.2　概略（基本）設計デザイン・ビルドでの請負業者によるリスク管理と品質保証の強化

デザイン・ビルド方式の契約は以下の点で、発注者が詳細設計をした後に入札・契約する従来方式と異なっている。デザイン・ビルド方式では、

- ランプサム契約で、建設コストのリスクは大幅に請負業者に転嫁する。
- 設計、地質条件、道路占用者の工事、天候など工事に関するリスクを請負業者に転嫁する。
- 請負業者は設計の所有者であり、その内容に全ての責任を負う。
- 請負業者はコンサルタントとデザイナー（Designer）、チェッカー（Checker）、および安全確認者（Safety Auditor）契約をして、詳細設計と品質管理を委託する。
- 契約書に品質管理計画と証明・確認制度に基づく厳格な品質保証条項を導入する。
- 請負業者に、デザイナーによる工事の審査と証明書の発行を前提にした責任施工を求める。
- 発注者は監督をせず連絡とモニタリングを行う発注代理人（Employer's Agent）を配置する。
- 独立裁定者（Adjudicator）は1名とする（従来は3名）。
- 工程計画と出来高に応じた中間払いをする。

――― 補記 ―――

品質管理とコンサルタント

　英国のデザイン・ビルド方式では、コンサルタントが重要な役割を果たしている。従来の契約方式で、発注者に雇われた「The Engineer」は「Employer's Agent」になり、請負業者に雇われるコンサルタント（デザイナー、チェッカー、安全確認者）が、設計、工事の管理等に関して、従来の「The Engineer」に近い役割を果たすことになった。

(1) ランプサム契約による建設コスト・リスクの転嫁

　デザイン・ビルド方式では、ランプサム契約と大幅なリスク転嫁により、契約期間中に追加コストを求めるクレームの提出機会を少なくすることができ、契約時に高い精度で事業費を見通すことが可能になる。ただし、請負業

者がコントロールできないリスクが生じた場合、請負業者は増額のクレームを出すことが認められる。通常、クレームの提出が認められるのは以下の事態に起因する場合のみである。
・契約書の曖昧さ、あるいは矛盾
・経験のある建設業者が十分に注意しても予測できない自然状況（天候は除く）あるいは構造物が出現した場合（道路庁では、このリスクも請負業者に転嫁する場合もある）
・戦争、叛乱、汚染物質
・多額の費用増をもたらす化石の出土
・発注者による工事中止命令
・発注者の責に帰す工事現場の未確保あるいはアクセス不可
・発注者による設計変更
・発注者の支払い遅延
・発注者の契約不履行

(2) コンサルタントによる設計・施工チェック制度
　① 請負業者によるチェック・コンサルタントの活用
　　デザイン・ビルド契約の最大の特色は、請負業者に設計責任を課すことである。一方で、発注者は請負業者に対して設計能力の不安と、利益の追求を品質の確保に優先させるのではないかとの懸念を抱いているのが実状である。従って、発注者は請負業者に外部のコンサルタントをデザイナー（設計者）に任命して詳細設計を委託することを求めている。更に、請負業者はデザイナーとなるコンサルタントとは独立のコンサルタントを夫々、チェッカーと安全確認者に任命してデザイナーが作成した詳細設計のチェックを受けることが求められている。また、請負業者は設計を委託したデザイナーに工事の確認検査も委託しなければならない。
　② 設計・工事の品質管理計画
　　品質確保のため発注者は、上述の様に請負業者に対して外部コンサルタントに品質管理業務を委託することを義務付けるほか、詳細設計と工事の品質管理計画の提出を求める。この品質管理計画には設計、工事、完成部分の引渡し、設計変更および安全管理について、夫々のコンサルタントか

ら証明書あるいは確認書（Certificate）の発行を受けることも含まれる。
③　工事の監督・検査

工事についての全ての責任は請負業者が負うことになっているが、発注者は請負業者にデザイナーとして設計の作成を委託したコンサルタントによる工事検査（Examine）を受けることを義務付けている。従って、デザイナーは工事が発注要件と請負業者の入札時の提案の両方に合致して施工されたことを確認し、その旨の証明書を発行しなければならない。デザイナーは請負業者に雇われるため、十分な監督・検査ができるかとの懸念が存在するが、将来、瑕疵担保期間に欠陥が見つかれば請負業者が多額のコストを掛けて是正する羽目になることから、請負業者もデザイナーが慎重に検査することを期待していると言われている。また、コンサルタントも専門職としての信用を維持するために、雇い主であっても請負業者の工事を適切に監督、検査すると期待されている。

④　発注者の代理人コンサルタント

発注代理人（The Employer's Agent）は、現場では発注者の代理人として行動するが、従来の様に工事の監督はしない。デザイン・ビルドでは請負業者が工事監理に関する全ての責任を負う。発注代理人の主な任務は請負業者の工事を監督するのではなく、モニタリング（監視）と、発注者と請負業者間の連絡をすることである。ただし、発注者と発注代理人との間の契約で定められた一定の範囲内で請負業者の工事に介入することはある。

(3)　契約管理の合理化
①　独立裁定者：（Adjudicator）

デザイン・ビルド方式では設計と施工の責任を一元化するため、発注者と請負業者の間の紛争の機会が大幅に減少するので、紛争に備えて配置される裁定者は1人のみである（従来は3人であった）。裁定の手続きは迅速な解決をはかるため簡素化されている。この方法で、紛争が発生しても短時間、かつ少ないコストで解決することが期待されている。なお、裁定結果に不服の場合は、仲裁調停に委ねることができる。裁定者は発注者が提案して、請負業者が承諾して決める。請負業者は、もしが発注者が提案

した裁定者に異議があれば別の候補者を提案することができる。
② 中間出来高払い
　中間出来高払いは、契約額と経過工事期間のパーセンテージで支払われるのではなく、入札時に提出される工程計画と工事の作業項目別の見積書に基づき、実際に施工された部分に対して支払われる。

2.3.3　早期デザイン・ビルドの活用

　1992年以来、英国の道路プロジェクトでのデザイン・ビルドは、全て概略（基本）設計デザイン・ビルド方式であった。しかし、建設業界からデザイン・ビルド方式の発注では、コスト・リスクが請負業者へ過度に転嫁されているうえ、発注者側の積算額が適正価格に較べ低すぎる事例が多いとの批判が強まっていた。道路庁はデザイン・ビルドによる設計責任と施工責任の一元化を保持したうえ、プロジェクトの形成の段階から建設業者の知見を活用して、リスクの確認、適正な価格積算を図り、かつ事業期間の短縮を目指して2001年に早期デザイン・ビルド（Early Contractor Involvement）方式を取り入れた。

　道路庁の早期デザイン・ビルド方式の特性は、発注者が路線を確定するために必要な公聴会を開催する前に発注し、契約の内容はを2段階に分け田植え、請負工事代金は一定の条件の下で実費精算されることである（図1－6を参照）。第1段階で請負業者は発注者と協力してプロジェクトを取りまとめる。具体的な業務は路線決定のための公聴会の支援、概略設計の作成、工事費の積算をすることである。請負業者は第1段階の業務を通してプロジェクトの内容およびリスクの把握が容易になる。第1段階で請負業者への支払は、コンサルタント契約と同じようにコスト・プラス・フィー方式で支払われる。

　第2段階で請負業者は詳細設計の作成、及びそ工事施工を行う。なお、第1段階終了後に、請負業者と発注者は工事費に関して協議を行い「ターゲット・プライス（目標契約額）」を決定する。工事に対する請負業者への支払は実費精算で行われる。実費が目標契約額を上回った場合（Pain）あるいは下回った場合（Gain）、その差額は発注者と請負業者との間で、契約で定められるPain／Gain-Sharing比率で負担または配分することになっている。

　落札者は第1段階の前に入札で提出される品質管理方法、コスト・リスク管理方法、過去の実績、主要担当者など契約履行能力に関する技術提案を評価し

図1-6 英国道路庁の早期デザイン・ビルド契約の手順

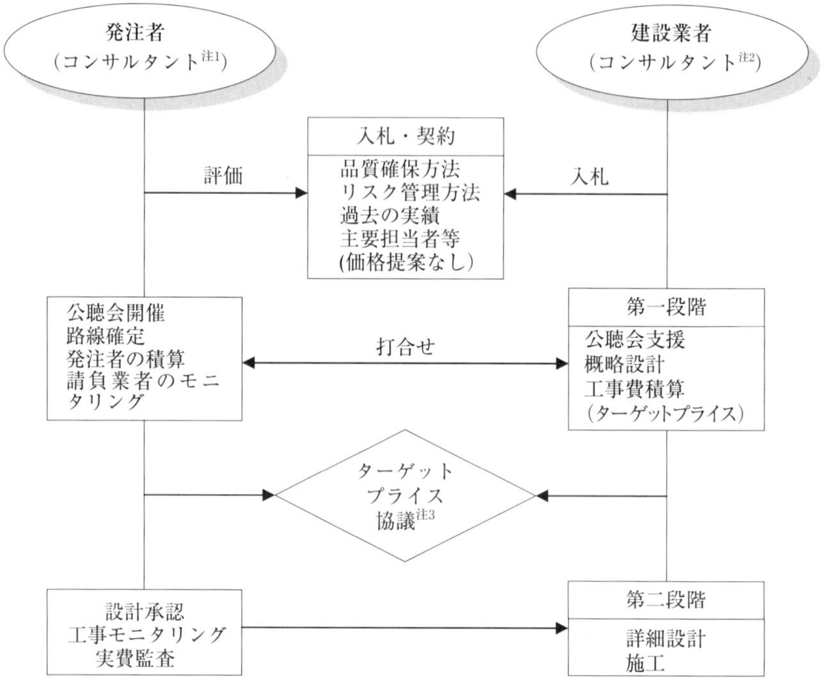

```
      発注者                              建設業者
   (コンサルタント注1)                  (コンサルタント注2)

                    ┌──────────────┐
                    │  入札・契約   │
         評価       │ 品質確保方法 │    入札
       ─────────▶  │ リスク管理方法│ ◀─────────
                    │ 過去の実績   │
                    │ 主要担当者等 │
                    │(価格提案なし)│
                    └──────────────┘

   ┌──────────────┐                   ┌──────────────┐
   │ 公聴会開催   │                   │  第一段階    │
   │ 路線確定     │     打合せ        │ 公聴会支援   │
   │ 発注者の積算 │ ◀──────────────▶ │ 概略設計     │
   │ 請負業者のモニ│                   │ 工事費積算   │
   │  タリング    │                   │(ターゲットプライス)│
   └──────────────┘                   └──────────────┘

                     ◇ターゲット◇
                  ─▶ プライス ◀─
                     協議注3

   ┌──────────────┐                   ┌──────────────┐
   │ 設計承認     │                   │  第二段階    │
   │ 工事モニタリング│ ─────────────▶  │ 詳細設計     │
   │ 実費監査     │                   │ 施工         │
   └──────────────┘                   └──────────────┘
```

注1：発注機関に適切な技術者がいない場合、外部のコンサルタントが発注者代理人として雇用される。
 2：請負業者（建設業者）の下請コンサルタント。
 3：目標契約額で、請負代金はこの金額を上限として実費で支払われる。請負業者は実費が目標契約額を超過した場合、ペナルティーとして超過額の一部を負担する。一方、実費が目標契約額を下回った場合、その差額の一部をボーナスとして受取ることができる。

て決定される。入札者は入札時に価格提案はしない。

　現時点で、早期デザイン・ビルド方式で完成したプロジェクトの数が少なく早期デザイン・ビルド方式の評価は定まっていないが、関係者の間では概略（基本）設計デザイン・ビルドと較べ以下の長短があると言われている。

　① 概略設計と詳細設計を連続、あるいは部分的に重複して行うこともできことから事業期間が短縮される。
　② 入札費が比較的小額で済む。
　③ 低価格入札で落札した後、高額なクレームを多発する悪弊が減少する。

④　概略設計で発注者側のコンサルタントと請負業者側のコンサルタントが関わることから作業効率が悪くなる。

第3節　デザイン・ビルド入札の概要

3.1　入札方式と入札評価方法
(1)　指名競争入札と条件付一般競争入札

　　従来型の工事契約では、発注者が工事に先立ち詳細設計図、標準仕様書、特記仕様書、工事数量表など工事施工に必要な全ての資料を作成しており、入札者としての資格要件は適正価格で発注工事を施工する能力、すなわち、資機材と役務の提供能力を有することで足りた。従って、米国の発注機関は、工事を特定せずに予め工種別に事前資格審査登録制度を設け、登録業者のうち希望者に価格競争を求める一般競争入札を原則としてきた（英国では登録業者で希望する者の中らから入札者（通常、6社前後）を指名している）。現在、我が国では一般競争入札と指名競争入札の両方が用いられている。

　　デザイン・ビルド方式では、受注者に設計、施工方法等を大幅に委ねることから、受注者には設計能力、施工能力、品質・工程管理能力、関係者間のコーディネーションなど、広範かつ高度な技術力、事業マネージメント能力が求められる。従って、通常、デザイン・ビルド入札では個別の発注案件ごとに、技術力に関する資格要件を定め、入札希望者から「技術力資料」の提出を求め、技術能力面からの入札資格審査が行われる。

　　米国と英国では審査の結果に基づいて能力評価型指名入札が行われている。米国の指名数は3～5社であり、英国では4社指名を標準にしている。日本のデザイン・ビルド方式では、厳しい技術資格審査をしているが、入札者数を予め制限する指名方式を取らず、資格要件を満たす者には全て入札を認める条件付き一般競争入札の例が多い。

　　なお、米国では、建設業者とコンサルタントのジョイント・ベンチャーによる入札を認めているが、英国および日本では建設業者とコンサルタントのジョイント・ベンチャーは認めていない。

　補記
　　一般競争を原則としている米国がデザイン・ビルド方式では能力評価型指名

競争入札としているのは、通常の一般競争入札でも実際に入札するのは数社であること、厳選した数社が入札すれば一般競争入札で期待されると同程度の価格競争が期待できること、また、デザイン・ビルドの入札コストは高額であり、多くの入札者が競争することは業界の負担が大きくなり、結果的に入札額に反映されることから発注者にとっても得策でないなどの理由からである。

(2) 価格評価落札方式と総合評価落札方式

　デザイン・ビルド方式の本質は、従来のように、先ず、コンサルタントに設計業務を委託し設計が完了した後に、工事を発注する方式と違って設計と施工を一体にして発注することであって、必ずしも落札者の決定方法を従来方式と変えることではない。しかし、デザイン・ビルド方式には第1節で触れたように多様な長所があり、落札者の決定はデザイン・ビルド方式を用いる目的に応じて、デザイン・ビルドの長所を最も有効に生かす方法にする必要がある。例えば、米国の災害復旧工事で工期短縮を目指すデザイン・ビルドでは、価格競争で落札者を決定する例が多い。一方、建設業者の革新的技術を活用するためにデザイン・ビルド方式を用いる場合の落札者は、入札者から技術提案を求め、評価したうえ、価格提案を加味した総合評価を行い発注者に最善の価値をもたらす者としている。

3.2　総合評価落札方式の入札で提出する技術書類

　デザイン・ビルド契約の落札者を技術と価格を総合的に評価して決定する場合、入札者から求める技術書類は、各国とも入札者の履行能力を示す「技術力資料」と設計と施工に関する「技術提案」の2種類である。

(1) 技術力資料の内容

　入札希望者（企業）および予定担当技術者の契約履行能力を示す資料には、通常、以下のものが含まれる（注：日本の場合、下請に関する資料は求められない）。

・入札者の構成　　（単独、JV構成員、下請業者）。
・入札業者、予定担当技術者（総括マネージャー、工事マネージャー、設計マネージャーなど（日本では監理技術者または主任技術者、および設計技

術者）および下請業者の過去の実績。

　なお、入札希望者から提出された技術力資料は、入札参加資格の審査（日本）、あるいは指名入札者の選定資料（米・英国）として用いられる。また、落札者を決定する際、技術評価の一部として活用されることもある。

(2) 技術提案の内容

　入札者は、入札説明書に明記された項目について、発注者の要求要件（仕様書、および発注者の標準案（設計図）、設計基準、施工指針等）に基づき、技術提案を提出する。日本において提出が求められる技術提案は、通常、次の3種類に区分することができる（注：この区分は筆者が便宜上に行ったものである。図1－6を参照）。

① 提案

　発注者の要求要件に基づき、入札者がオリジナル・アイデアで作成した構造形式、形状あるいは施工方法に関する提案で、a）設計方針と施工方針、b）革新技術の活用、c）工程計画およびd）品質管理計画などを含む。

② 代案

　発注図書で参考として示された標準案を改善するための代案で、上記の①と同様の項目を含む。

③ 自由提案

　技術提案の対象外の項目について、入札者の発案で提出する提案。入札説明書に代替案を受け付けることが明記された場合のみに提出できる。

　なお、発注者は技術提案を定量的評価で点数化し、入札価格を加味した総合評価をしたうえ落札者を決定する。

　米国および英国は、入札業者を指名する際に、技術力資料と共に概略の技術提案の提出が求められる。指名された業者が入札で提出する技術提案は、基本的には概略技術提案と類似したものである。技術提案の内容は、主に発注者が提示する基本計画（米国）、あるいは参考図（英国）に基いて作成する工程計画、品質管理法、適用技術など施工方法に関する事項が中心になる例が多い。ただし、入札者が発注者の提示した基本計画、参考図に対して代案があるときは、予め発注者と協議したうえ、提出することが可能である。

(3) 工事特性と技術提案の範囲

　デザイン・ビルド方式で、入札者からどの様な技術提案（提案、代案あるいは自由提案）を求めるべきかは、工事の特性に応じて決めるべきである。図1－7は、工事特性と提案、代案を求める可能性の程度（範囲）の関係を模式図的に示したものである。

　日本で、デザイン・ビルド方式による入札では、常に入札者から斬新な技術提案を求めるべきと考えられがちであるが、工事の種類、内容によっては米国、英国のように必ずしも斬新な提案でなくても発注者が求める工事を確実に実行できる詳細設計、施工方法の提案を受けることも意義がある。なお、米国や英国のデザイン・ビルド契約では、入札者が新たな技術提案をせず発注者の提示した概略設計に基づいて詳細設計し、概略設計が原因で詳細設計に欠陥が生じた場合であっても、それに対する責任を入札者に課す例もある。

(4) 技術書類の活用法

図1－7　工事特性と技術提案の関係

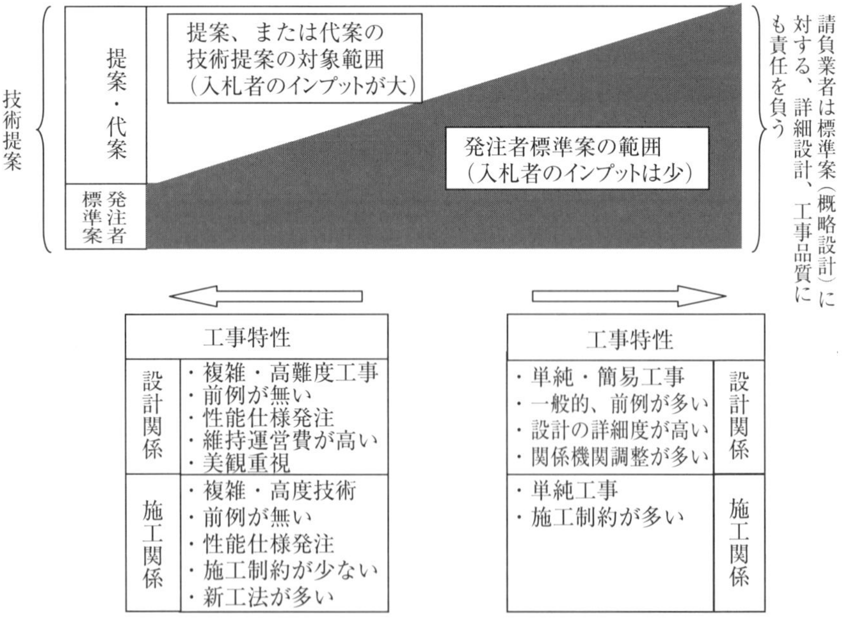

入札者から提出された技術書類（技術力資料、技術提案）の活用法は、発注者、発注案件ごとに異なる。表1-2はデザイン・ビルド方式での技術書類の活用方法の例である。なお、発注者は入札前に、落札者を決定する際、入札者から提出を求める技術書類のどの部分が、どの様に評価されるかを明示する必要がある。

表1-2　技術関係の提出書類の活用方法

入札者の提出技術書類		入札資格審査に	落札者の決定評価に★★★	備　考
技術力資料★		・活用	・活用しない ・一部活用	（★）技術力資料と技術提案をまとめて、「技術提案」と呼ぶこともある。 （★★）米国、英国では入札者を指名する際、概略技術提案を審査する。 （★★★）入札説明書で詳細な評価方法、落札者の決定方法を明示する必要がある。
技術提案	入札者のオリジナル提案	・活用しない ・活用★★	・活用	^
^	発注者の標準案に対する代案	・活用しない ・活用★★	・活用	^
^	自由提案	・活用しない ・活用★★	・活用	^
価格	入札金額	──	・活用	^

注：「活用と活用しない」の2段書きの箇所は、発注者が適宜どちらかを選択する。

3.3　総合評価による落札者の決定

(1) 価格提案と技術提案による入札評価

　日本、米国、英国ともデザイン・ビルド方式での落札者は、技術提案と価格提案を総合的に評価して決定される例が多い。一般に建設工事は単品生産であり、かつ、一旦完成すれば性能不足の不良工事であっても、工期、金額の面から手直し、あるいは再建設が極めて困難である。そのため、落札者の決定段階で入札者の設計・施工等の技術能力を慎重に審査する必要がある。ただし、公共工事では落札者の決定に当って価格も重要な考慮要因となる。従って、発注者は価格提案と技術提案を総合的に勘案し、最も投資価値（入札価格の額と、それによって期待される品質あるいは性能などの程度）が高いと判断される入札者を落札者とする。

> **補記**
>
> 最低価格落札者
>
> 　単純な工事あるいは災害復旧工事で入札者から特に斬新な提案の可能性が少ないが、例えば工期の短縮、あるいは責任の一元化を目的にしてデザイン・ビルド方式を活用する場合には、総合評価落札方式でなく、予め定めた技術要件を満たす入札の中で最低価格の入札者を落札者とすることも考えられる。米国連邦道路庁の調査によると、1990年から2002年にかけて完成されたデザイン・ビルド案件では、総合評価落札方式が38％、最低価格落札方式が56％、その他が6％となっている。

(2) 入札評価値の算定

　総合評価方式では、技術提案に含まれる特性（価値）の異なる複数の項目をどの様にして同一尺度で評価するかが問題となる。残念ながら夫々性質の異なる項目の価値を同一尺度で、客観的に定量化する方法はなく、発注者が個別の工事ごとにその工事を取巻く諸条件を加味して主観的に定めざるを得ない。通常は、発注者が技術提案の評価項目を夫々個別に点数で評価して、続いて予め定めた評価項目間の重要度（重み）を各評価点数に乗じて得られた値を合計して技術提案点とすることが多い。また、価格提案については、一般に入札価格の大小で評価して価格提案点としている。

　落札者を技術提案と価格提案を総合的に評価して入札評価値を算定して決定する方法としては、例えば、

・技術提案と価格提案の重要度（重み）を定め、技術提案点と価格提案点に乗じて得られた点数を合計した入札評価点が最大の入札者を落札者とする方法、

・技術提案点を入札価格で除した値が最大となる入札者を落札者とする方法

などがある。

　下記は、技術提案と価格提案よる総合評価方法の例である。

① 　価格提案と技術提案の重みを、例えば6対4とし、価格提案と技術提案を夫々100点満点で評価し、価格提案の評価点に0.6、技術提案の提案に0.4を乗じて得られた値を加算して最大値となる入札者を落札者とする（第3章第3節の「英国道路庁の例」を参照）。

②　技術評価点を入札価格で除して、最大値となる入札者を落札者とする（第1章第3節3.5の(1)「国道1号原宿交差点立体化工事」での総合評価入札の事例を参照）。
③　技術評価点を貨幣価値に換算して、入札価格から技術価値を減じた額が最小となる入札者を落札者とする（第1章第3節3.5の(2)「米国ノースカロライナの州道拡幅工事」を参照）。
④　技術提案で一定の評価点以上を得た入札者で、最低の価格提案をした者を落札者とする。

3.4　デザイン・ビルドの入札手順例

　デザイン・ビルド方式の入札手順は、各国ごとに、また発注者ごとにある程度の相違が見られるが、参考に米国と日本における手順の事例を図1-8に示す。

　デザイン・ビルドの入札手順、手続きに関しては、各国とも詳細な点を除き基本的には類似している。国土交通省の事例と米国および英国では、以下の点で相違が見られる。

①　指名入札方式と有資格者入札方式

　　米国および英国では原則として公募をした後、応募者の契約履行能力を評価したうえ数社を指名する入札方式がとられている。日本の国土交通省の事例では、資格審査をパスすれば誰もが入札を認められている。すなわち、入札者数の制限がない。ただし、日本でも公募指名入札を行っている発注機関もある。

②　下請業者の資格審査

　　米国や英国では設計、施工の一部を下請発注する予定の入札者は、下請発注予定の部分、下請業者の名称および契約履行能力を審査する資料を提出しなければならない。日本では入札資格審査で、下請業者に関する資料の提出は求められない。

③　技術提案の提出

　　米国や英国では、入札希望者が入札指名審査資料として簡易な技術提案を提出することがある。ただし詳細な技術提案は入札者の指名後、価格提案と共に提出する。

図1－8 デザイン・ビルドの入札手順例

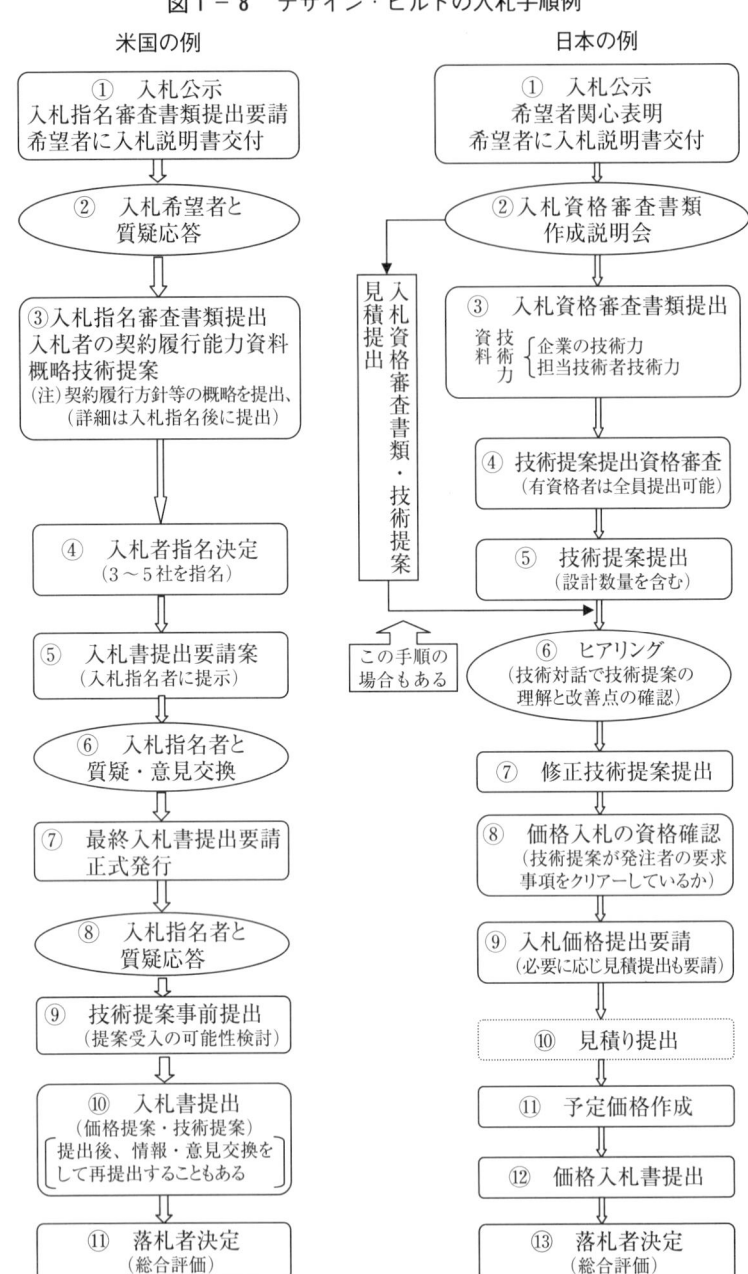

米国の例

① 入札公示
　入札指名審査書類提出要請
　希望者に入札説明書交付

② 入札希望者と質疑応答

③ 入札指名審査書類提出
　入札者の契約履行能力資料
　概略技術提案
　（注）契約履行方針等の概略を提出、
　（詳細は入札指名後に提出）

④ 入札者指名決定
　（3～5社を指名）

⑤ 入札書提出要請案
　（入札指名者に提示）

⑥ 入札指名者と質疑・意見交換

⑦ 最終入札書提出要請
　正式発行

⑧ 入札指名者と質疑応答

⑨ 技術提案事前提出
　（提案受入の可能性検討）

⑩ 入札書提出
　（価格提案・技術提案）
　提出後、情報・意見交換を
　して再提出することもある

⑪ 落札者決定
　（総合評価）

日本の例

① 入札公示
　希望者関心表明
　希望者に入札説明書交付

② 入札資格審査書類作成説明会

③ 入札資格審査書類提出
　資料｛企業の技術力
　技術力｛担当技術者技術力

④ 技術提案提出資格審査
　（有資格者は全員提出可能）

⑤ 技術提案提出
　（設計数量を含む）

入札資格審査書類・技術提案　見積提出

この手順の場合もある

⑥ ヒアリング
　（技術対話で技術提案の
　理解と改善点の確認）

⑦ 修正技術提案提出

⑧ 価格入札の資格確認
　（技術提案が発注者の要求
　事項をクリアーしているか）

⑨ 入札価格提出要請
　（必要に応じ見積提出も要請）

⑩ 見積り提出

⑪ 予定価格作成

⑫ 価格入札書提出

⑬ 落札者決定
　（総合評価）

日本の「総合評価方式適用の考え方（**第 1 章第 2 節 2.1.2(2) を参照**）」に示された標準手順では、先ず、入札希望者から提出される入札資格審査資料に基いて技術提案の提出資格審査をして、有資格者に技術提案の提出を求めることになっている。ただし、技術提案と入札資格審査資料を同時に提出することを求める例もある。

補記

技術提案の提出時期

　技術提案の作成には多大なコストと時間が必要なことから、入札資格審査資料と同時に技術提案を提出する方式は、工事内容が比較的簡易で技術提案の作成が容易な場合、あるいは入札参加者が少数であることが予想される場合に限るのが望ましいと考えられる。

---

④　価格入札

　米国および英国での入札は、技術提案と価格提案の両方を提出することである。従って、技術提案は指名され後に価格提案と同時に、別々の封筒に入れて提出される。

　一方、日本での入札とは、価格入札のことであり、技術提案が妥当と認められた者だけが入札を認められる。従って、技術提案の一次的目的は、価格提案をする入札者を選定することとも言える。ただし、落札者は、入札価格と技術提案を総合的に評価して決定される。

　また、日本では発注者が予定価格の算定の参考とするために、通常、技術提案の審査で価格提案の提出を認められた者には、価格入札を提出する前に技術提案に対する参考見積書の提出が求められる。

3.5　デザイン・ビルド入札の日程と評価の事例
(1)　国道 1 号原宿交差点立体化工事

　本工事は、横浜市戸塚区原宿地先で国道 1 号と主要地方道原宿六浦線の平面交差を立体化するため、国道 1 号を主要地方道下のアンダーパスにするもので、国土交通省関東地方整備局により入札者から工事期間の短縮提案を求めるデザイン・ビルド方式で下記の入札日程で発注された。

①　入札の主な日程

・入札公告	平成17年9月7日
・入札資格審査申請書提出期限（注を参照）	平成17年9月7日～11月30日
・入札資格審査申請書類の作成説明会	平成17年9月22日
・技術提案書のヒアリング	平成17年12月21日～12月22日
・入札資格の確認通知	平成18年1月26日
・入札（価格提案）の締切	平成18年3月6日
・入札の開札	平成18年3月7日
・技術提案書の作成に係わる資料の閲覧	平成17年9月26日～11月30日

注：入札資格とは、価格入札資格のことである。なお、入札資格審査申請書には技術提案書を含めることになっている。

② 入札資格審査のための技術書類

入札者に求められた、入札資格審査用の技術書類は、

・技術力資料（入札企業構成・工事経験、発注者への登録状況、配置予定技術者の資格・経験）

・技術提案（概略設計、施工方法、工期短縮の代案）

であった。入札参加資格の確認は技術力資料と技術提案とを評価して行われ、指名停止中の1社を除く3社が入札資格を得た。なお、技術提案のうち工期短縮提案は落札者を決定する際の入札評価項目としても用いられた。

③ 技術提案の評価

技術提案で代案（VE提案）が認められたのは、発注者が提示したアンダーパス部の供用までの標準施工日数540日（最低限要件）を短縮することである。540日以下の提案を入札した者は標準点（100点）が与えられた。標準日数を1日短縮するごとに0.25点が加算点（工期短縮評価点）として与えられた。

④ 落札者決定の方法

落札者は入札資格を有することを確認され、入札価格と技術提案を提出した者のうち、入札価格と技術提案の工期短縮日を総合的に評価して最高点を得た者とされた。ただし、入札価格が発注者の予定価格を超える入札は失格とする規定が設けられていた。総合評価は次の式で計算して得られる評価値で行われ、最高の評価値を得た入札者が落札者となった。

評価値＝【基準評価点（100点）＋工期短縮評価点（工期短縮日数×0.25）】÷【入札価格】

(2) 米国ノースカロライナの州道拡幅工事

本工事は州道 I-3311A の14.3km の区間を 4 車線から 8 車線に拡幅する工事である。

① 入札の主な日程

・入札資格審査の公告	2001年 5 月 1 日
・入札資格審査書類の提出期限	2001年 6 月15日
・指名業者の決定（入札案内書（案）の配布）	2001年 7 月16日
・指名業者と入札案内書（案）についての打合せ	2001年 8 月 3 日
・入札案内書の作成	2001年 8 月17日
・入札（技術提案と価格提案）の締切り	2001年10月10日
・提案の説明	2001年10月17日
・総合評価点の決定	2001年10月24日
・落札者の決定	2001年11月 8 日

② 技術提案書の評価

技術提案は入札案内書で要求する事項に対し適切に、文章、表、図表、図面、スケッチなどを用いて分かり易く作成することとされた。技術提案の目的は、入札者のプロジェクトについての理解、適切な設計基準の選定、全ての設計・施工項目を完成させるための手順、およびその方法を提案することであった。技術提案は次の**表1－3**「技術提案の評価項目」、および**表1－4**「各評価項目に対する評価基準」の評価項目で評価された。

表1－3　技術提案の評価項目

評価項目（Evaluation Factor）	評価点数（Points）
① 入札案内書の要求項目への対応度	48点
② 提案の革新性	23点
③ 施工方法	24点
④ 口頭面接結果	5点
合　　　計	100点

各評価項目に対する具体的な評価基準を**表1－4**に示す。

表1-4 各評価項目に対する評価基準

評価項目（Evaluation Factor）	評価点数（Points）
入札案内書（RFP）の要求項目への対応度	48点
① 設計管理（設計のコンセプト、設計チームの能力等）	5点
② 品質管理（設計・施工段階における品質管理手法）	15点
③ 人と自然環境への配慮（各種環境基準への対応）	5点
④ 設計の独創性（設計のコンセプト、採用基準等）	10点
⑤ DBE（注）に認定された零細企業の設計チームへの参加	3点
⑥ 構造物の独創性（橋梁、擁壁、遮音壁等）	5点
⑦ ITSの構成と交通標識（ITS施設の移設・改良等）	5点
提案の革新性	23点
① プロジェクト全体の工程計画	20点
② その他（設計・施工上の革新的工夫、使用材料、美観等）	3点
施工方法	24点
① 施工監理（施工組織図（下請会社との関係）、最善の工区分け、元請けと下請け社員の役割、材料の最適供給計画と手順等	5点
② 交通管理と安全防護	12点
③ プロジェクトの妨げとなる公共施設の移設計画	2点
④ 安全計画（交通、工事等）	5点
口頭面接結果	5点
① 面接結果（D/Bプロジェクトチームとの面接結果、チームの経歴、考え方、プロジェクトへの取り組み方）	5点
総合計点数	100点

注：DBE（Disadvantaged Business Enterprises）は、女性、少数民族、身体障害者などが経営者である企業

③ 落札者の選定手順

発注者は技術提案の評価のため技術評価委員会を組織した。そのメンバーとしては発注者側のプロジェクトマネージャーと連邦道路庁の代表を含む3人以上のシニアエンジニアで構成された。提出された技術提案は入札指示書に示される評価基準に従って評価された。落札者は技術提案書と入札価格の両方を考慮した総合評価の結果で決定された。

技術評価委員会は各入札者から提出された技術提案の全ての採点結果を契約課のマネージャーに提出した。契約課のマネージャーは入札価格と共に総合評価を行うため、先ず、技術提案の評価点と**表1－5**を用いて、入札者ごとの技術価値率（Maximum quality credit percentage）を定めた。次いで、下式で技術価値を算出した。

技術価値＝【技術評価率×入札価格】

技術提案と価格提案の総合評価は、下式の様に「入札価格」から「技術価値」を減じた技術価値調整入札価格で行われた。

技術価値調整入札価格＝【入札価格－技術価値（入札価格×技術価値率）】

落札者は、技術価値調整入札価格が最低となる入札者に決定された。

表1－5　技術評価点と技術価値率

技術評価点	技術評価率（％）	技術評価点	技術評価率（％）	技術評価点	技術評価率（％）
100	15.00	89	9.50	78	4.00
99	14.50	88	9.00	77	3.50
98	14.00	87	8.50	76	3.00
97	13.50	86	8.00	75	2.50
96	13.00	85	7.50	74	2.00
95	12.50	84	7.00	73	1.50
94	12.00	83	6.50	72	1.00
93	11.50	82	6.00	71	0.50
92	11.00	81	5.50	70	0.00
91	10.50	80	5.00	－	－
90	10.00	79	4.50		

技術提案書が入札案内書で要求されている内容に応えていない場合は、契約課のマネージャーは入札者にその事実を通知する。全てのプロポーザルが不適格で拒絶されない限り、発注者は技術価値調整入札価格の最低者を落札者とする。ただし、デザイン・ビルド契約の契約金額は落札者が入札した入札価格である。

上記の総合評価方式の理解の一助にするために、モデル入札で技術価値調整入札価格の算定方法を表1-6に示す。

表1-6　技術価値調整入札価格の算定例

入札業者	技術評価点数	技術価値率[a]（％）	価格提案額（ドル）[b]	技術価値（ドル）[c]=[b]×[a]/100	技術価値調整入札価格（ドル）[b]-[c]
A	95	12.50	3,000,000	375,000	2,625,000
B	90	10.00	2,900,000	290,000	2,610,000
C	90	10.00	2,800,000	280,000	2,520,000
D	80	5.00	2,700,000	135,000	2,565,000
E	70	0.00	2,600,000	0	2,600,000

入札価格では、E社が1位であるが技術評価点が低いため、技術価格調整入札価格が3位となる。C社の入札価格は3位であるが、技術価値調整入札価格が1位となり落札者となる。なお、C社の契約金額は入札額である2,800,000ドルである。

(3) 事例によるデザイン・ビルドの日米比較

参考のために、上記で紹介した日本と米国のデザイン・ビルド方式の事例を比較する（表1-7参照）。ただし、この比較は多様なデザイン・ビルド方式の適用法の一例によるもので、必ずしも両国の代表的な相違点を示すものではない。

表1-7　デザイン・ビルド入札事例による日米比較

	日本の事例	米国の事例
工事目的	平面交差点を一方の道路をアンダーパスにして立体化	4車道路を中央分離帯を利用して8車線化

入札者の決め方	・資格審査付一般競争入札	・能力評価型指名入札
技術力資料の活用	・入札資格審査	・入札者指名 ・総合評価の一部（技術者能力）
入札説明書	・作成は発注者 ・説明会の開催	・作成は発注者 ［作成過程で入札希望者の意見を取入れた］
技術提案（注1）	・入札関心表明時に技術力資料と共に提出（または、入札資格審査後に提出する） ・発注図書に示された基本性能を満たす設計・施工案（概略設計図、施工方法、工期短縮案等） ・ヒアリング ・入札資格審査に活用	・指名後に提出 （関心表明時に指名審査用に概略技術提案を提案） ・設計者の能力 ・品質管理、工程管理 ・設計・施工方針 ・交通・工事安全計画 ・設計・施工の独創的技術等 ・ヒアリング ・落札者決定に活用
参考見積（注1）	・関心表明時の技術提案と一緒に提出（または入札資格審査後の技術提案と一緒に提出する）	・無し
落札者決定の評価対象（注2）	・入札価格 ・工期短縮日数 ［技術提案は、工期短縮を除き入札の妥当性のチェックに活用されたが落札者の決定要因でない］	・入札価格 ・技術提案の各項目 ［設計者の能力 品質管理、工程管理 設計・施工方針 交通・工事安全計画 設計・施工の独創的技術等］
落札者の決定	・技術（工期短縮）評価を入札価格で除した値（入札評価値）が最高の入札者	・技術評価値を貨幣換算して入札価格から引いた値が最小の入札者
入札所要期間	・6ヶ月間	・6ヶ月間

注1：日本の場合、上記の事例が発注された後に国土交通省の委員会が作成し、デ

ザイン・ビルド方式の入札にも適用される「高度技術提案型総合評価方式の手続きについて（平成18年）」では、技術提案は、括弧書きの通り入札資格審査後に、また、参考見積りは技術提案の提出後に提出することになっている。

注2：日本の技術提案は、発注者が定めた工事の質（このケースでは工期短縮）の向上を目指している。従って、落札者を決定する技術評価は工期短縮提案についてのみに対して行われた。

　米国の技術提案は、発注者が定めた工事の質を確保するために、工事の実施に関する要因全てが落札者を決定する技術評価の対象にされている。

第2章　デザイン・ビルド入札の詳説

第1節　日本のデザイン・ビルド

1.1　総合評価落札方式とデザイン・ビルド入札
(1)　総合評価落札方式の導入と目的

　　公共工事の実施に当っては、透明かつ公平な入札・契約手続きの下で、適正価格で、タイムリーに所要の品質を有する施設を建設し、国民の利便増進の用に供することに留意する必要がある。また、近年は、契約後の施工過程で工事現場の周辺地域での工事騒音、交通渋滞、事故、環境影響など負のインパクトを最小限に止めることが社会的要請となっている。

　　この様な状況下で公共工事を適切かつ円滑に進めるため、従来の価格競争入札に加えて、価格と技術能力の両方を考慮する新たな入札方式、総合評価落札方式を導入する動きが強まった。その結果、平成12年3月27日に大蔵大臣（現財務大臣）と関係大臣の間で「工事に関する入札に係わる総合評価落札方式について」の協議が整い、一定の要件を満たす直轄工事については総合評価落札方式の活用が容易になった。

　　しかし、厳しい財政事情で公共投資が減少する中で、工事の規模、内容に関わらず全ての工事で受注を巡る競争が激化し著しい低価格による入札が急増し、工事中の事故や粗雑工事の発生、下請業者や労働者への皺寄せなどによる公共工事の品質低下が懸念されるようになった。

　　このような背景を踏まえて、平成17年4月1日に「公共工事の品質確保の促進に関する法律（品確法）」が施行された。品確法は、発注者には競争参加者の技術的能力の審査を適切に行うとともに、工事品質の確保や向上に係る技術提案を求めるように努め、価格と技術提案が総合的に最も優れた者を落札者とすることを原則にすることを求めている。

> **補記**
>
> **新たな用語「工事の質」の使用**
>
> 　大蔵大臣と関係大臣の協議「工事に関する入札に係わる総合評価落札方式について」では、総合評価落札方式で下記の事項を達成することを目指している。
> ① 総合的コストの改善（工事コスト）
> ② 機能・性能の向上（工事品質）
> ③ 社会的要請（工事騒音など環境影響対応、工期短縮、安全対応など）
>
> 　本書では、上記の各事項が工事の総合的な質を評価する要因として捉え、上記の全事項の総称として「工事質」または「工事の質」という単語で記述することがある。
>
> 工事コスト ┐
> 工事品質　 ├ 工事の質　　総合評価落札方式は高い工事の質を確保する一つの手段である。
> 工事への社会要請 ┘

(2) デザイン・ビルドと総合評価落札方式

　我が国のデザイン・ビルド方式は、民間企業の技術力を活用して工事の質を改善することを目的としている。従って、入札では入札者の技術的施工能力を確認すると共に発注案件に対する技術提案を求め、その内容を審査、評価する必要があり、価格のみで落札者を決る従来の価格競争入札方式は、デザイン・ビルトの活用に適さない。一方、近年、積極的に活用されるようになってきた総合評価落札方式は、落札者を価格と技術力を総合的に評価して決定するものであり、デザイン・ビルド方式の入札に適している。総合評価方式では、入札価格と技術提案による工事質の改善効果を比較考慮して発注者にとって最も有利な入札をした者を落札者とする。例えば、除算方式の総合評価で落札者を決定する場合、図2－1に示すように総合評価点（工事質／入札価格）が最大の入札者Bが落札者となる。

図2-1　総合評価落札の概念図

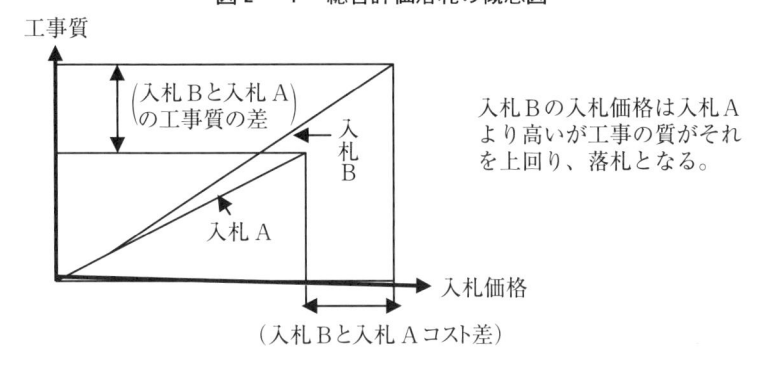

入札Bの入札価格は入札Aより高いが工事の質がそれを上回り、落札となる。

総合評価落札方式の事業実施手順の例を図2-2に示す。

図2-2　総合評価落札方式の手順例

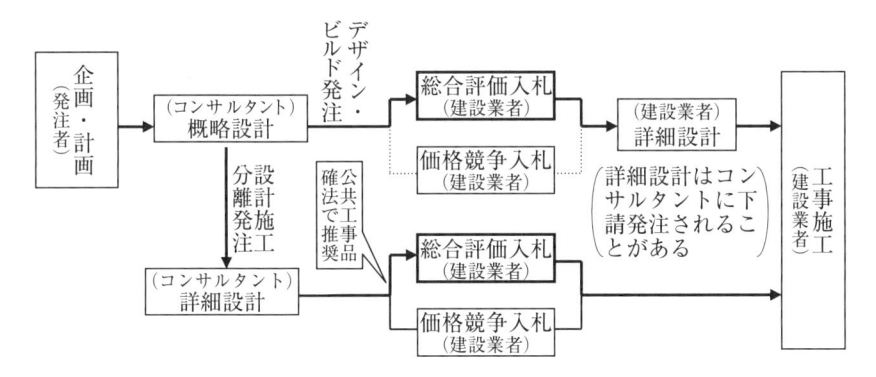

(3) 総合評価落札方式と会計法

　　これまで公共工事の入札は、会計法第29条の6の規定「契約担当官等は……契約の目的に応じ、予定価格の制限の範囲内で最高又は最低の価格をもって申込みをした者を契約の相手方とするものとする」に基づいて、原則として価格競争で行われてきた。

　　しかしながら、予算決算及び会計令第91条第2項で「各省各庁の長が大蔵大臣（現財務大臣）に協議して定めるところにより、価格その他の条件が国にとって最も有利なものをもって入札をした者を落札者とすることができる」と規定しており、前述の通り平成12年に建設省（現国土交通省）など公

共工事に係わる諸大臣と大蔵大臣の間で、一定の要件を満たす工事について落札者を価格、技術力資料および技術提案を総合的に考慮して決定する「総合評価落札方式」に関する包括協議が整った。

(4) 総合評価落札方式の対象工事

大蔵大臣と公共工事に関わる諸大臣との協議で、総合評価落札方式の対象とする工事は、総合評価で下記の工事質の改善が期待できるものとされている。

① 総合的コストの縮減

入札者の提示する性能、機能、技術等によって、工事価格に維持更新費等のライフ・サイクル・コストを加えた総合的なコストに相当程度の差異が生ずる工事。

② 工事目的物の機能・性能の向上

入札者の提示する性能等によって、工事価格の差異に比して、工事目的物の初期性能の持続性、強度、安定性などの性能・機能に相当程度の差異が生ずる工事。

③ 社会的要請への対応の適切化

環境の維持、交通の確保、特別な安全対策、省資源対策またはリサイクル対策を必要とする工事であって、入札者の提示する性能等によって、工事価格の差異に比して対策の達成度に相当程度の差異が生ずる工事。

(5) 総合評価落札方式の分類

総合評価落札方式で入札者に求める技術競争の内容は、工事の規模と技術的難度、技術的工夫の可能性、工事を取巻く社会環境、土地利用状況等を考慮して決めるべきである。平成17年4月に施行された品確法をうけ、国土交通省が設置した委員会が同年9月に策定した「総合評価のガイドライン」では、総合評価方式を、「簡易型」、「標準型」、および「高度技術提案型」の3形式に分類し、デザイン・ビルド入札には「高度技術提案型」方式が相応しいとしている。

① 簡易型（施工能力確認型）

技術的な工夫の余地が小さい工事においても施工の確実性を確保するこ

とは重要であるため、施工計画や同種・類似工事の経験、工事成績等に基づく技術力と価格との総合評価を行う。
② 標準型（施工提案型）
　技術的な工夫の余地が大きい工事において、発注者の求める工事内容を実現するための施工上の技術提案を求める場合は、安全対策、交通・環境への影響、工期の短縮等の観点から技術提案を求め、価格との総合評価を行う。
③ 高度技術提案型（工事目的物の提案、施工提案型）
　技術的な工夫の余地が大きい工事において、構造物の品質の向上を図るための高度な技術提案を求める場合は、例えば、設計・施工一括発注方式（デザイン・ビルド方式）等により、工事目的物自体についての提案を認める等、提案範囲の拡大に努め、強度、耐久性、維持管理の容易さ、環境の改善への寄与、周辺景観との調和、ライフ・サイクル・コスト等の観点から高度な技術提案を求め、価格との総合評価を行う。
　なお、高度技術提案型では、より優れた技術提案とするために、発注者と競争参加者との技術対話を通じて技術提案の改善を行うとともに、競争参加者の技術提案に基づき予定価格を策定したうえで、価格入札を行い技術提案と価格の総合評価を行うことになっている。

(6) 高度技術提案型の適用
　国土交通省が設置した委員会が、平成19年3月にまとめた「総合評価方式適用の考え方」は、高度技術提案型の適用に関して次のように定義あるいは規定している。
① 高度技術提案型の分類とデザイン・ビルド方式
　高度技術提案型を適用する工事は、表2－1に示すように大きく三つに分類できる。Ⅰ型およびⅡ型については、発注者が標準案を作成することができない場合や、複数の候補があり標準案を作成せずに幅広い提案を求めることが適切な場合で、いずれも標準案を作成しないものである。従って、デザイン・ビルド方式を適用し、施工方法に加えて工事目的物自体についても提案を求めることにより、工事目的物の品質や社会的便益が向上することを期待するものであり、原則として予定価格は技術提案をもとに

作成する。

　Ⅲ型は、発注者が詳細（実施）設計を実施するが、高度な施工技術や特殊な施工方法等の技術提案（必要に応じて、発注者の設計に対する変更提案）を求めることにより、工事価格の差異に比して社会的便益が相当程度向上することを期待する場合に適用するものであり、その場合、予定価格は技術提案をもとに作成することを原則とする。

表2-1　高度技術提案型の適用の考え方

分類		標準案の有無	求める技術提案の範囲	発注形態の目安
Ⅰ型	通常の構造・工法では工期等の制約条件を満足した工事が実施出来ない場合	無	・工事目的物 ・施工方法	デザイン・ビルド
Ⅱ型	想定される有力な構造形式や工法が複数存在するため、発注者として予め一つの構造・工法に絞り込まず、幅広く複数の技術提案を求め、最適案を選定することが適切な場合	無（複数の候補あり）	・工事目的物 ・施工方法	デザイン・ビルド
Ⅲ型	標準技術による標準案に対し、高度な施工技術や特殊な施工方法の活用で社会的便益が相当程度向上することを期待する場合	有	・施工方法 　（施工方法の変更により工事目的物の変更を伴う場合には、工事目的物の変更を認める）	設計・施工分離

② 高度技術提案型の分類の入札時点の設計レベル

　図2-3は、高度技術提案型を含む各類型の総合評価方式による入札と入札時点の設計レベルの関係を図示したものである。

図2-3 総合評価類型と入札時点の設計レベル

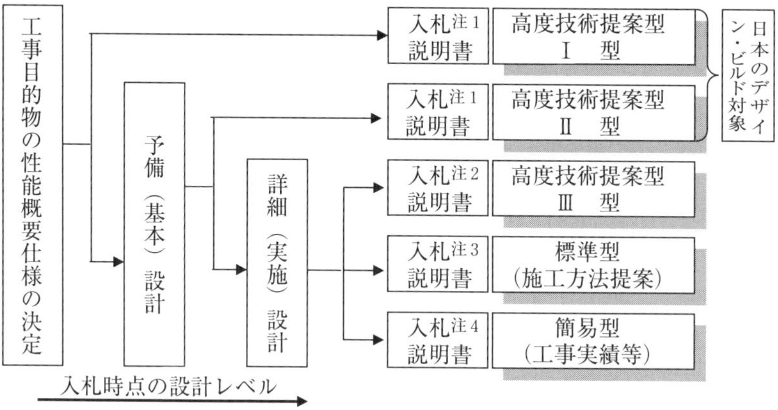

注1：性能、機能等の要求要件の提示。技術提案の範囲は工事目的物および施工方法。
　2：技術提案の範囲は高度または特殊な工法（必要に応じ工事目的物に関する提案を含む）。
　3：技術提案の範囲は施工方法。
　4：入札資格審査に必要な過去の実績等の技術力資料を要求。

補記

デザイン・ビルド方式の対象工事に関する日本と米・英国との比較

　デザイン・ビルド方式の主な長所は、責任の一元化、契約履行能力の確認、事業の早期完成、革新的技術の活用である。日本では革新的技術の活用をデザイン・ビルド方式の最大目的としているために、デザイン・ビルド方式は高度技術提案型のⅠ型とⅡ型のケースに使用するのが良いとされている。一方、米・英国におけるデザイン・ビルドは、責任の一元化、契約履行能力の確認、事業の早期完成を目的とすることが多い。従って、革新的技術提案を求めないケース、すなわち、日本の簡易型、あるいは標準型の総合評価落札方式に相当する工事においてもデザイン・ビルド方式の活用を排除していない。日本においてもデザイン・ビルド方式の対象工事を必ずしも限定せず弾力的に選定するのが望ましいであろう。

1.2　高度技術提案型デザイン・ビルドの入札

(1)　高度技術提案型デザイン・ビルドの入札手順

　「総合評価の手続き」に示された高度技術提案型の標準的な入札手順は、

図2-4に示す通りである。なお、この手順はデザイン・ビルド方式と高度技術提案型の設計・施工分離方式の両方に適用できる。

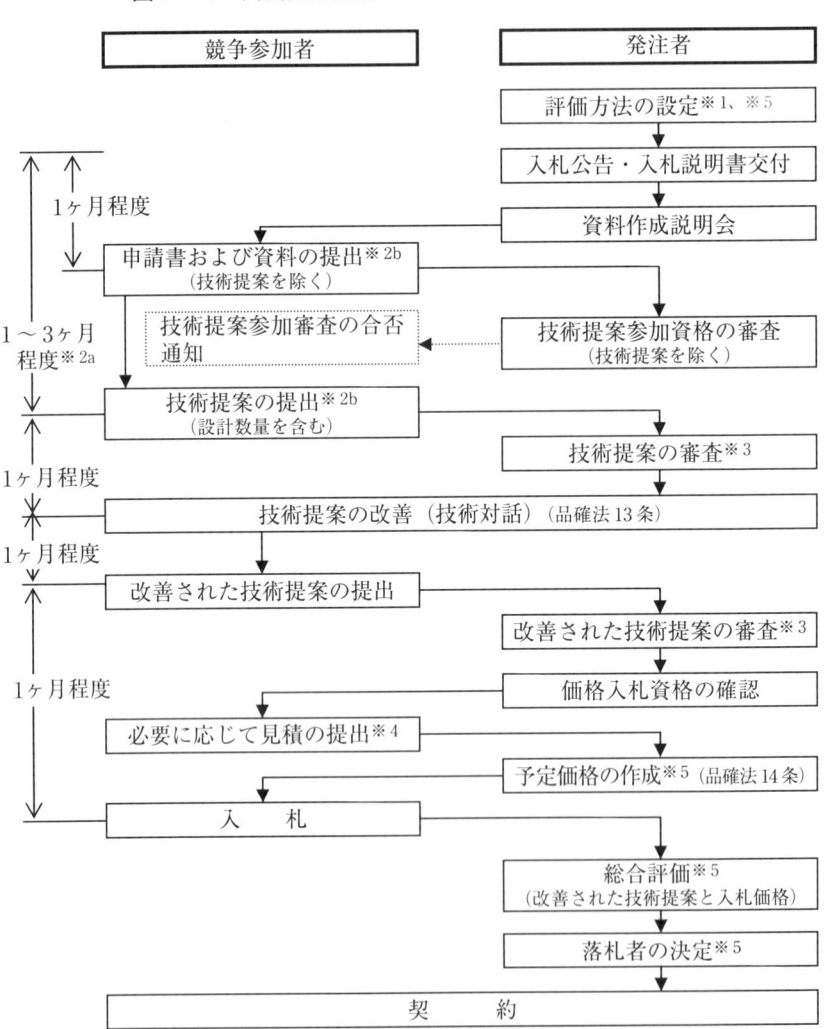

図2-4　高度技術提案型デザイン・ビルドの入札手順

```
           競争参加者                      発注者
                                   ┌─────────────────┐
                                   │ 評価方法の設定※1、※5 │
                                   └─────────────────┘
                                            ↓
                                   ┌─────────────────┐
                                   │ 入札公告・入札説明書交付 │
   ↑  ↑                           └─────────────────┘
   │1ヶ月程度                                ↓
   │                                ┌─────────────────┐
   │                                │   資料作成説明会    │
   │  ↓  ┌─────────────────┐       └─────────────────┘
   │     │ 申請書および資料の提出※2b │
   │     │  （技術提案を除く）      │
   │     └─────────────────┘
   │1～3ヶ月  ┌─────────────────┐    ┌─────────────────┐
   │程度※2a  │ 技術提案参加審査の合否 │←── │ 技術提案参加資格の審査 │
   │        │      通知           │    │   （技術提案を除く）   │
   │        └─────────────────┘    └─────────────────┘
   │  ↓  ┌─────────────────┐
   │     │ 技術提案の提出※2b       │
   │     │  （設計数量を含む）      │
   │     └─────────────────┘    ┌─────────────────┐
   │                              │   技術提案の審査※3    │
   │1ヶ月程度                      └─────────────────┘
   │  ↓  ┌─────────────────────────────────────┐
         │ 技術提案の改善（技術対話）（品確法13条）    │
         └─────────────────────────────────────┘
      1ヶ月程度
   │  ↑  ┌─────────────────┐
   │     │ 改善された技術提案の提出  │
   │     └─────────────────┘    ┌─────────────────┐
   │                              │ 改善された技術提案の審査※3 │
   │                              └─────────────────┘
   │1ヶ月程度                               ↓
   │                               ┌─────────────────┐
   │     ┌─────────────────┐       │   価格入札資格の確認   │
   │     │ 必要に応じて見積の提出※4 │       └─────────────────┘
   │     └─────────────────┘       ┌─────────────────┐
   │                               │ 予定価格の作成※5（品確法14条）│
   │  ↓  ┌─────────────────┐       └─────────────────┘
         │      入　　　札         │
         └─────────────────┘
                                   ┌─────────────────┐
                                   │     総合評価※5      │
                                   │ （改善された技術提案と入札価格）│
                                   └─────────────────┘
                                   ┌─────────────────┐
                                   │    落札者の決定※5    │
                                   └─────────────────┘
         ┌─────────────────────────────────────┐
         │              契　　　約                   │
         └─────────────────────────────────────┘
```

※1　発注要求要件、技術提案の範囲、評価方法等を決める。
※2a　Ⅰ型およびⅡ型の場合は2～3ヶ月程度。Ⅲ型の場合は1～2ヶ月程度を基本とする。

※2b Ⅲ型で技術提案の提出までの期間を1ヶ月程度とする場合は、申請書および資料と同時に技術提案の提出を求めても良い。
※3 必要に応じて、「学識経験者・第三者機関等」を活用する。
※4 発注者が予定価格の作成に必要な場合、入札者から技術提案と共に提出された設計数量表の見直し、単価表等の提出を求める。
※5 地方公共団体の場合、地方自治法で「2人以上の学識経験者」の意見を聴取する必要がある。予定価格に関しては国の関係機関も意見聴取をする。

(2) 入札で提出する技術書類

発注者は、デザイン・ビルドによる発注を高度技術提案型総合評価落札方式で入札する場合、入札者から下記の2種類の技術書類の提出を求める。
　・入札資格を確認するための"技術力資料"
　・発注案件に関して工事質の改善、あるいは確保をするための"技術提案"
技術資料と技術提案の構成内容、および提出の目的は表2-2の通りである。

表2-2　入札で提出する技術書類と目的

技術書類	内　　　容		目　　的	
技術力資料	企業の技術力	類似工事実績等	入札資格確認	
	予定技術者の能力	専門技術力 ・経験、発注工事の理解度等	入札資格確認	入札評価に活用する場合もある
	施工方法 （技術提案に係る施工計画は技術提案に分類する）	施工計画 ・工程計画、工期 ・工法、品質管理 ・発注者指定への対応方針等		
技術提案	入札者のオリジナル提案	発注者が定めた要求事項に基づく提案	入札評価	
	標準案に対する代案	発注者が示した標準案に対する改善案		
	自由提案	発注者が認めた場合、入札者が自主的に提案範囲外の事項に対する改善提案		

発注者は入札に先立ち、
① 技術力資料に関し、記載内容と様式
② 技術提案に関し、工事目的物の性能・機能、技術提案を求める範囲、施工条件等の要求要件、並びに落札者を決定するための技術提案の評価項目と評価方法

を決め入札説明書に明記すると共に、必要に応じて説明会を開催し、入札者

(3) 入札説明書
　　表2－3は、「総合評価のガイドライン（第1章第2節2．1．2の(2)参照）」に示された入札説明書の記入例である。

表2－3　入札説明書の主な記載項目

　一般競争入札において、公告後、速やかに交付する入札説明書に明示すべき事項の例を以下に示す。
(1)　工事概要
　　総合評価方式の適用を記述する（デザイン・ビルド方式であればその旨も記述）
(2)　技術力資料と競争参加資格要件
　　① 提出を求める技術資料
　　② 施工計画が適切であること
　　③ 企業および配置予定技術者が同種・類似工事の施工実績を有すること
　　④ 企業および予定技術者の工事成績の平均点が一定の点数を満たしていること
　　⑤ 配置予定技術者のヒアリングの有無
(3)　技術提案と総合評価に関する事項
　　① 入札の評価に関する基準
　　　・技術提案内容（評価項目）　　・評価項目ごとの最低限の要求要件
　　　・評価基準・得点配分　　　　　・評価項目ごとの評価基準
　　② 総合評価の方法
　　③ 落札者の決定方法
　　④ 評価内容の担保
(4)　技術提案内容の不履行の場合における措置（再度の施工義務、損害賠償、工事成績評定の減点等を行うことを記述する）
　　注：デザイン・ビルド方式の場合は詳細設計に関して、設計予定担当者の資格・経験、設計の基準・条件、設計照査方法、設計費用の負担方法についても記述する。

1.3　高度技術提案型の技術力資料

(1)　技術力資料の必要性
　　従来、我が国では指名競争入札を原則としていたが、ガット（GATT）政府調達協定の締結、並びに公共工事入札の公平性、透明性の確保、市場競争原理の活用などを求める世論が強まった結果、中央建設業審議会の建議「公共工事に関する入札・契約制度の改革について（平成5年12月21日）」に基づいて、当面、一定規模以上の工事について、一般競争入札を採用することになった。ただし、一般競争入札を行う際には、競争参加資格の確認の一環として入札参加希望者から、発注工事の施工に係わる技術的適性をチェ

ックするために必要な技術力に関する資料（技術力資料）の提出を求めることにされた。また、指名の透明性の確保、建設業者の入札意欲を反映するために導入された公募指名競争入札においても同様に技術力資料の提出を求めることにされた。

(2) 技術力資料の内容と入札参加資格審査

発注者が入札希望者の入札資格の確認のため求める技術力資料には、以下のものが含まれる。

① 施工計画

大規模構造物の工事、特殊な作業条件下の工事で高度な施工技術を要する場合には、施工方法、仮設備計画など施工計画の適性が確認出来る資料

② 施工実績

発注工事と同種の工事の施工実績があることを判断することができる資料

③ 予定技術者

配置予定の技術者の資格、同種工事の経験の詳細

技術力資料により入札参加資格審査をする際の審査項目および審査基準について、「総合評価のガイドライン」には、下記の**表2-4**の例示が掲載されている。

表2-4　技術力資料による入札参加資格審査

	審査項目	審査基準
施工計画	工程管理に係わる技術的所見	・工事の手順、各工程の工期の適切性
	材料の品質管理に係わる所見	・コンクリートや鋼材溶接部等の品質の確認方法、管理方法の適切性
	施工上の課題に対する所見	・指定工法の課題への対応が適切であること
	施工上配慮すべき事項	・施工上の配慮事項および配慮方針の適切性
企業の施工実績	同種・類似工事の施工実績	・企業の同種、類似工事の施工実績（一定の工事成績評点に満たない実績は認めないこともできる）
	工事成績	・企業の工事成績の平均点が一定の点数を満たしていること
配置予定者の能力	同種・類似工事の施工経験	・予定技術者の同種・類似工事の施工実績（一定の工事成績評点に満たない実績は認めないこともできる）
	工事成績	・配置予定技術者の工事成績の平均点が一定の点数を満たしていること

技術力資料の審査で技術提案の提出資格を有すると判断された者のみが、技術提案を提出できる。次いで、技術提案が発注者の定めた全ての要求要件を満たすと認定された者が、価格入札をすることになる。ただし、発注者によっては、技術力資料と技術提案を同時に提出することを求めることがある。その場合でも、発注者は先ず、技術力資料を審査して、提出されている技術提案の内容を確認するに値する資格を有しているがどうかを判断する。

補記

技術力資料の活用

技術力資料は、主として入札参加資格の確認のために用いられる。ただし、技術力資料の一部である予定技術者の能力、施工計画は、入札者が提出する技術提案が確実かつ正確に履行されるか否かを判断する有益な材料であり、技術提案と共に、入札評価の対象になることが多い。また、米国、英国では技術提案を求めず、入札価格と技術力資料だけで落札者を決める場合もある。

1.4 高度技術提案型の技術提案

(1) 技術提案の必要性

日本の総合評価方式は、民間企業のノウハウを活用して、工事の質を向上させることを目的としており、発注者は入札者から価格と共に技術提案を求める必要がある。入札者は、入札説明書、特記仕様書、参考図書等から成る発注図書で示された技術提案の範囲と項目、並びに提案要件に基づいて技術提案を作成して提出する。技術提案は次の三つに区分できる。なお、各提案には、提案内容、提案の設計と施工の実施に関する方針を含むものとする。

① 発注者が定めた要求要件に基づく発注者のオリジナル提案。
② 発注者が示した標準案を改善するための代案。
③ 技術提案の対象となっていない項目に対する、入札者の自由提案（入札説明書で自由提案が認められている場合）。

補記

広義と狭義の技術提案

技術提案には、提案内容と提案内容を実行するための施工計画と担当技術者の能力を確認するための資料を含めるものとする。従って技術提案は、以下の

二つの意味を持つ。
　広義の技術提案＝（提案内容）＋（提案の施工計画）＋（担当技術者の能力）
　狭義の技術提案＝（提案内容）

(2) 技術提案項目

　「総合評価のガイドライン」は、技術提案をそれらがもたらす効果の性質から、総合コスト縮減、工事目的物の性能・機能の向上、社会的要請への対応に区分し、区分ごとに提案の評価項目の例を示している（**表2－5**を参照）。また、同「ガイドライン」で個別の発注案件については、以下の項目を基本として、工事内容に応じた評価項目の設定を行うものとしている。
　(a)　技術提案（定性的および定量的な評価項目）と、
　(b)　技術提案を実現するための具体的な施工計画

　上記の(a)については、定量的な評価項目のみでは技術提案の多面的評価が困難となる恐れがあるため、定性的な評価項目を併せて設定することを基本とするとされている。(b)は、技術提案の根拠、安全性、確実性、品質向上への取り組みなどを評価するために用いられる。なお、(a)および(b)の得点配分は、同程度とする。下記の**表2－5**は、「総合評価のガイドライン」に基づき、「総合評価の手続き（第1章第2節2．1．2の(2)参照）」で例示された、技術提案の評価項目と評価方法である。

表2－5　技術提案の評価項目と評価方法

分類	評価項目		適用
	定性評価	定量評価	
総合コストの縮減	使用材料等の耐久性	ライフ・サイクル・コスト（維持管理費）補償費※	※工事に関連して生じる補償費等の支出および収入の縮減相当額を評価する場合、当該費用について評価項目としての得点を与えず、評価値の算出において入札価格に当該費用を加算する。
工事目的物の性能・機能の向上	構造の成立性		
	品質管理方法		
	景観		
社会的要請への対応		機械設備等の処理能力	
		施工期間（日数）	
	貴重種等の保護・保全対策		
	汚染土壌の処理対策		

第2章●デザイン・ビルド入札の詳説 ―― 63

地滑り・法面崩落危険指定地域内の対策	
周辺住民の生活環境維持対策	施工中の騒音、振動、粉塵濃度、CO_2排出量
現道の交通対策	交通規制期間
湧水処理対策	湧水発生期間、pH値、SS値

(3) 発注者の要求事項と要求要件の例

表2-6は、「総合評価の手続き」に示された、道路交差点の立体交差化工事と橋梁工事の要求事項と要求要件の例である。

表2-6　発注者の要求事項と要求要件の例

要求事項		交差点立体化工事	橋梁工事
工事内容		・道路アンダーパス ・切り回し道路 ・本線拡幅 ・連結側道 ・道路付属施設	・下部工 ・上部工 ・仮設工
要求要件	最低限の要求要件	（目的物に関する事項） ・位置、用地幅 ・道路規格、設計速度 ・幅員 ・道路構造令等の基準類の準拠 （施工に関する事項） ・契約日からアンダーパス供用日までの施工日数が最大〇〇日以内 ・施工計画が適正であること	（目的物に関する事項） ・架設地点 ・道路規格、設計速度 ・幅員 ・道路橋示方書等基準類の準拠 ・〇〇年間の維持管理費が〇〇円以内 （施工に関する事項） ・施工計画が適正であること
	目標状態（最高点を与える状態）	・契約日からアンダーパス供用までの施工日の目標値が△△日	・〇〇年間の維持管理費の目標値が▽▽円
技術提案を求める範囲		・目的物の構造形式 ・構造の成立性の検証方法 ・温度応力や配合等、コンクリートのひびわれ抑制対策 ・施工中の騒音、振動、粉塵の抑制策 ・現道の交通について、安全性を確保するための対策 ・上記項目の施工計画	・目的物の構造形式 ・デザイン ・構造の成立性の検証方法 ・維持管理を容易にするための提案 ・施工中の溶接部等の品質検査方法 ・上記項目の施工計画
施工条件		・交通規制時間 ・規制時の幅員、確保車線 ・施工時間帯	・搬入道路 ・施工時間帯

(4) 技術提案の評価基準

「総合評価の手続き」に参考として掲載された、交差点立体化工事「高度技術提案型のⅠ型」の技術提案および技術提案に対する施工計画、評価基準の設定例を**表2-7**に示す。

設定例は、現道の交通量が非常に多い交差点の立体化工事を想定し、標準工法では工期内での完成が困難であるため、デザイン・ビルド方式を適用し、目的物を含めた技術提案が求められるケースに対するものである。

表2-7 技術提案の評価項目と評価基準の設定例

	評価項目	評価基準
技術提案	<定性評価> 構造の成立性	提案目的物の構造および安定計算、解析手法が適切であり、成立性の判断が可能である。
		提案目的物の構造および安定計算、解析手法は妥当であるが、成立性の判断において、明確にすべき追加事項がある。
	<定性評価> コンクリートのひび割れ制御に関する品質管理方法	構造形式や施工条件を十分に踏まえた解析に基づいた品質管理方法に、優位な工夫が見られる。
		構造形式や施工条件を十分に踏まえた品質管理方法である。
		不適切ではないが、一般的な事項のみの記載となっている。
	<定量評価> 施工期間（日数）	目標状態を最高得点、最低限の要求要件を0点とし、その間は提案値に応じて案分する。 ・最低限の要求要件：〇〇日 ・目標状態：△△日
	<定性評価> 周辺住民の生活環境維持対策	現地条件を踏まえ、周辺住民に与える施工中の騒音、振動、粉塵等の対策を計画しており、優位な工夫が見られる。
		現地条件を踏まえ、周辺住民に与える施工中の騒音、振動、粉塵等の対策を計画している。
		不適切ではないが、一般的な事項のみの記載となっている。
	<定性評価> 現道の交通対策	社会的に与える影響を十分に踏まえた対策を計画しており、優位な工夫が見られる。
		社会的に与える影響を十分に踏まえた対策を計画している。
		不適切ではないが、一般的な事項のみの記載となっている。
	現地の条件を踏まえた施工計画の実現性 ・詳細な工程計画 　（確実な工程計画） ・安全性	現地条件（地形、地質、環境、地域特性、関連工事との調整等）を踏まえた詳細な工程計画であり、コスト縮減、品質管理、安全対策等に優位な工夫や品質向上への取り組みが見られる。

技術提案に係る具体的な施工計画		現地条件を踏まえた詳細な工程計画である。
		不適切ではないが、一般的な事項のみの記載となっている。
	現地の条件を踏まえた新技術・新工法等の適用性 ・技術的成立性 ・新技術等の実用性 ・新技術等の実績 ・技術開発の取り組み姿勢	施工実績があり技術的に確立した新技術・新工法が採用されており、現地条件を踏まえて安全性や経済性等にも優れたものとなっている。
		施工実績はないが、現地条件を踏まえて安全性や経済性等に優れた新技術・新工法が採用されている。
		不適切ではないが、一般的な技術・工法等の組合せに留まっている。

(5) 技術提案の評価点

① 標準点と技術加算点による技術提案の評価点

　価格入札に参加できるのは全ての要件を満たした技術提案を提出した者に限られる。従って、総合評価ガイドラインでは、技術提案のを評価する際、全ての価格入札者に技術提案標準点100点を与え、それに技術提案の内容を評価して算定する技術加算点を加算する（表2－8参照）。

② 技術提案の内容に応じた技術加算点

　技術提案の目的は、入札者のノウハウを活用して工事の質を向上、あるいは改善することである。しかし、その目的を達成するためには、価格入札に必要な要求要件を満たし標準点（100点）を超え、より優秀な技術提案をし、かつ、提案を確実に実現するための適切な施工計画を有し、適切な担当技術者を配置することができる入札者と契約をするべきである。従って、標準（100点）を得た技術提案について優劣の評価をする必要がある。その際、第三者にも判りやすい形で評価するため点数により定量的に評価するのが望ましい。この様に評価された技術提案の加算点は、標準点に加算して技術提案の評価点を決定するために使われる。（注：技術加算点については、表2－9「総合評価落札方式における評価方法」の標準的な加算点を参照）。

表2－8　技術提案の評価項目と技術加算点の配分例

評　価　項　目				加算点配分
技術提案	提案実施方法	施工計画	技術提案の実現性、有効性を確認するため施工計画の適切性	10
^	^	配置予定技術者の能力	技術者の専門技術力	2
^	^	^	工事の理解度、取組姿勢	2
^	^	^	コミュニケーション能力	1
^	提案内容	社会的要請への対応に関する技術提案内容	・車両規制日数（150日以下：1日0.5点） ・工事騒音（80db以下：1db 3点）	25
技術加算点（最大技術加算点を40点とした場合）				40

> **補記**
>
> **技術力資料の評価**
>
> 　前出の「1.3(2)技術資料の内容と入札参加資格審査」の補記で触れたように、技術提案と共に、技術力資料の一部が総合評価の項目として活用されることがある。

(6) 技術提案の改善のための技術対話

　品確法の第13条で、入札者が提出した技術提案の内容の一部を改善することで、より優れた技術提案となる場合や、一部の不備を解決できる場合、発注者と入札者の技術対話を通じて、発注者から技術提案の改善を求め、または入札者に改善を提案する機会を与えることができるとされた。「総合評価の手続き」で示された技術対話の進め方の概要は次の通りである。

① 技術提案の審査

　発注者は技術対話の実施に先立ち技術提案の審査を行う。審査では、

1) 発注者の要求事項の確認

　発注者の要求事項に対し、技術提案の内容に最低限の要求要件や施工条件を満たさない事項がないかを確認する。

2) 技術提案の実現性、安全性等の確認

　新技術・新工法については技術提案の実現性、安全性等を確認する。

3) 設計数量の確認

　技術提案と併せて提出された数量総括表および内訳書の内容について、例えば次の事項を確認する。

- 積算基準類における工事工種体系に沿っているか
- 技術提案内容に応じた内訳となっているか
- 工事目的物の仕様に基づく数量が計上されているか
- 積算基準類に該当しない工種、種別、細別および規格があるかなど

② 技術対話の範囲

技術対話の範囲は、技術提案および技術提案に係わる施工計画に関する事項とし、それ以外の項目については、原則として対話の対象としない。

③ 技術対話の対象者

技術対話は、技術提案を提出した全ての入札者を対象に実施する。入札者側の技術対話者は、技術提案の内容を十分理解し、説明できる者とし複数でも可とする。ただし、対話者は入札者と直接的かつ恒常的な雇用関係にある者に限るものとする。

③ 技術対話の手順

入札者側から技術提案の概要説明を受けた後、技術提案に対する確認、改善に関する対話を行う。なお、技術対話で他者の技術提案、参加者数等の他者に係わる情報は一切提示しない。

1) 技術提案の確認

技術提案者から技術提案の特徴や利点について概要説明を受け、当該工事の施工上の課題認識や技術提案の不明点について質疑応答を行う。

2) 発注者からの改善要請

技術提案の内容に最低限の要求要件や施工条件を満たさない事項がある場合には、技術対話において技術提案者の意図を確認した上で必要に応じて改善を要請し、技術提案の再提出を求める。その改善がなされない場合には、入札資格がないと判定し、その旨を通知する。

3) 自発的な技術提案の改善

技術提案者からの自発的な技術提案の改善を受け付ける。

4) 見積の提出要請

発注者は設計数量の確認の結果、必要に応じて数量総括表の工種体系の見直しや単価表等の提出を競争参加者に求める。競争参加者に提出を求める単価表等は、発注者の積算基準類にない部分に限るものとする。

(7) 予定価格の作成

高度技術提案のⅠ型あるいはⅡ型によるデザイン・ビルド方式の場合、価格入札資格者から工事対象物の詳細の提案を求めるものであり、発注者は入札資格者からの提案がなければ精度の高い予定価格を算定できない。また、高度技術提案Ⅲ型の場合においても、入札者から高度の施工技術、特殊の施工方法の提出を求めるものであり、入札者からの提案がなければ精度の高い予定価格を作成することはできない。従って、「総合評価の手続き」では、予定価格の作成に関して以下のように記載している。

① 技術提案に基づく予定価格の作成

高度技術提案型においては、入札参加者から発注者の積算基準類にない新技術・新工法等が提案されることが考えられるため、入札参加者からの技術提案をもとに予定価格を定めることができる（品確法第14条を参照）。予定価格は、結果として最も優れた提案が採用できるように作成する必要があり、各技術提案の内容を部分的に組み合わせるのではなく、一つの優れた技術提案全体を採用できるように作成するものとする。

② 予定価格の算定方法

入札者から提出または再提出された技術提案の技術評価点と、入札者が当該技術提案を実施するために必要な設計数量等をもとに算定した価格（以下「見積価格」という）に基づき、予定価格の算定方法を選定する。予定価格の算定方法として以下の四つの方法が考えられる。

・評価値（技術評価点／見積価格）の最も高い技術提案に基づく価格を予定価格とする。
・技術評価点の最も高い技術提案に基づく価格を予定価格とする。
・見積価格の最も高い技術提案に基づく価格を予定価格とする。
・技術評価点の最も高い技術提案が評価値も最も高くなるために必要な価格（最も高い技術評価点を最も高い評価値で除して得られた値）を予定価格とする。

―― 補記 ――

入札者からの設計数量表と工事費見積り

我が国の高度技術提案型方式あるいはデザイン・ビルド方式で、入札者は、技術提案時に提案に対する設計数量表を、また価格入札前には工事費の見積り

を提出することになっている。米国、英国では、技術提案と入札価格は別々に評価される。日本でも技術提案と入札価格は独立して評価することになっているが、予定価格を入札者の見積りを参考にして算出するシステムの下では、見積額が技術評価に何らかの形で影響を及ぼす可能性がある。その懸念を払拭するためには、前掲の「図2－4　高度技術提案型デザイン・ビルド方式の入札手順」の「改善された技術提案の審査」の段階で技術提案の最終評価を確定することを徹底させる必要がある。

1.5　総合評価方式の入札評価値の算定方法

総合評価落札方式で落札者を決定する場合、一般論として、以下の三つの総合評価方法が考えられる。

① 除算評価法：技術提案を点数評価し、その評価点を入札価格で除した入札評価値が最大となる入札者を落札者とする。

② 加算評価法：技術提案と入札価格を点数評価し、両者を重み付けして加算し最大の点数を得る者を落札者とする（入札価格の評価では、金額の低い入札に高い点数を与える：例えば、価格評価点＝（1－入札価格／予定価格）×100とする）。

③ 換算価格法：技術提案を貨幣価値に換算し、その値を入札価格から減じた換算入札価格が最小となる入札者を落札者とする（第1章第3節3.5(2)ノースカロライナの州道拡幅工事を参照）。

ただし、我が国の会計法の下では、如何なる落札者決定方法による場合であっても、落札者は価格提案が発注者が作成した予定価格以内の入札価格の者でなければならない。

国土交通省では、平成12年3月の建設大臣と大蔵大臣の包括協議に基づき、除算評価方式を用いている。ただし、除算評価方式は加算評価方式に較べ、技術提案の内容が悪くても、ダンピング紛いの低額入札によって落札する可能性が高くなる欠点がある。従って、国土交通省は財務省と個別協議を行い平成18年度に2件の発注で試行的に加算評価方式を用いた。また、平成19年度には20件について試行的に加算方式を用い、同方式の特性を分析することにしている。なお、地方公共団体では加算評価方式が多く用いられている。

(1) 除算評価法

　除算評価方式の落札者は、技術提案の評価点を入札価格で除して得られる値（入札評価値）が最大となる入札者である。技術提案の対象項目が複数の場合は、各項目の評価点の合計点を、入札価格で除算して入札評価値を求める。

(2) 加算評価法

　除算評価方式による入札評価値は、技術評価点と入札価格に比例して変動する。従って、例えば、技術評価点が低くても入札価格を引き下げれば入札評価値が高くなる。価格の引き下げが合理的であれば特に問題はないが、ダンピング入札の場合は、総合評価落札方式の目指す工事質の改善が期待出来ない程度の低い技術評価点の入札者が落札者になる可能性がある。

　一方、加算評価方式による場合、入札価格と技術提案の重みが適性に設定されていれば、大幅に低価格入札であっても、技術提案の評価が相当程度に高くないと落札出来ない可能性が高い。加算評価方式の場合、発注者は工事の特性、あるいは発注者の意図に応じて技術評価と入札価格評価の重み付けを変えることができる。

　総合評価の方法に関しては、「総合評価方式適用の考え方（**第1章第2節2.1.2の(2)参照**）」で、**表2－9**のように記述されている。

表2－9　総合評価落札方式における評価方法

(1) 除算方式について
　① 評価値の算定方法
　　　評価値＝技術評価点／入札価格＝（標準点＋加算点）／入札価格
　② 技術評価点の設定の考え方
　　・標準点：　競争参加者の技術提案が、発注者が示す最低限の要求要件を満たした場合に100点を付与する。
　　・加算点：　下表を標準とする。

標準的な加算点

総合評価方式	加算点 一般的な場合	加算点 施工体制を評価する場合（注）
簡易型	10～30点	10～50点
標準型	10～50点	10～70点
高度技術提案型	50点～	―

注：技術評価点に「施工体制評価点」30点を追加設定する。

　　・加算点が小さい場合には価格の要素に大きく影響を受けて最高評価値が決まることから、価格と品質が総合的に優れた工事の調達を実現するため、加算点を拡大して設定することが望ましい。
　③ 特徴
　　・Value for Money の考え方によるものであり、技術提案により工事品質のより一層の向上を図る観点から、価格あたりの工事品質を表す指標。
　　・入札額が低い場合、評価値に対する価格の影響が大きくなる傾向がある。
(2) 加算式について
　① 評価値の算出方法
　　　評価値＝価格評価点＋技術評価点
　　　　　　（編注　上式の価格評価点および技術評価点は価格と技術の重要度に応じて定める両者間の重み付けを考慮した評価点数とする）
　② 価格評価点の算出方法の例
　　・A×（1－入札価格／予定価格）
　　　この場合、入札価格が低いほど価格評価点が比例して高くなることから低価格入札を助長する恐れがある。例えば、次式のように入札価格が調査基準価格以下の場合には係数を乗じ、入札価格の低下に応じた価格評価点の増分を低減させる方法も考えられる。
　　・A×｛(1－調査基準価格／予定価格)
　　　　　＋α×（調査基準価格－入札価格）／予定価格｝（α＜1とする）
　　　　　（編注　Aは、例えば技術評価と価格評価の重み付けと、技術評価点の上限値で決める）
　③ 技術評価点の設定の考え方
　　・価格評価点に対する技術評価点の割合は工事特性に応じて適切に設定する。
　④ 特徴
　　・価格のみの競争では、品質不良や施工不良といったリスクの増大が懸念される場合に、施工の確実性を実現する技術力を評価することで、これらのリスクを低減し、工事品質の確保を図る観点から、加算式の評価値は価格に技術力を加味する指標となる。

第2節 米国のデザイン・ビルド

本節の米国におけるデザイン・ビルドに関する記述は、連邦運輸省の道路庁により取りまとめられ、2002年12月に「連邦規則集第23（道路）編の第636項（Part 636）」として加えられた規則、「デザイン・ビルド契約（Design-Build Contracting）」に基づいている。なお、この規則は連邦政府の道路事業のみならず、連邦政府の補助金を受ける州および地方政府の道路事業にも適用される。

2.1 デザイン・ビルドによる請負業者選定方式

デザイン・ビルド方式で、表2-10に示す要件が満たされるとき、請負業者の選定は2段階方式で行う。ただし、2段階選定方式（Two-phase selection procedure: RFQ followed by RFP）が適切でない場合には、1段階選定方式（Single-phase selection procedure）あるいはその他の選定方式（Modified design-build）を用いることができる。

2段階選定方式では、先ず第1段階で入札希望者について能力評価を行い、上位の3～5社を指名する。次いで第2段階で指名した者から技術提案と価格提案を受け、総合評価あるいは価格評価で落札者を決定する。従って、2段階選定方式を「能力評価型指名方式」、1段階選定方式を「一般競争入札方式」と呼ぶこともできる。

表2-10 請負業者選定方式

選定方式	選定方式判断基準	選定評価項目
2段階選定方式 （能力評価型指名＋入札）	Part 636の202号の要件を満たすプロジェクト（注参照）	最低入札価格、または調整最低入札価格（技術評価点／入札価格）
1段階選定方式 （入札）	Part 636の202号を満たさないプロジェクト	上記と同じ
その他の選定方式 （1あるいは2段階方式）	全てのプロジェクト	技術的要件を満たす者のうち最低入札価格

注：「連邦規則集第23（道路）編の第636項第202号（Part 636.の202号）」では、次の要件が満たされるときは2段階選定方式にすると規定している。
 1）3社以上からの入札応募が期待されること。
 2）入札応募者が、入札価格を見積もる前に設計作業を実施することが期待されること。

3) 入札者が入札書の作成に必要な費用を負担することが期待されること。
　　4) 下記の場合で発注者が2段階方式が望ましいと判断したとき。
　　　・プロジェクトの内容の確定度が低い場合
　　　・工期の制約が比較的緩やかである場合
　　　・予想される入札応募者の能力、経験が予測できない場合
　　　・発注者に2段階方式の処理能力がある場合

(1) 2段階入札方式の手順

　デザイン・ビルドの2段階方式の第1段階で提出された指名審査書類で能力評価をして入札者を指名する(注1)。第2段階において入札書（価格と技術提案）を評価して落札者を決定する(注2)。

注1：第1段階：入札者の指名手順
　① 入札希望者を募集する入札案内書（Request for Qualifications：RFQ）の発行
　② 入札希望者が指名審査書類を提出
　③ 提出された書類・資料を審査して入札者を指名

注2：第2段階：入札と落札者の決定手順
　① 指名業者に入札書（技術提案と価格提案）の提出要請書（Request for Proposals：RFP）の発行
　② 技術提案の評価
　③ 入札価格と技術提案評価点で総合評価（入札価格／技術提案評価点：英語では調整入札価格（Adjusted low–bid））(注3)
　④ 落札者の決定

注3：必要に応じて、総合評価でなく、発注者にとって受け入れることができる技術提案をした入札者の中で最低の入札価格者を落札者とすることが認められている。

(2) 第1段階の入札案内書の記載事項

　入札案内書には以下の項目を記載する。
　① プロジェクトの内容
　② 以下を含めた指名審査項目とそれらの重み
　　1) プロジェクトに適用する技術（ただし、詳細設計、詳細技術情報は含まない）

2） 以下のような技術資格審査項目
・必要な専門分野の経験と技術的適性能力
・プロジェクトの実施能力（受注した場合の各担当者の能力を含む）
・入札者の構成メンバー（技術コンサルタント、建設業者等の過去の実績）
3） その他、必要な事項（価格、価格に関する項目は除く）
③ 第2段階での評価項目。
④ 第2段階の入札を要請する最大指名業者数

(3) 過去の実績による評価
① 過去の実績情報を第1段階あるいは第2段階の施工能力評価に利用することができる。ただし、その際は情報経路、および発注案件との関連性、情報源、データが作成された環境、業者の過去の工事の実施態度を考慮すること。
② 入札案内書に過去の実績の評価方法を記載する。その際、過去の実績が無い者の評価方法も記載する。過去の実績の無い者については、優遇あるいは不利になる様な差別的な評価をしてはならない（注：平均的評価とする）。
③ 入札者に過去の実績情報の提出を求める時は、入札者に発注案件に類似した過去のプロジェクト、あるいは現在進行中のプロジェクトの確認をする機会を与えなければならない。

(4) 入札希望者の募集と応募資格
　第1段階で入札希望者となり得るのは、従来方式の入札の場合と同じである。従って、通常の入札方式で事前資格審査制度を取り入れている発注者は、デザイン・ビルド方式の入札においても、入札希望者を事前資格審査にパスした建設業者あるいは設計会社に限ることができる。

(5) 能力評価型指名入札での指名業者数
　特別の理由がない限り、指名業者は3社以上5社以内とする。

(6) 第2段階の入札提出要請
① 入札書（技術提案と価格提案）の提出要請書には、技術提案と価格提案書に含める項目を明記しなければならない。また、落札者の決定に影響する評価項目、およびそれらの項目の内訳細目で特に重要なもの（重要細目）、およびそれらの相対的重要度も明確に記述する。
② 発注者は技術提案で、環境影響評価審査の際に達成することが合意された環境基準に抵触しない範囲内で代案の提出を認めることができる。ただし、代案は入札書提出要請（RFP）のコンセプトに従い第1段階で提出された活用予定技術の内容を補強するものに限り、活用技術を差し替えるものであってはならない。

2.2 入札書の評価項目と評価方法
(1) 総合評価により落札者を決める方法
　　米国のデザイン・ビルド入札での落札者は、技術提案で発注者が求める技術要件を満す入札者の中から、a）最低価格落札方式か、b）技術提案と入札価格の総合評価落札方式のどちらかで決定される。ただし、総合評価落札方式の場合には入札通知書に以下のことを明記しなければならない。
① 全評価項目と重要細目、およびそれら評価項目間の相対的重要度(重み)。
② 落札者を決定するための評価で、上記項目の合計評価点が入札価格点に対してどの程度重視されるかを下記のように明記する。
　・高く評価されない
　・ほぼ同等に評価される
　・高く評価される
　総合評価方式の場合、以下の事項を含む落札者の選定根拠記録書を作成しなければならない。
① 各入札者に対して行った、技術要件を達成する能力評価の結果。
② 技術提案について評価項目ごとの評価結果の概要、適切な補足説明文を添付したマトリックス表、あるいは順位表。

(2) 評価項目の選定
　　評価項目および重要細目の選定、並びにそれらの相対的重要度は、以下の

事項を考慮して発注者が決定するものとする。
① プロジェクトの主たる内容が建設工事の場合、必ず価格を評価する。
② 建設工事の品質、あるいは（設計等の）サービスの質を評価するために、価格以外に最低一つの提案項目を評価する。評価項目としては以下のものが考えられる。
　1) 入札提出要請書に示された要件の遵守程度
　2) 早期完成に対するインセンティブ条項に対する工程計画書
　3) プロジェクトで活用する技術の内容
③ 必要に応じて、過去の実績を評価する。

(3) 事前資格審査をする場合の評価項目の取扱い
① 一般の事前資格審査あるいは2段階方式で入札者を指名する場合、入札書の評価項目に、事前資格審査の評価項目あるいは第1段階で入札者を指名する際に使用した評価項目を加えないこと（注：入札者を指名する際に用いた評価項目を落札者を選ぶ評価で重複して使用しないこと。ただし、実際には入札指名に使用した技術者の評価などを落札者の決定の際に考慮する州、地方自治体は多い。）。
② 技術提案の評価基準は、建設工事の質、量、価値および工期に限る。ただし、以下の場合には、入札者を指名する際に評価した項目も対象にすることが望ましいこともある。
　1) 建設工事に特別の技術力、あるいは特別の資金調達力が求められるとき。
　2) 事前資格審査あるいは2段階方式を採用したが、入札希望者が少ない等の理由により全員が入札者となり、実質的に希望者からの選別による入札者指名が行われないとき。

(4) 技術提案の評価点の付け方
① 技術提案の評価では、提案の内容と契約履行能力を評価する。その際には、入札提出要請書に記載した評価項目と重要細目のみで評価すること。
② その際の評価は採点方法、または色あるいは形容詞を用いて行う方法、重み付け数字による方法、口頭による方法、序数付け方法、もしくはそれ

らの組み合わせで行うこと。

(5) 技術提案評価者と価格提案評価者の分離

原則として、技術提案と価格提案の評価は別々のチームが独立して行うものとする。

2.3 入札者と発注者間の情報・意見交換

(1) 情報・意見交換方法

入札提出要請書の発送後であっても、入札手続きの幾つかの段階で入札者と発注者が情報・意見交換（information exchange）をすることが有益なことがある。表2-11は情報・意見交換方法を纏めたものである。ただし、情報・意見交換をするかどうかは状況に応じて決めるものとする。

表2-11 情報・意見交換の方法

情報・意見の種類	時　期	目　的	関係者
(a) 疑問点の解明 (clarification)	提案受領後（下記の注1を参照）	発注者と入札者間の意見交換を行わず落札者を決定する時に用いる。提案の一部（簡単な間違い、文字数字の間違い）の確認、および過去の実績の追加資料の入手。	発注者側の契約担当者にとって不明確な提案書を提出した入札者。
(b) 情報交換 (communication)	提案受領後で、競争対象圏内入札者を決定する前（下記の注2を参照）	競争対象圏内入札者の決定に直接関係する問題点を検討する。	競争対象圏内入札者にするかどうか境界線上の入札者。および過去の実績で対象圏外となる入札者。
(c) 意見交換 (discussion)	提案受領後で、競争対象圏内入札者を決定した後	提案について発注者の理解、工事内容について入札者の理解を深める。	全ての競争対象圏内入札者。

注1：入札書が所定の形式でないか、内容が入札要件を満たさない場合には、評価対象から外す。
　2：競争対象圏内（competitive range）入札者とは、予備（1次）審査をする場合に全評価項目について順位付けを行い、上位に入る入札者のことである。

(2) 疑問点の解明の内容

発注者が入札書の理解を深めるために必要と認めるときは、疑問点の解明の機会を持つことができる。解明の機会を持つのが望ましいのは、入札者の

過去の実績に関する情報を理解する場合、あるいは成績が悪かった過去の実績について入札者がその点に関して以前に釈明機会を持たなかった場合などがある。

(3) 情報交換の内容

情報交換は、競争対象圏内入札者を決定する前に、入札書の理解を深めるため、入札書の説明のため、および入札書の迅速な評価のために行う。

全入札者に対して予備（1次）審査を行い、競争対象圏内入札者を決定する選定方式の場合で、競争対象圏内に入るかどうかが過去の実績で決まる入札者とは情報交換を行わなければならない（注：競争対象圏内に入るかどうかが確実な入札者との情報交換は不要）。

情報交換は当該入札者を競争対象圏内に入れるかどうかの評価をするために行うものである。従って、情報交換の結果で入札書の欠点の修正、または技術あるいは価格提案の大幅な変更を認めてはならない。

情報交換の対象は以下の項目とする。
① 入札書の曖昧な点、あるいは欠陥、弱点、間違い、欠落など
② 過去の実績に関する情報

なお、過去の工事成績が悪かった入札者で、以前に釈明する機会がなかった者については情報交換を行うこと。

(4) 意見交換の内容

競争入札調達での意見交換には、価格、工程、技術要件、契約方式などに関しての説得、前提条件の変更、ギブ・アンド・テイクなどの交渉（bargaining）が含まれる。この交渉は技術提案と価格提案の両方について行う。発注者にとって意見交換の目的は、入札案内書に規定された条件、評価項目の下で最善の価値を調達することである。

意見交換の内容は入札案件ごとに最も適したものにするべきである。意見交換では入札した価格、技術手法、過去の実績、工事条件などに関する弱点、欠点、あるいは提案内容を変更、または説明することで落札の可能性が高まる事項について議論をする。

入札通知書で、規定値を上回った技術提案には高い評価を与えることを記

載した場合、規定値を上回った提案について議論する。その際、発注者は設計に必須な要件以外の要件で規定値を大幅に上回った提案をした入札者に対して、提案内容を規定値まで下げ、それに応じて入札価格を下げれば落札の可能性が高まるまるという意見を述べることができる。ただし、意見交換では以下のことを行ってはならない。

① 特定の入札者を優遇すること
② 技術提案、ユニークな技術、入札者の知的財産が損なわれる情報を他の入札者に洩らすこと
③ 入札者の了解を得ずに入札価格を洩らすこと
④ 入札者の過去の実績情報を提供してくれる者の個人名を洩らすこと
⑤ 意図的に州政府の公正な調達規則を犯すことになる方法で業者選定に関する情報を漏らすこと

(5) 入札価格についての意見交換

発注者は、入札価格が高過ぎる場合、あるいは低過ぎる場合に、その様に判断した根拠を入札者に説明することができる。また、必要に応じて発注者が見積もった価格を提示することもできる。

(6) 意見交換後の提案修正

発注者は、意見交換で提案内容について明確になったことを書面で確認するために、提案書を修正することを要請、あるいは認めることができる。なお、発注者は意見交換の終了時に、各入札者に最終提案書を提出する機会を与えなければならない。

(7) 落札者との限定的交渉

発注者は、落札者を決定した後で、かつ契約締結前に工事内容、工期、および提案者から提出された情報に関して疑問点があれば、それらの点に限定した最終交渉（limited negotiation）をすることができる。

2.4 その他

(1) 利害関係者の入札参加制限

デザイン・ビルド方式の指名審査書類提出要請または入札提出要請書、およびデザイン・ビルド方式のプロジェクトに関するコンサルテイング業務、検査および支援業務の契約書には、州政府の利害関係者の取扱に関する法令、あるいは方針を明記しなければならない。
　発注者に対して入札提出要請書の作成支援業務を行ったコンサルタント、およびその下請けコンサルタントは入札者として、あるいは JV メンバーとして入札に参加できない。ただし、下記の場合のコンサルタントあるいは下請けコンサルタントは利害関係者と見なされず、入札に参加することができる。
① 　コンサルテイング業務が、入札提出要請書に用いられる概略設計（Preliminary design）、報告書、その他の基礎的書類の作成に限られ、かつ、それらを全ての入札者が入手できる場合。

(2) リスク分担
① 　発注者はプロジェクトの実施に伴うリスクを確認して、発注者と請負業者の間でのリスク分担を入札提出要請書に記載しなければならない。分担は原則として誰がそのリスクをより旨く管理することができるかによって決定する。
② 　リスクはプロジェクトの種類と場所によって変わるが、通常、分担を考慮すべきリスクは以下のものである。
　1） 　政府リスク：公的機関の都合で必要になった追加、変更、修正、遅延などのリスク。
　2） 　法令順守リスク：環境、第三者問題、鉄道と公益事業に関する許可などの取得のリスク。
　3） 　工事段階のリスク：現場条件の相違、交通管理、仮排水、天候、工期などのリスク。
　4） 　工事後のリスク：公衆が被る損害リスク、性能（機能）不良などのリスク。
　5） 　用地取得などのリスク。

(3) 入札書作成費に対する発注者からの報酬

非落札者に入札書の作成費を支払うかどうかは、発注者が入札者数と入札書作成費を見積って決定することができる。報酬は連邦道路庁の補助対象になる。一般に、大規模で新しい提案の可能性があり、かつ、入札書の作成費が高額になるプロジェクトに対しては報酬を出すのが望ましい。報酬の額は作成費の1／3程度にする。

　法律で禁止されていない場合、発注者は報酬を受取った非落札者から、入札提案書のアイデアを利用する権利を取得するべきである。

(4) 下請け制限

　発注者は、請負業者自らが施工（直営施工）すべき工事量を設定することができる（注：従来方式の入札では、請負業者が直営施工するべき最少工事量を設定しなければならないが、デザイン・ビルド方式の入札では、最少工事量を設定することが義務付けられていない）。

(5) 出来高払い

　デザイン・ビルド契約をランプサムで締結する場合、入札提出要請書に出来高払い方法の決め方を明記しなければならない。

第3章　デザイン・ビルドの入札事例

第1節　日本の国土交通省の例

　本事例は国土交通省が松山市内で一般国道11号と一般国道33号〈松山環状〉が交差する小坂交差点の4車線立体化工事を実施するため、デザイン・ビルド方式で工事を発注する際に、公表された入札関連資料および図書を要約・編集したものである。なお、本工事は国土交通省が設置した委員会が「高度技術提案型総合評価方式の手続きについて（第1章第2節2.1.2(2)を参照）」を策定する前に発注されたものである。

1.1　一般事項
1.1.1　入札・契約の日程

①	公告日	平成16年9月1日
②	異工種建設工事共同企業体の認定および競争参加資格の確認	平成16年9月2日から平成16年11月15日
③	競争参加資格確認資料作成説明会	平成16年9月17日
④	技術提案書のヒアリングと見積書の審査	平成16年11月18日から12月3日まで
⑤	競争参加資格の決定通知	平成17年1月26日
⑥	入札説明書に対する質問	平成16年9月2日から平成17年2月18日まで
⑦	質問に対する回答	平成17年3月2日から平成17年3月8日まで
⑧	入札の締切	平成17年3月9日

1.1.2　工事概要
　① 　工事名　：平成16-18年度小坂高架橋工事

② 工事場所：愛媛県松山市枝松6丁目～同市小坂2丁目
③ 工事内容：本工事は小坂交差点立体化の詳細設計および工事を一括で実施する。
 1) 詳細設計：高架橋（上部工、下部工、基礎工）、すり付け部土工（擁壁工等を含む）
 2) 工　　事：高架橋（上部工、下部工、基礎工）、すり付け部土工（擁壁工等を含む）および舗装工（中央分離帯撤去、舗装復旧も含む）
④ 工　　期：平成19年3月30日（金）まで

(1) 技術提案の範囲および基本性能
① 技術提案を求める範囲は以下のとおりとする。
　交差点立体化のうち、高架橋（上部工、下部工、基礎工）、すり付け部土工（擁壁工等を含む）、および舗装工（舗装復旧含む）とする。
② 基本性能および施工条件は、特記仕様書および入札説明書（図面等を含む）のとおりとする。

(2) 発注者が提示する図面等〈以下、「入札参考図書」という〉
① 位置図
② 設計条件図1～7
③ 交通条件図1～3
④ 道路計画平面図（完成時）
⑤ 道路計画横断図（No14～No51、13枚）
⑥ 景観条件テーマ
⑦ 景観条件図1～4
⑧ 地質調査図
⑨ ボーリング柱状図（6枚）
⑩ 非設計対象範囲橋梁一般図

(3) 工事実施形態
① 本工事は、発注者が入札者から、上記の(1)と(2)で発注者が提示する特記仕様書、入札説明書および図面等を参考にした技術提案を受け付け、価格

以外の要素と価格を総合的に評価して落札者を決定する入札時ＶＥ方式（総合評価落札方式）の試行工事である。
② 本工事は、技術提案に基づいた詳細設計および工事を一括して発注する設計・施工一括発注方式の試行工事である。
③ 本工事は、総合評価による入札に先立ち、民間からの高度な技術提案とそれに要する費用の見積の提案を受け、ヒアリングと審査をすることにより品質と価格に優れた調達を目指す方式の試行工事である。
④ 本工事は、総価契約単価合意方式の試行工事である。
⑤ この工事は建設工事に係る資材の再資源化等に関する法律に基づき、分別解体等および特定建設資材廃棄物の再資源化等の実施が義務づけられた工事である。

補記

総価契約単価合意方式での単価合意

総価（契約額）は落札者が概略設計レベルの技術提案を基に見積もった入札価格で確定されるが、発注者と受注者で合意する単価は、契約締結をして受注者が詳細設計をした後、作成する数量表に基づくものである。従って、合意すべき単価と総価（落札価格）の見積内訳の単価には、工事数量を含め、概略設計と詳細設計の相違による差異が生じる可能性があるが、合意する単価は総価が変らないものでなければならない。

1.2 競争参加資格関係

1.2.1 入札企業の資格

次に掲げる条件を満たしている者で構成される異工種建設工事共同企業体であって、「競争参加者の資格に関する公示」により四国地方整備局長から平成16-18年度小坂高架橋工事に係る異工種建設工事共同企業体としての競争参加者の資格（以下「異工種建設工事共同企業体としての資格」という）の認定を受けている者であること。なお、異工種建設工事共同企業体は、1工種1社で下記の工事を分担する2または3社で構成する。

(1) 一般競争入札参加資格の認定

次に掲げる一般競争参加資格の条件のうち、該当する資格の認定を受けていること。

① 橋梁上部工事等で鋼構造物工事を担当する構成員は、平成15・16年度一般競争入札参加資格業者のうち、「鋼橋上部工事」の認定を受けていること。

② 橋梁上部工事等でプレストレスト・コンクリート工事を担当する構成員は、平成15・16年度一般競争入札参加資格業者のうち、「プレストレスト・コンクリート工事」の認定を受けていること。

③ 鋼構造物工事およびプレストレスト・コンクリート工事を除く土木工事を担当する構成員は、平成15・16年度一般競争入札参加資格業者のうち、「一般土木工事」の認定を受けていること。この場合、認定の際に客観的事項（共通事項）について算定した点数（経営事項評価点数）が1,150点以上であること。

(2) 建設業法の許可

担当する施工部分に該当する建設業法の各種工事業につき、許可を有してからの営業年数が5年以上であること。ただし、相当の施工実績を有し、確実かつ円滑な共同施工が確保できると認められる場合は、当該年数が5年未満であってもこれを同等として取り扱う。

(3) 同種工事の実績

次に掲げる同種工事の施工実績を有すること。なお、下記①または②を担当する各々の構成員は、選択する下記構造の要件を満たす施工実績を有すること（共同企業体の構成員としての実績は、出資比率が20％以上の場合のものに限る）。

① 橋梁上部工等の鋼構造物工事を担当する構成員は、平成6年度以降に、元請けとして完成し、引渡しが完了した、次の(ア)〜(エ)の要件を満たす製作・架設の施工実績を有すること。ただし、(ア)〜(エ)は同一工事であること。

(ア) 道路橋（ＴＬ－20以上）または鉄道橋であること。

(イ) 橋梁形式が鈑桁橋・単純箱桁橋を除く鋼橋であること。ただし、鋼床版鈑桁橋、並びに単純鋼床版箱桁橋は施工実績としてよい。

(ｳ)　最大支間長が40m以上であること。
　(ｴ)　架設工法が下記の工法以外であること。
　　・トラッククレーン工法（クローラークレーンを含む）
　　・トラッククレーンステージング工法（クローラークレーンを含む）
　　なお、橋梁下部工（鋼製橋脚）のみの工事を担当する場合の構成員は、平成6年度以降に元請けとして完成し、引渡しが完了した、(ｵ)(ｶ)の要件を満たす施工実績を有すること。ただし、(ｵ)(ｶ)は同一工事であること。
　(ｵ)　道路橋（ＴＬ−20以上）または鉄道橋であること。
　(ｶ)　鈑桁橋を除く鋼橋、鋼製橋脚または鋼製主塔であること。なお、鋼床版鈑桁橋は施工実績としてよい。
②　橋梁上部工事等でプレストレスト・コンクリート工事を担当する構成員は、平成6年度以降に、元請けとして完成し、引渡しが完了した、次の(ｱ)〜(ｴ)の要件を満たす製作・架設の施工実績を有すること。ただし、(ｱ)〜(ｴ)は同一工事であること。
　(ｱ)　道路橋（ＴＬ−20以上）または鉄道橋であること。
　(ｲ)　橋梁形式が床版橋を除くＰＣ橋であること。
　(ｳ)　最大支間長が40m以上であること。
　(ｴ)　架設工法が下記の工法以外であること。
　　・トラッククレーン工法（クローラークレーンを含む）
　　・トラッククレーンステージング工法（クローラークレーンを含む）
③　鋼構造物工事およびプレストレスト・コンクリート工事を除く土木工事を担当する構成員は、平成6年度以降に、元請けとして完成し、引渡しが完了した、次の(ｱ)(ｲ)の要件を満たす施工実績を有すること。ただし、(ｱ)(ｲ)は同一工事であること。
　(ｱ)　鉄筋コンクリート構造の橋台または橋脚で、施工実績を有すること（歩道橋およびフーチングのみの場合を除く）。
　(ｲ)　基礎形式が、場所打ち杭の施工実績を有すること（歩道橋の場合は除く）。

(4)　適正な技術提案書の提出

特記仕様書、入札説明書および入札参考図書等を参考にし、本工事における交差点立体化を提案するとともに、施工方法を立案し、その内容を示した技術提案書を提出すること。なお交差点立体化の概略設計および施工方法の技術提案が適正であること。

1.2.2 主要技術者の資格要件
(1) 設計技術者の要件

詳細設計の履行は、自社の設計技術者によるものとし、下記に定める資格・経験を有する者を当該業務に配置すること。
① 技術士（総合技術監理部門：建設部門）
② 技術士（建設部門）で平成12年以前の試験合格者
③ 技術士（建設部門）で平成13年以降の試験合格者の場合には、7年以上の実務経験を有したうえで業務に該当する部門に4年以上従事し、かつ同種業務の経験を有する者。
④ APECエンジニア（建設部門）の場合には、建設部門に4年以上従事し、かつ同種業務の経験を有する者。
⑤ RCCMの場合には、同種業務の経験を有する者。

(2) 照査技術者の要件

請負者が行う詳細設計が完了したときは、成果品（照査技術者による照査報告書を含む）を提出すること。この照査技術者は上記の設計技術者と兼任できず、上記の設計技術者以上の資格、経験を有する自社の者とする。

(3) 監理・主任技術者の要件

異工種建設工事共同企業体の各構成員は、それぞれ、次に掲げる基準を満たす主任技術者または監理技術者を当該工事に専任で配置できること。なお、橋梁上部工等の鋼構造物工事においては、工場製作と現地での作業に配置する配置技術者は同一でなくても良い。
① 1級土木施工管理技士またはこれと同等以上の資格を有する者であること。
② 平成6年度以降に、元請けとして上記1.2.1(3)に掲げる工事の経験を有

する者であること。ただし、橋梁上部工等の鋼構造物工事およびプレストレスト・コンクリート工事においては、現地での架設作業等に配置する技術者が、同種工事の現場経験を有すればよい。（共同企業体の構成員としての経験は、出資比率が20％以上の場合のものに限る）。なお、異工種建設工事共同企業体の各構成員の主任技術者または監理技術者は、各構成員の担当する工事での工事経験を有していればよい。
③　監理技術者は、監理技術者資格者証および監理技術者講習受講修了証を有する者またはこれに準ずる者であること。

1.2.3　競争参加資格の確認等

本競争の参加希望者は、1.2.1および1.2.2の競争参加資格を有することを証明するための資料と技術提案を提出し、競争参加資格の有無について確認を受けなければならない。資料および技術提案書は下記に基づいて作成すること。

(1)　競争参加資格の確認資料

下記の①の同種工事の施工実績、および②の配置予定の技術者の同種工事の経験については、平成6年度以降に工事が完成し、引渡しが完了しているものに限り記載する（表3－1「同種工事の施工実績」および表3－2「主任（監理）技術者の資格・工事経験」を参照）。
①　施工実績
　　前述の1.2.1(3)の資格があることを判断できる同種工事の施工実績を記載すること。記載する同種工事の施工実績の件数は担当する施工分担ごとに1件でよい。
②　配置予定の技術者
　　上記1.2.2(3)の資格があることを判断できる配置予定の技術者の資格、同種工事の経験および申請時における他工事の従事状況等を記載すること。なお、配置予定の技術者として複数の候補技術者の資格および同種の工事の経験を記載することもできるが、複数の候補者全てが1.2.2(3)に掲げる資格を満たさなければならない。実際の工事にあたって、技術資料に記述した配置予定の技術者を変更できるのは、病休、死亡、退職等の極めて特別な場合に限る。

表3－1　鋼橋上部工（鋼製下部工を含む）の事例
同種工事の施工実績

　　　　　　　　　　　　　　　　　　　　　会社名

項目	(ｱ) 道路橋（TL－20以上）または鉄道橋であること。 (ｲ) 橋梁形式が鈑桁橋・単純箱桁橋を除く鋼橋であること。 ただし、鋼床版鈑桁橋、並びに単純鋼床版箱桁橋は施工実績としてよい。 (ｳ) 最大支間長が40m以上であること。 (ｴ) 仮設工法が下記の工法以外であること。 ・トラッククレーン工法（クローラークレーンを含む） ・トラッククレーンステージング工法（クローラークレーンを含む） ただし、(ｱ)～(ｴ)は同一工事であること。
工事名称等　工事名	
発注機関名	
受注者名	
施工場所	（都道府県名・市町村名）
契約金額	
工期	平成　　年　　月～平成　　年　　月
受注形態	単体／ＪＶ（出資比率）
工事概要　橋梁名・構造形式	○○橋（一般国道○号）、○径間連続○○桁橋　　　等
規模・寸法	施工延長○○m、最大支間長○○m、鋼重○○t　　等
設計条件	道路橋（B活荷重）、道路幅員○○m　　等
施工方法	架設方法（送り出し工法、斜吊り工法等）　　等
CORINSへの登録の有無	有り（登録番号を明記）または無し

注：1　CORINS登録有りとする場合は、登録内容を事前に確認しておくこと。
　　2　CORINSに登録されていない等で施工実績が証明できない場合は、同種工事の工事成績が確認できる書面（同種工事が確認できる契約書類／施工計画書および工程表等）の写しを添付すること。
　　3　CORINSデータに橋梁形式、設計荷重、最大支間長、施工方法等が登録されていない場合は、それらを確認できる契約書等の写しを添付すること。図面はＡ３以下に縮小のこと。
　　4　記入する施工実績の発注機関名は、当該工事の契約日における名称とすること。

表3-2 主任(監理)技術者の資格・工事経験

会社名＿＿＿＿＿＿＿

配置予定技術者の従事役職・氏名		主任(監理)技術者 ○ ○ ○ ○
生年月日(和暦)		昭和○○年○○月○○日
最終学歴		○○大学 ○○科 ○○年卒業
法令による資格・免許		1級土木施工管理技士(取得年および登録番号)、監理技術者資格(取得年および登録番号)
工事の経験の概要	工 事 名	○○○○○○○工事
	発注機関名	○○地方整備局○○○○事務所
	施工場所	○○県○○市○○○○地内
	契約金額	○○,○○○,○○○円
	工 期	平成○○年○○月～平成○○年○○月
	受注形態	単体／JV (出資比率)
	従事役職	現場代理人、主任(監理)技術者、工事主任等
	工事内容	○○橋(一般国道○号)、○○径間連続○○桁橋施工橋長○○m、最大支間長○○m、鋼重○○t道路橋(B活荷重)、道路幅員○○m架設方法(送り出し方法、斜吊り工法等) 等
	CORINS登録の有無	有り(登録番号を明記)または無し
申請時における他の工事の従事状況等	工 事 名	○○○○○○○工事
	発注機関名	○○地方整備局○○○○事務所
	工 期	平成○○年○○月～平成○○年○○月
	従事役職	現場代理人、主任(監理)技術者、工事主任等
	本工事を落札した場合の対応処置等	
	CORINS登録の有無	有り(登録番号を明記)または無し

注：1 申請時における他工事の従事状況は、従事している全ての工事について、本工事を落札した場合の技術者の配置予定等を記入すること。
　　2 CORINS登録有りとする場合は、登録内容を事前に確認しておくこと。
　　3 CORINSに登録されていない等で施工実績が証明できない場合には、同種工事の工事実績が確認できる書面(同種工事の施工実績が確認できる契約書類／施工計画書および工程表等)の写しを添付すること。CORINSデータに橋梁型式、設計荷重、最大支間長、施工方法等が登録されていない場合は、これを確認できる契約書等の写しを添付すること(図面はA3以下に縮小のこと)。
　　4 共同企業体にあっては、配置予定技術者氏名欄に所属会社名を記入すること。
　　5 監理技術者にあっては監理技術者資格証(会社名が分かるもの)の写しを添付すること。

表3-3 設計技術者および照査技術者の資格

会社名＿＿＿＿＿＿＿

配置予定技術者の氏名	○ ○ ○ ○ (設計技術者、照査技術者の別)
生年月日(和暦)	昭和○○年○○月○○日
最終学歴	○○大学 ○○科 ○○年卒業
法令による資格・免許	技術士(建設部門で選択科目が鋼構造およびコンクリート)またはRCCM(鋼構造およびコンクリート)(取得年および登録番号)

注：配置予定技術者氏名欄に所属会社名および設計技術者・照査技術者の別を記入すること。

③ 設計技術者

上記1.2.2(1)に掲げる資格があることを判断できる設計技術者の資格を記載すること。なお、設計技術者の有する資格証等の写しを提出すること（表3-3を参照）。

④ 契約書の写し

上記①の同種工事の施工実績、②の同種工事の経験として記載した工事に係る契約書の写しを提出すること。ただし、当該工事が、財団法人日本建設情報総合センターの「工事実績情報システム（CORINS）」に登録されている場合は、契約書の写しを提出する必要はない。

(2) 技術提案書

① 概略設計、施工方法の提案

上記①1.2.1(4)に掲げる技術提案書について、技術的事項に対する所見を記載すること。なお、これらの提出に当っては、入札参考図書の設計・交通・景観等の条件図等を厳守して、本工事施工場所の自然環境や地形条件、維持管理面にも配慮した適切な設計を立案し、その内容を示した技術提案書を提出するとともに、景観に関する条件について確認できるパース等を提出すること（表3-4「技術提案の様式（1／6）～（4／6）」を参照）。

② 総合評価施工計画（入札時ＶＥ提案）

入札時ＶＥ提案では、ＶＥ提案の概要およびＶＥ提案に基づく施工計画（表3-4「技術提案の様式（5／6）～（6／6）」を参照）を記載すること。この場合、発注者は入札時ＶＥ提案を、その後の工事において、その内容が一般的に使用されている状態となった場合は、無償で使用できるものとする。ただし、工業所有権等の排他的権利を有する提案についてはこの限りでない。また、入札時ＶＥ提案等を適正と認めることにより、設計図書において施工方法等を指定しない部分の工事に関する建設業者の責任が軽減されるものではない。

表3-4　技術提案の様式

本発注のデザイン・ビルドで入札者が提出を求められている技術資料には、入札者、担当者の工事実績、資格等の他に工事対象となる交差点立体化の構造物の概略設計と施工方法についての技術提案、およびそれらに対する見積書が含まれる。概略設計と施工方法の技術提案は定められた様式と項目に従って作成しなければならない。なお、用紙はA-4判を使用する。

技術提案　（1／6）

交差点立体化の技術提案概要	
工法名	
提案構造・工法	（例：橋梁上部工）
施工方法	
開発会社	（共同開発の場合はすべて記入する）
〔概要〕 〔写真・図表等〕 〔特徴〕 〔適用条件〕	

技術提案　（2／6）

項　目			記　述　欄
構造の成立性	構造概要	橋梁形式	上部工形式、下部工形式、基礎工形式を記述
^	^	構造図	一般図：高架橋を含む交差点立体化全般を図示 上部工：桁形状（桁配置、桁高）、床版、舗装形状等を図示 下部工：基本形状、断面等を図示 ※主要寸法も含めて記述のこと。ただし、推定で記述したものを明確にすること。
^	設計手法	構造計算手法	計算手法、解析手法等の内容を記述
^	^	準拠図書	設計に当たっての準拠する設計基準、参考図書等を記述
^	耐久性		耐久性確保のための方策について記述
^	耐震性		耐震性確保のための方策について記述 耐震安全性の照査手法について記述（架設時等の地震に対する安全性の照査手法を含む）

技術提案　（3／6）

項　目		記　述　欄
適用性	品質	品質の管理基準と管理方法について記述
^	出来形	出来形精度の考え方、適用基準について記述
^	現場条件	作業機械等の配置を図示し、留意事項等を記述 資材搬入計画について記述
^	安全性	工事および第三者に対する安全上の配慮事項について記述
維持管理	維持管理	供用後の維持管理の考え方について記述
周辺環境	周辺環境対策	使用後の低周波振動対策、交通振動対策、地下水対策等について記述
施工計画	施工計画	施工ヤード、荷役設備、クレーン配置等についての記述は、技術提案6／6に記載すること。
^	工程	具体的な施工工程については、技術提案5／6に記載すること。

技術提案　(4／6)

項　目		記　述　欄
施工実績	施工実績	施工実績、試験施工の実績、特許取得、建設技術評価、民間開発建設技術の審査証明、公共事業における新技術活用システム登録等について記述
	特許取得等	

技術提案　(5／6)

総合評価概要書　（VE提案）

本施工計画が適正と認められた場合には、本施工計画書に基いて施工します。
1．現場施工日数および規制日数の短縮
　(1) 提案値
　　① 現場施工日数短縮の提案値　　　△△　日
　　② 規制日数短縮の提案値　　　　　△△　日

現場施工日数短縮および規制日数短縮の算定根拠

| 工種 | 単位 | 数量 | 現場施工日数 ||| 規制日数 ||| 備考 |
			日数 供用日	日数 (不稼動日)	日数 (夜間作業日) (参考)	日数 供用日	日数 (不稼動日)	日数 (夜間作業日) (参考)	
合計			××日	××日	××日	××日	××日	××日	

　　　　注1：工種については、VE提案に合わせて適宜加除してよい。
　　　　　2：「現場施工日数の短縮」および「規制日数の短縮」は、整数とする。
　(2) VE提案の概要
　　　（施工日数の短縮および規制日数の短縮を可能とする具体的な内容を簡潔に記述する）
2．施工方法等
　　（工法、使用材料、主要機械、仮設備、施工の確実性、安全性等について簡潔に記述する）
3．安全対策等
　　（VE提案の実施に伴い必要となる安全対策を簡潔に記述する）
4．利用条件等
　　（工業所有権等の排他的権利に係る事項、提案内容の公表に係る所見について記述する）
注1：日数算定の根拠は、クリティカルな工種（工程）を記載すること。
　2：全体工程が分かる工程表を添付すること。（A3版程度とする）

技術提案　(6／6)

総合評価施工計画　　(VE 提案)

規制日数の短縮に係る施工計画
〔地形、地質条件、設計条件等に関する技術所見〕 　設計図書等から読み取った条件等について、簡潔に記述すること。 〔仮設備計画〕 　施工工種（基礎工、下部工、上部工等）ごとに、主要な使用機械等の名称、規格、台数等について、一覧表型式等で簡潔に整理して記載すること。また、主要機械の概略配置計画平面図を示すこと。 〔本体工事施工計画〕 　橋梁基礎工、下部工、上部工の施工方法について記述すること。特に、工事施工エリアを遵守するための方法を詳細に示すものとする。 〔安全対策〕 　施工工種ごとに昼間規制時、夜間規制時の安全対策について、項目とその内容を記述すること。また、夜間工事を予定している場合には、昼間規制から夜間規制、夜間規制から昼間規制への車線規制の変更方法に関しても記述すること。 〔環境対策〕 　本体工・仮設工を含め、工事中の騒音、振動、水質保全対策について記述すること。特に、夜間施工の実施を予定している場合は、工事中の騒音、振動対策についても記述すること。

注１：必要に応じて構造図、説明用図表を添付すること。
　２：資料の枚数は図表も含めＡ４版換算で10枚以内とすること。

(3) 施工および規制条件

① 施工条件

a）技術提案時

・工期には、詳細設計期間（審査期間を含み240日を予定）および工事施工期間（現場施工日数または規制日数は470日）を含んでいる。

・現場施工日数および規制日数に関する要求要件470日は供用日数であり不稼働日を含む。

・現場施工日数および規制日数の不稼働日とは雨天、休日等であり150日を見込んでいる。

・不稼働日に施工をする提案は認めない。

・昼間または夜間とも１車線以上規制がかかれば規制とみなす（路肩規制は除く）。

・昼間施工のみ、または夜間施工のみを実施する場合、各々１日として計上する。ただし、連続した24時間の内に昼間施工と夜間施工、または夜間施工と昼間施工を実施する場合は１日として計上する。

b）実際の施工時
　・実際の施工においては、法的な条件を満足した上で監督職員との協議により不稼働日に施工をしても構わない。
　・不稼働日については、監督職員との協議により実績で変更するため、要求要件の規制日数は変更（延期）となる場合がある。
② 規制条件
　・本工事の施工については、昼間施工（8時〜17時）を原則とし、入札参考図書（交通条件図）を厳守すること。なお、小坂交差点部については、昼間規制状態（規制時間：6時〜22時）では片側5車線の内、4車線を確保すること。
　・夜間施工（22時〜6時）は、やむを得ず行う作業（作業ヤードの関係から夜間規制状態が必要となる作業）のみとし、入札参考図書（交通条件図）を厳守すること。なお、小坂交差点部については、夜間規制状態（規制時間：22時〜6時）では、片側5車線の内、2車線を確保すること。
　・小坂交差点部の上部工架設については、入札参考図書（交通条件図）を厳守すること。
　・規制日数の対象工種は表3−5「規制日数の対象工種」とし、測量等は対象外とする。

表3−5　規制日数の対象工種

規制日数の対象工種		適 用
高架橋	上部工	○
	下部工	○
	基礎工	○
すり付け部土工	擁壁工	○
	土工（縁石等を含む）	○
舗装工	橋面舗装	○
	区画線（橋面、平面部）	○
	平面部中央分離帯撤去・設置	○
	平面部舗装復旧	○
道路付属物工	壁高欄、遮音壁、投棄防止柵	☆
	道路照明、標識	☆

注1：対象工種項目には規制日数のクリティカルとならないものが含まれる場合がある。
　2：適用欄　○印は本工事に含まれる。☆印は本工事に追加予定である。

(4) 技術提案に対する審査内容

技術提案における選定の着目点は次のとおりとする。
① 構造の成立性に関する技術的所見（構造安定性、耐久性等）
② 適用性に関する技術的所見（品質、出来形、現場条件、安全性等）
③ 維持管理に関する技術的所見（ライフ・サイクル・コスト、維持管理の容易性）
④ 周辺環境に関する技術的所見（低周波振動対策、交通振動対策、地下水対策等）
⑤ 施工実績（新工法提案の場合は施工実績や試験施工実績、特許等）
⑥ 施工計画（架設工法、工程等）

なお、審査時において入札附帯条件を付加することがある。

(5) 技術提案に対応した見積書の作成

技術提案に対応した見積書を作成し、提出すること。見積書は少なくとも、工種、種別、細別に対応する単位、員数、単価、金額を表示し、新土木工事積算大系の解説（平成12年度版）に準じること（表3－6を参照）。

(6) 総合評価に対する審査内容

本工事の総合評価における評価項目および評価の着目点は、次のとおりとする。
① 現場施工日数

本工事の施工に伴う現場着手の日から、本高架橋を一括して4車線で完成または暫定2車線から4車線に完成し、「発注者へ通知を行った日」までの施工日数（休日や作業をしない日も含む。）の短縮を評価する。
② 規制日数

本工事の施工に伴う現場着手の日から、本高架橋を暫定2車線または一括して4車線で完成し、「発注者へ通知を行った日」までの施工日数（休日や作業をしない日も含む。）の短縮を評価する。

(7) 競争参加資格確認資料作成説明会
① 日時：平成16年9月17日（金）14時から16時まで開催する。

表3-6　見　積　書

工事区分・工種・種別・細別	単位	員数	単価	金額	備　　考
☆橋梁上部					
工場製作工					
桁製作工					
製作加工　　等					
☆間接労務費					
工場管理費					
（工場製作原価）					
☆鋼橋上部					
工場製品輸送工					
輸送工					
輸送　　等					
★コンクリート橋上部工					
コンクリート主桁製作工					
○○桁製作工					
鉄筋					
コンクリート　等					
橋梁下部工					
橋梁基礎工					
道路付属物工					中央分離帯・標識撤去について記載
直接工事費					
共通仮設費					
共通仮設費					
運搬費					
安全費					交通整理人等について記載
仮設費					仮区画線について記載
技術管理費					
純工事費					
現場管理費					
工事原価					
一般管理費等					
工事価格					
業務委託費					橋梁詳細設計
消費税相当額					（工事価格＋業務委託費）の消費税相当額
請負工事費					

注１：新土木工事積算大系（平成12年度版）に準じて記載することにするが、可能な限り規格まで記入すること。
　２：上部工が鋼橋の場合は☆、PC橋の場合は★の項目を記載すること。

② 申込み受付期間:平成16年9月2日(木)から平成16年9月10日(金)まで。

(8) 技術提案書のヒアリングと見積書の審査
技術提案書のヒアリングおよび見積書の審査は次の要領で行う。
① 日時
平成16年11月18日(木)から平成16年12月3日(金)まで。
② 場所
四国地方整備局　会議室
③ その他
企業別のヒアリングの日時および場所は追って通知する。出席者は、資料の内容を説明できる者とする。
見積書の審査の結果、見積書の再提出を求めることがある。
競争参加資格確認通知後、単価の変動等について見積書の再提出を求めることがある。その際、必要に応じてヒアリングを行う場合がある。

(9) 競争参加資格の確認
競争参加資格の確認は、申請書、資料、技術提案書および見積の提出期限の日をもって行うものとし、その結果は平成17年1月26日(水)までに通知する。

(10) 入札書類の作成費の負担等
① 申請書、資料、技術提案書、見積書の作成および提出費用は提出者の負担とする。
② 支出負担行為担当官は、提出された申請書、資料、技術提案書および見積書を、競争参加資格等の確認以外に提出者に無断で使用しない。
③ 提出された申請書、資料、技術提案書および見積書は、返却しない。
④ 提出期限以降における申請書、資料、技術提案書および見積書の差し替えおよび再提出は認めない(上記(8)の場合は除く)。

1.3 入札・契約関係
1.3.1 入札書等の提出
(1) 総合評価落札方式による入札

① 価格と提案値

参加者による「価格」、および技術提案書において提案された、「提案値（現場施工日数の短縮と規制日数の短縮）」をもって入札とする。

② 入札提案値

入札参加者が、入札時に記載する提案値は、1.2.3(2)の施工計画で提案した提案値以下（提案の緩和のことであり、最低限の要求要件を満たしていること）の記入を妨げない。ただし、実際の施工に際しては1.2.3(2)によるものとする。

③ 評価項目

特記仕様書および入札参考図書等の条件を満足する構造であり工期までに本工事を完成するとともに、要求要件（現場施工日数または規制日数470日）を満足する提案値を評価項目とする。

(2) 入札方法

① 入札は、電子入札システムにより提出すること。ただし、発注者の承諾を得た場合は入札書の持参または郵送（書留郵便に限る）することもできるが、電送（ファクシミリ）による入札は認めない。

② 入札回数は、原則として2回までとする。当該入札の執行において再度入札しても落札者がいないときは、予決令第99条の2の規定による随意契約は適用しない。

(3) 入札および開札の日時および場所等

① 電子入札システムによる入札の締め切りは、平成17年3月9日（木）午後4時00分。

② 紙により持参の場合は、平成17年3月9日（木）午後4時まで。

③ 郵便による入札の受領期限は、平成17年3月9日（木）午後4時。

④ 開札は、平成17年3月10日（金）午前10時。

なお、開札には入札者またはその代理人が立ち会わなければならない。

入札者またはその代理人が開札に立ち会わない場合（電子入札システムにより提出した場合は、立ち会いは不要）は、入札事務に関係のない職員を立ち会わせて開札を行う。
⑤　場所は、四国地方整備局入札室（ただし、郵便による入札書の提出場所は、四国地方整備局総務部契約課）
⑥　その他
　　競争入札の執行に当たっては、支出負担行為担当官により競争参加資格があることが確認された旨の通知書の写しを持参すること。ただし、郵便による入札の場合は、当該通知書を表封筒と入札書を入れた中封筒の間に入れて郵送すること。電子入札の場合は、当該通知書は不要。

(4)　**工事費内訳書**
　入札者は、入札金額を書面で提出する際、入札金額の詳細を工事費内訳書で添付しなければならない。
①　工事費内訳書の提出
　　第1回の入札に際し、第1回の入札書に記載される入札金額に対応した当該工事費内訳書の提出を求める。電子入札システムによる入札の場合は、入札書に内訳書ファイルを添付し同時送付すること。入札参加者が紙による入札を行う場合には、工事費内訳書は表封筒と入札書を入れた中封筒の間に入れて、表封筒および中封筒に各々封緘をして提出すること。また、郵便による入札の場合は、当該工事費内訳書を表封筒と入札書を入れた中封筒の間に入れて郵送すること。
②　内訳書の様式
　　工事費内訳書の様式は自由であるが、記載内容は最低限、数量、単価、金額等を明らかにすること。提出に際してのファイル形式はＰＤＦ形式とすること。前記によりがたいものは、四国地方整備局電子入札運用基準によるものとする。工事費内訳書は、参考図書として提出を求めるものであり、入札および契約上の権利義務を生じるものではない（**表３－６**を参照）。

(5)　**契約保証金および入札保証金**
　入札者は契約保証金を納付する。契約保証金の額は、請負代金額の10分の

3以上とする。ただし、利付国債の提供（保管有価証券の取扱店　日本銀行高松支店）または金融機関若しくは保証事業会社の保証（取扱官庁　四国地方整備局）をもって契約保証金の納付に代えることができる。また、公共工事履行保証証券による保証を付し、または履行保証保険契約の締結を行った場合は、契約保証金を免除する。なお、入札保証金は免除する。

1.3.2　落札者の決定方法
① 　入札価格が予定価格の制限の範囲内であること。
② 　上記①の要件を満たす入札を行った者に対して、提案値が要求要件を満足し提案が適正であれば標準点100点を与えるものとし、さらに良好な提案に加算点を次の③と④のとおり与える。
③ 　現場施工日数の短縮

現場施工日数470日を要求要件とし、1日短縮するごとに0.1点を加算点として与える。「現場施工日数の短縮」を入札するにあたっては、1日単位とする。現場施工日数とは、「高架橋」および「すり付け部土工」等の施工に伴う現場着手の日から、本高架橋を（平面部に残工事等があっても支障ない）一括して4車線で完成または暫定2車線から4車線に完成し、「発注者へ通知を行った日」までの延べ日数とする。また、現場施工日数については、「昼間施工のみ」、「夜間施工のみ」の作業日数についても1日として計上し、連続した24時間の内に昼間施工と夜間施工、または夜間施工と昼間施工を実施する場合も1日として計上する。

④ 　規制日数の短縮

規制日数は、470日を要求要件とし、1日短縮するごとに0.2点を加算点として与える。「規制日数の短縮」を入札するにあたっては、1日単位とする。規制日数とは、「高架橋」および「すり付け部土工」等の施工に伴う現場着手の日から、本高架橋を暫定2車線または一括して4車線で完成し、「発注者へ通知を行った日」までの延べ日数とする。ただし、本高架橋に接続する非設計対象範囲（測点No20＋5.5〜No14＋1.943）の高架橋については、下り線が平成18年8月末、上り線が平成18年10月末の完成予定である。

なお、本高架橋を一括して4車線で完成する提案については、「現場施

工日数の短縮日数」を「規制日数の短縮日数」とみなして、1日あたり0.2点の加算点を与えるものとする。また、規制日数については、「昼間施工のみ」、「夜間施工のみ」の作業日数についても1日として計上し、連続した24時間の内に昼間施工と夜間施工、または夜間施工と昼間施工を実施する場合も、1日として計上すること。
⑤ 上記により与えられる標準点と加算点の合計を入札価格で除した数値（以下「評価値」という）の最も高い者を落札者とする。ただし、落札者となるべき者の入札価格によっては、その者により当該契約の内容に適合した履行がなされないおそれがあると認められるとき、またはその者と契約を締結することが公正な取引の秩序を乱すこととなるおそれがあって著しく不適当であると認められるときは、予定価格の制限の範囲で発注者の定める最低限の要求要件を全て満たした他の入札者のうち、評価値の最も高い者を落札者とすることがある。
⑥ 評価値について
評価値の計算において予定価格と入札価格の単位は億円とし、求められる評価値は小数位4位（5位四捨五入）とする。
⑦ 評価値の最も高い者が2人以上あるときは、当該者のくじ引きにより落札者を決定する。

1.3.3 契約履行
(1) 技術提案に基づく施工

実際の施工に際しては、技術提案書に記載した施工方法により施工することを原則とし、入札時に記載した提案値以上での施工を行うものとする。受注者の責により、入札時の現場施工日数および規制日数の短縮の提案を遵守できなかった場合には、遵守できなかった提案値と施工後の短縮日数により、工事成績評定の減点および違約金を計算して課すものとする。なお、下記「(6) 契約変更の取り扱い」に示した事由により不測の日時を要した場合には、監督職員との協議により日数を実績で変更することがある。
① 工事成績評定の減点措置
工事成績評定の減点値＝［((A1－A2)＋(B1－B2))／(A1＋B1)］×10

　　　　Ａ１：入札時の現場施工日数の短縮日数に関する提案値

　　　　Ａ２：施工後の現場施工日数の短縮日数

　　　　Ｂ１：入札時の規制日数の短縮日数に関する提案値

　　　　Ｂ２：施工後の規制日数の短縮日数

　　　工事成績減点値は、小数以下四捨五入した値とする。

② 違約金（税抜き）＝Ｃ－Ｃ×（（Ｄ＋Ｅ２＋Ｆ２）／（Ｄ＋Ｅ１＋Ｆ１））

　　　　Ｃ：当初入札金額

　　　　Ｄ：標準点（＝100点）

　　　　Ｅ１：入札時に記載した現場施工日数の提案値による加算点

　　　　Ｅ２：施工後の現場施工日数の短縮日数による加算点

　　　　Ｆ１：入札時に記載した規制日数の提案値による加算点

　　　　Ｆ２：施工後の規制日数の短縮日数による加算点

(2) 提案値および工事費内訳書の提出

① 第１回の入札に際し、提案値および**1.3.1(4)**による工事費内訳書の提出を求める。

② 電子入札システムによる入札の場合は、以下によるものとし、入札書にそれぞれのファイルを添付し、同時送信すること。

　(ｱ) 提案値提出書

　　　配布（ＣＤ）された様式（提案値提出書）で作成し、ＰＤＦ形式に変換（注：他の形式は認めない。）

　(ｲ) 工事費内訳書

　　　添付するファイルの合計容量は１ＭＢ以内とする。これによりがたいものは、四国地方整備局電子入札運用基準によるが、提案値提出書については、必ず入札書に添付し、同時送信すること。

③ 再入札にあたっては、提案値の変更は受け付けない。

(3) 技術提案の条件

　　技術提案における条件は、下記のとおりとする。

① 設計条件および景観条件

　　本高架橋を設計するに当っては、入札参考図書の設計、交通、景観等の

条件図等に記載された条件を遵守しなければならない。
② 交通規制条件
　本工事の現場施工にあたっては、入札参考図書の交通規制図等に記載された条件を厳守しなければならない。ただし、資機材搬入等による交通規制区域への一時的な規制は除くものとする。
③ 施工条件
　施工条件については、入札参考図書の交通規制図、1.2.3(3)等に記載された条件を厳守しなけれならない。

(4) 配置予定技術者の確認
　落札決定後、CORINS等により配置予定の監理技術者の専任制違反の事実が確認された場合、契約を結ばないことがある。なお、病休・死亡・退職等極めて特別な場合でやむを得ないとして承認された場合の外は、申請書の差し替えは認められない。病休等特別な理由により、やむを得ず配置技術者を変更する場合は、1.2.2(1)に掲げる基準を満たし、かつ当初の配置予定技術者と同等以上の者を配置しなければならない。

(5) 契約後における詳細設計
① 請負者は、契約後、特記仕様書、入札説明書および入札参考図書等に基づいて詳細設計（測量、地質調査を含む。）を行うものとする。詳細設計費用については、請負金額に含むものとする。
② 請負者が詳細設計を行うにあたっては、「松山都市圏幹線道路景観検討委員会」からの助言を受けながら実施するものとするが、橋梁型式および上部・下部・基礎構造等の主要構造型式に関する技術提案についての変更は行わない。
③ 詳細設計は発注者が審査のうえ承認し、その設計に基づき、当該工事の施工範囲内容を確認のうえ設計図書を変更するが、請負代金の変更は行わない。

(6) 設計変更の取り扱い
　工事内容の設計変更は下記の場合に行うこととする。

① 不可抗力（地震、風水害）によって地形等が変化し、数量に変更がある場合は、変更の対象とする。
② 社会的条件（地元対応等を含む）によって、新たな対策や施工時間等の変更が生じた場合には、発注者が必要と認めたものについて変更の対象とする。
③ 関係機関（「松山都市圏幹線道路景観検討委員会」を含む）との協議等により、施工範囲、設計施工条件等に変更が生じた場合には変更の対象とする。
④ 入札参考図書等に明示されている地質と、詳細設計時に確認される地質が異なる場合は、発注者が必要と認めたものについて変更の対象とする。

(7) リスク分担

リスク分担については**表3－7**「リスク分担表」によるものとする。上記「(5) 契約後における詳細設計」において発注者が詳細設計を承諾しても設計内容に関する一切の責任は請負者が負うものとする。

1.3.4 入札結果

本工事の入札には、四つの異工種共同企業体が応札し、その結果は**表3－8**「小坂高架工事入札結果(1)および(2)」のとおりである。

表 3 - 7　リスク分担表

大分類	小分類	リスクが発生する可能性のある要因	リスクの性質			リスクの分担先		適　用
			リスク大きさ	予測可能性	対応可能性	発注者	請負者	
技術条件	①工法等	工法の性能確保、使用機械の故障、使用材料品質のばらつき等	△	○	○		○	
	②その他	施工方法に関する技術提案	×	○	○		○	
自然条件	①湧水・地下水	湧水の発生、掘削作業等に対する地下水位の影響	△	○	○		○	
	②作業用道路・ヤード	工事用道路・作業スペースの制約	△	○	○		○	
	③気象・海象	雨、雪、風、気温等の影響	△	△	○		○	災害は除く
	④その他	自然環境への配慮	△	○	○		○	
社会条件	①地中障害物	地下埋設物等の地中内作業障害物の撤去・移設	△	○	○		○	事前に把握できない地中障害物は除く
	②近接施工	一般住宅家屋の近接（道路、建築物等の沈下等）	×	○	○		○	
	③騒音・振動	周辺住民等に対する騒音・振動の配慮	△	○	○		○	
	④水質汚濁	周辺水域環境に対する水質汚濁の配慮	×	○	○		○	
	⑤作業用道路	生活道路（市道）を利用した資材搬出入	△	○	○		○	
	⑥現道作業	現道上での交通規制を伴う作業（事故を含む）	×	○	○		○	
	⑦作業用ヤード	住宅密集地での別途ヤード確保	△	○	○		○	
	⑧その他	日照、電波障害、廃棄物処等	△	○	○		○	
マネージメント特性	①他工区調整	接続工事	△	○	○		○	発注者が行う事業調整は除く
	②住民対応	近隣住民との対応	×	○	○		○	発注者が行う設計説明以降を対象とする
	③関係機関対応	関係行政機関等との調整	△	○	○	○	○	
	④工程管理	工期・工程の制約、変更への対応（工法変更も含む）	×	○	○		○	
	⑤安全管理	高所作業、夜間作業等の危険作業	△	○	○		○	
	⑥その他	災害時の応急復旧等	△	○	○		○	
その他	①不可効力	地震の発生（災害）	×	×	×	○		
	②人為的なミス	設計のミス、積算の間違い	×	○	○		○	
	③法律・基準等の改正	条令や法規の改正による変更設計、基準や指針による設計変更						
	④既設放水路	土留め壁、作業構台等既設仮設物の健全性	△	○	○	○		

リスクの大きさ　○：小さい、　△：少し大きい、　×：大きい
予測可能性　　　○：予測可能、　△：予測が困難、　×：予測不可能
対応可能性　　　○：対応可能、　△：対応しにくい、　×：対応不可能
注：リスク分担先のうち、"分担"は、発注者と請負者との協議により決定する。

表 3 - 8 　小坂高架工事入札結果(1)

総合評価と落札者　　　　入札：平成17年 3 月10日

業者名	基礎点 (標準点) (100)	加算点 合計	基礎点 (100) (基準点) ＋ 加算点 (A)	第 1 回入札			備考
^	^	^	^	入札価格 単位：円（B）	評価値 (A)／(B) 単位：億円	評価値≧ 基準評価値	^
A社	100			2,760,000,000	予定価格超		
B社	100	11.000	111.000	2,590,000,000	4.2857	○	
C社	100			2,870,000,000	予定価格超		
D社	100	19.700	119.700	2,645,000,000	4.5255	○	落札決定

・上記の入札価格は消費税を含まず　　　・落札者は第 1 回の入札で決定
・予定価格（消費税を含まず）　　2,747,400,000
・基準評価値　　　　　　　　　　　3.6398

表 3 - 8 　小坂高架工事入札結果(2)

加算点内訳

業者名	加算点の合計	提案値　1		提案値　2	
^	^	現場施工日数短縮 (日)	加算点	規制日数短縮 (日)	加算点
A社		30	3.000	40	8.000
B社	11.000	30	3.000	40	8.000
C社		0	0	69	13.800
D社	19.700	45	4.500	76	15.200

第2節　米国ワシントン州交通局の例

　米国ワシントン州交通局が、デザイン・ビルド方式で州際道路Ⅰ-405号線について、街路520号と街路522号の間の拡幅工事（Kirkland Stage 1）の請負業者を①公募に応じた入札希望者の中から能力評価で入札業者を指名、②指名業者による入札（技術提案と価格提案）の2段階で選定した。本節は、工事発注者であるワシントン州交通局が第1段階で入札指名希望者を公募する際に発行した「指名審査書類提出要請書」と「入札書（技術提案と価格提案）提出要請書」の主要部分を日本語に翻訳し、取り纏めたものである。

　なお、本文は日本の公共工事の入札制度で用いられる用語に慣れ親しんだ読者が、米国における道路プロジェクトのデザイン・ビルド方式の概要を理解することを目的としているため、翻訳に当たっては原文の英文を日本文に置き換えるというよりは、原文の趣旨を日本文で表すことを優先した。

2.1　一般事項
2.1.1　入札契約の日程

　本契約の入札は、下記の通り入札業者の公募指名、指名業者による入札（技術提案と価格提案）の2段階方式で行われた。入札契約の予定日程は表3-9の通りである。

　①　第1段階

　　　発注者が指名資格審査用書類提出要請書（Request for Qualifications：RFQ）を発行して、入札希望者が提出する関連書類を審査して順位付けを行い、上位から3社以上（ただし5社以下）を指名する。

　②　第2段階

　　　発注者が指名した業者に入札書（技術提案と価格提案）の提出要請書（Request for Proposal：RFP）を発行して、提出された技術提案と価格提案を総合的に評価して最も価値の高い（Best Value：技術評価点／入札価格）入札者と契約する。

表3-9 入札・契約の予定日程

事　項	予定日程（括弧内は実際の日程）
入札指名審査書類提出要請書（RFQ）	2004年　10月18日
応募予定者のための非公式会議	11月1日
RFQについての質問締切り	11月13日
RFQに対する資料提出締切り	12月15日
入札指名業者の発表	2005年　1月14日
入札提出要請書（RFP）（案）の発行	1月17日（3月22日）
入札者と1対1の会議	2月15日～3月15日 （4月12日～5月13日）
最終RFPの発行	環境許可後　5月5日（5月16日）
入札書締切り	各種許可取得後6週間後 6月15日～8月31日 （8月15日）
落札者の発表	7月15日（9月1日）
契約締結	8月1日（9月15日）

2.1.2　工事概要

(1)　工事内容

　本契約の工事範囲は下記の通りである。受注者は下記の工事に関しての設計、工事、および品質保証の責任を負う。

① 　I-405本線上に北向き交通用の1車線を追加（街路NE85号からNE116号の区間）
② 　I-405本線上に南向き交通用の1車線を追加（街路NE116号からNE85号の区間）
③ 　I-405から街路NE116号への北向きオフランプの線形改良
④ 　I-405と街路NE116号との立体交差橋の架け替え

　上記工事には**表3-10**の構造物および施設の建設、あるいは作業を含む。

表3-10 工事内容

構造物	信号	公益施設の追加移転
排水施設	植栽と景観	工事道路の使用許可取得
舗装	測量	地域住民・自治体参加
交通管理	地質調査と設計	発注者の広報支援
標識・路面表示	環境保全	設計・工事の品質管理
照明	湿地と水路の建設	2年(舗装3年)の品質保証
交通情報システム	遮音壁の設計と建設	

(2) **工期と発注者の積算額**

　本工事は2007年12月31日に、供用開始できる様に完成しなければならない。発注者の積算によれば今回発注の工事費は3,500万ドル（約42億円）である。

(3) **受注者による事務室の提供**

　受注者は、本プロジェクトの設計を中心になって行う設計コンサルタントの所在地で、設計作業の実施期間中、受注者の設計マネージャー、発注者の契約および設計マネージャー用の事務室を提供しなければならない。さらに、工事期間中は受注者のプロジェクト・マネージャー、工事および品質マネージャー、並びに発注者の工事監督員（8名程度）の事務室を提供しなければならない。

補記

受注者と設計コンサルタント

　本工事で、発注者は受注者が設計を設計コンサルタントに下請発注することを前提にしている。この考え方は、米国のデザイン・ビルド方式で一般的なものである。それは、各州のPE（Professional Engineer）法で設計は同法で登録したPEが行うと規定しているためである。従って、本工事契約では設計管理のため、発注者側の設計担当者と受注者と設計業務を契約したコンサルタントの設計担当者が同一場所で作業ができる環境を整備するために、上記のとおり受注者に事務室の提供を義務付けている。

第3章●デザイン・ビルドの入札事例 ── 111

(4) 契約目標

本契約の目標は、以下のことを達成することである。
① 設計および工事の品質に関して、
予定工期内に予算内で工事を完成すること。
設計と工事を所要の技術水準と同等あるいはそれ以上のものとすること。
② 遵守と改善に関して、
設計・工事期間中に環境に対して所要条件以上の対応をすること。
③ 工事期間中の交通確保に関して、
工事期間中に公衆の不便を最小限に、安全を最大にすること。
④ 広報と住民参加
設計・工事中に地域住民からの支援を確保し、維持すること。

2.2 入札資格関係
2.2.1 入札指名審査書類

入札希望者（以下、便宜上、入札者と記す）は表3－11に示す様に、指名審査書類を七つのセクションに区分けして提出しなければならない。

表3－11　指名審査提出書類

セクション	セクションの表題と提出資料	最大ページ数
1	前書き（契約履行チームの主要構成員（Major Participants）全員の署名が必要） ・前書き ・RFQ の訂正の受領確認書	2 1
2	入札者に関する情報 ・契約履行チームの主要構成員（下記の注記1を参照） ・契約履行チームの主要構成員の一般情報 ・契約履行チームの主要構成員の役割、指示系統、責任	2 2 2
3	入札者の合法性 ・入札者の設立（結成）の法的手続きと証明資料 ・JV 結成書と構成員間の責任分担（入札者が JV の場合）	必要数 必要数

	・利害関係の資料	必要数
4	財務能力 ・履行保証発行約束書 ・ボンド／保険会社の経歴	必要数 必要数
5	主要管理者（マネージャー）（下記の注記2を参照） ・契約実施に必要な各種管理の担当者表 ・管理者の経歴	3／人 3／人 （全体で15以下）
6	契約履行チームの主要構成員の実績 ・過去の契約で生じた問題点 ・事故経歴 ・類似工事	必要数 必要数 50
7	契約者としての契約履行方針 　・序文 　・設計と工事の品質 　・環境保全と改善 　・交通管理 　・地域参加と広報 上記について、文章で契約履行チームの役割分担と相互調整、主要管理者の選定理由等を記述する。	10

注記1：契約履行チームの主要構成員には、入札者、下請建設業者、設計コンサルタントなどが含まれる。
　　2：プロジェクト・マネージャー、工事マネージャー、設計マネージャーなど

(1) 前書き（セクション1）

前書きの提出を求める目的は下記の通りである。
① 入札者、代表者、および連絡者の確認
② 主要管理者を揃え、配置することが出来ることの確認
③ 発注者が発行したRFQの訂正文の受領確認

提出する資料には下記の項目を記載する。
① 企業の名称、住所、形態（株式会社、パートナー、JV等）
② 入札者と契約履行チームの主要構成員の役割
③ 今後の連絡担当者名

その他、入札者の本プロジェクトに対する受注意欲、入札者（複数企業で構成されている場合は、少なくとも1社）が発注者の建設業者登録名簿に掲載するための事前資格審査で1,000万ドル（約12億円）以上の工事入札を認められていること、発注者が求めている主要管理者を配置する準備が出来ていることなどの書類を提出しなければならない。

(2) 契約履行チームの主要構成員に関する情報（セクション2）
　入札者を含む契約履行チームの主要構成員（下記の注を参照）に関する情報を提出する。
① 入札者に関する情報
　・入札者の名称、企業名、設立年、電話とファクス番号、代表者名、企業形態など
　・ボンドによる与信枠（総額と現在入札可能額）
　・入札者が複数の組織（者）で構成されている場合、全ての名前、役割と財務責任
　・過去2ヶ月間に融資を受けた銀行名
② 契約履行チームに関する情報
　・入札指名資格審査用書類の提出時点で決定している契約履行チームの主要構成員リスト
　・各構成員の企業名、住所、業務内容と経験年数
　・各構成員の従業員数（全体数とワシントン州内の事務所に勤務する者の数）
注：契約履行チームの主要構成員の定義
　指名審査書類提出要請書（RFQ）、および入札書（技術提案と価格提案）提出要請書（RFP）で用いられる用語の「契約履行チームの主要構成員（Major Participants）」には以下の者が含まれる。
　(a) 入札者（入札者がパートナーシップ、JV、有限責任会社あるいはその他の集合組織体の場合、それらの構成員も含む。）
　(b) 入札者の株を15％以上有し、(a)に含まれていない個人、企業など
　(c) 設計コンサルタント（受注者と設計業務を契約するコンサルタント）
　(d) 設計の20％以上を設計コンサルタントから下請をする下請コンサルタント
　(e) 建設工事の20％以上を下請けする下請業者
③ 組織図

フローチャートの形で契約履行の監理体制、すなわち設計、工事、品質の保証および管理に責任を負う関係者、および業務実施の指示命令系統を示す組織図を提出する。また、フローチャートには予定主要管理者名と、それらの者が全勤務時間のうち何％程度を本プロジェクトに費やすかを示さなければならない。

　さらに、フローチャートに入札者を含む契約履行チームの主要構成員の果たす役割を明記する。また、契約管理、工程・予算管理、工事管理、設計管理、品質管理、品質保証、安全、環境管理、地域住民参加、交通管理、下請け管理などに関する相互連携関係を明示する。

(3) 入札者の合法性（セクション3）

① 入札者の組織構成

　入札指名資格審査用書類の提出者が、所要のライセンスを取得しているか、取得する意思を持ち、契約を締結し工事を完成させる法的資格を有する者、あるいは資格を取得する可能性がある者であることを確認するための資料である。もし、入札指名資格審査用書類の提出時点で入札者の組織が法令に基づいて正式に形成されていない時は、形成予定の組織の概要と組織形成の合意書のコピーを提出し、入札の締切日の15日前までには、法令に基づく組織になることを証明しなければならない。

② 入札者構成員の責任分担

　入札者がJV、有限責任会社、パートナー、その他の組織形態の場合には、各構成員のプロジェクトについての責任を明確に記述した書面を提出する。

③ 入札から利害関係者の排除

　入札者構成員、下請けコンサルタント、あるいは下請け建設業者で、発注者と現在契約中の者、あるいは契約が確定している者で、それらの者が本プロジェクトの入札、契約に参画することが公正な入札・契約の阻害要因になると判断された場合、その入札者希望者は指名資格を失う。従って、入札資格審査用書類には、入札者の構成員の発注者との契約状況を示さなければならない。

(4) 財務能力（セクション4）

入札者が財務的に契約履行能力を有することを確認するために、保証会社あるいは保険会社から入札、契約履行、支払および品質保証ボンドを発行することを約束する書類を受取り、提出しなければならない。この段階では、入札額、契約額が未定であるため、保証会社あるいは保険会社が保証するボンド額は発注者の見積り額に基づいて計算して示される。

注：本プロジェクトの場合、発注者の見積額が3,500万ドルであったため下表に示す金額のボンドの発行約束書が求められた。（注：品質保証期間は2年間の予定）

ボンドの種類と保証ボンド額

提出段階	入札ボンド	支払ボンド	履行ボンド	品質保証ボンド
指名審査書類提出	$1,750,000	$35,000,000	$35,000,000	$11,000,000
入札書提出	入札価格の5％	入札価格の100％	入札価格の100％	$3,000,000

なお、保証会社あるいは保険会社は、ボンドの発行約束書を提出するに当って、入札者およびその主要構成員の手持ち工事量と工事進捗度を審査して、ボンド発行余裕枠の検討をしたことを表示しなければならない。

また、入札者およびその主要構成員は、過去5ヶ月間に利用した保証会社あるいは保険会社のリストを提出しなければならない。さらに、その間に工事の完成あるいは下請業者への支払いにボンドが利用されたか否かを記さなければならない。

(5) 主要管理者の資格要件（セクション5）

入札希望者は、予定主要管理者について、下記の資料を提出しなければならない。

① 氏名、現在の所属企業での勤務年数、本プロジェクトへの予定従事時間率、身元確認者（2名）を記した表
② 関連の免許と登録証、類似工事での経験年数、経験工事事例（プロジェクト概要、ポジション、従事時間率、学歴と訓練）を記述した経歴書
主要管理者（Key Personnel）の資格要件は下記の通りである。

・プロジェクトマネージャー
　　プロジェクトの総括責任者、7年（出来れば10年）以上の経験、現場常勤
・工事マネージャー
　　構造物、道路本体、維持の責任者、常勤、道路建設と品質管理に7年（出来れば10年）以上の経験、プロジェクト・マネージャーが兼務しても良い
・工事品質マネージャー
　　出来形の検査、品質管理計画、品質テストの監督等の責任者、6年（出来れば10年）以上の経験
・設計マネージャー
　　設計全般の責任者、設計作業時には常勤、PE、10年以上の経験
・環境保全マネージャー
　　設計チームとともに、設計図をチェックし、環境影響の回避、または最小化の助言をする。設計と工事の経験を有する者1人か、設計経験者1人と工事経験者1人の組み合わせとする。5年（出来れば10年）以上の経験。当該プロジェクトに特有の環境問題の経験を有すること

(6) 入札者を含む契約履行チームの主要構成員の実績（セクション6）
　　入札者は契約履行チームの主要構成員全員について下記の資料を提出する。
　① 過去の契約で生じた問題点
　　・過去5ヶ年間に関連会社を含めて、工事不履行となった契約概要
　　・発注者が提訴した係争中の契約
　　・犯罪あるいは違法行為による有罪判決あるいは起訴歴
　　・過去10ヶ年間で破産等に対して行った支援要請
　　・契約工事に関連して課せられた入札禁止措置
　　・過去5ヶ年間の遅延損害賠償支払い実績
　　・現在請求中の10万ドル以上のクレームなど
　　・不正クレーム等に対しての公共機関による調査など
　② 事故経歴
　　　入札者は契約履行チームの主要構成員のうち建設工事を行う者は過去5ヶ年間の事故に関する下記の情報を提出する。
　　・事故率・工事中断日指標・従業員1人当たり事故費用・クレーム状況比

率
　　・死亡者数・工事中断日数・事故数・ニアーミス数
注：・事故率＝（負傷と病気の数）／全労働時間数
　　・工事中断日指標＝（工事中断日×200,000）／全労働時間数
　　・従業員1人当たり事故費用＝全事故費用／平均従業員数
　　・クレーム状況比率＝年間実クレーム数／過去3年間のデータからの予想ク
　　　レーム数

③　類似工事

　　入札者および契約履行チームの主要構成員が過去5ヶ年間で設計者、建設業者、あるいは設計・施工者として経験した、本プロジェクトに類似したプロジェクトを記載する。その際、本プロジェクトとの類似点について規模、内容を中心に記載する。また、環境面で類似したプロジェクトについても記載する。当該地域において、これまでにデザイン・ビルド方式による発注工事例が少ないことから、類似工事としては必ずしもデザイン・ビルド工事でなくても、従来の設計－入札－工事方式での類似設計、あるいは工事の経験でも良い。

　　記載項目は、
・発注者の名称、発注者側の設計マネージャー、および工事マネージャーの名称
・プロジェクトの工期（計画工期と実際工期）
・参画した業務（設計、工事、設計・施工）
・参画形態（JV、パートナー、下請けなど）
・契約額（当初と現時点での契約額）と自社分の契約額、自社が提出したボンド額
・本プロジェクトに従事する予定者については、上記プロジェクトで果たした役割
・自社が担当した業務に関して、
　　○　設計、工事履行状況（チーム構成、工程および予算管理、事務打ち合わせに関する記録）
　　○　環境保全、交通管理、地域参加
　　○　品質保証ボンドを求められた保証項目名

(7) 契約履行方針（セクション7）

　　入札者の構成が、本プロジェクトの目標、並びにそのために必要な事項を満たして成功裏に本プロジェクトを実施出来るものであることを記述する。本セクションの前書の項では主要管理者を紹介したうえ、なぜそれらの者がプロジェクトチームを指導するのに適しているかを記述する。組織に関しては、各構成員の主要な役割と構成員間の関連を示して、全体で一つの纏まった設計・施工者として機能することを記述する。

2.2.2　入札指名の審査・評価

(1)　審査・評価の項目と方法

　　提出された入札資格審査用書類の審査および評価は、下記の表で示すように書類の種類により適／否（Pass／Failure）による択一方式か、点数による順位付けかのどちらかで行う。

① 審査・評価項目

　審査・評価は表3-12の項目に対して行う。

表3-12　審査・評価の項目と方法

セクションNoと提出書類	審査・評価項目	審査・評価
セクション1　前書き		
前書き	同左	適／否
RFQの訂正の受領確認書	同左	適／否
セクション2　入札者情報		
主要管理者の免許・必要要件	同左	適／否
所要様式による情報	同左	適／否
組織表	同左	適／否
セクション3　合法性		
設立の法的手続きと証明資料	同左	適／否
JV結成書と構成の責任分担	同左	適／否
利害関係の資料	同左	適／否
セクション4　財政能力		
履行保証発行約束書	同左	適／否

ボンド会社の過去5ヶ年経歴	同左	適／否
セクション5　主要管理者★ セクション6　入札者の実績★ セクション7　契約履行方針★	設計と工事品質★★	500点
	環境遵守と改善★★	250
	交通管理★★	125
	地域参加と広報★★	125
合計点		1,000

注：点数評価をするセクション5～7までの3種の提出書類（★）は、下記の本プロジェクトの目標への達成貢献度について4種の評価項目（★★）で評価して、点数が付けられる。

　本プロジェクトの目標は次のように設定されている（表3-13を参照）。
・設計と工事品質
　　予定工期と予算の範囲内で完成する。設計と工事の技術品質を所定水準以上とすること。
・環境遵守と改善
　　設計と工事の過程で、環境許可取得時の条件をクリアーし、許可要件違反をしないこと。
・交通管理
　　工事中における公衆への不便を最小限に抑え、安全を最大にすること。
・地域住民参画と広報
　　設計と工事期間中、地域住民からの支援を確保し、維持すること。

② 評価方法

　セクション1～4までの提出書類は、所要事項が所定の形式で提出され、内容が必要要件を満たしている場合に、「適」と評価される。評価項目の何れか一つでも「否」と評価された入札希望者は指名対象から外される。

　セクション5～7はプロジェクトの目標達成の視点から表3-13の基準で点数評価される。

表3-13 点数評価の基準

	主要管理者	入札者の実績	契約履行方針
設計と工事品質	・学歴と実務経験 特に、類似プロジェクトの経験を重視	・契約履行チームの主要構成員の実績 ・工程と予算管理の実績（用いた手法） ・設計作業と工事との整合法 ・良好な管理体制状況 ・技術要件の達成と良質な工事実績 ・設計修正、工事変更命令、手直工事記録 ・安全（事故）記録 ・パートナーリングと紛争解決法 ・許可、承認取得状況	・技術要件達成視点からのチーム構成評価 ・工程と予算管理計画と戦略 ・権限と責任の委譲状況 ・意思決定手続き ・チーム内での連絡体制 ・良質な設計と工事の確保計画 ・事務、規則遵守の組織体制と業務実施計画
環境遵守と改善	―	・環境影響を回避あるいは最小化のために実施した設計と工事（湿地、急斜面等） ・対応を求められた連邦、州、地方自治体等の許可、それらの機関との調整状況 ・プロジェクトの目標達成と許可要件以上で環境保全をした倫理観 ・環境影響緩和の設計、工事、監視例 ・規制、許可条件の遵守のため実施した管理方法 ・規則・条件違反対処例 ・下請業者に条件遵守をさせるため実施した管理方法	・環境影響の回避、軽減策、環境仕様書と目標の実施のための組織体制 ・チーム内の人物が関与する環境要件の非遵守、あるいは許可条件違反をした場合の対処方針
交通管理	―	・工事期間中の交通流を最大限に確保するための計画 および車線切替による工事での交通管理の実施経験と能力 ・工事による交通障害の軽減経験と能力 ・交通障害を最小限にする工法の実施経験	・交通への影響を最小にする手法、および車線閉鎖、車線規制、迂回路に関して、地方自治体、関連プロジェクト、道路管理者との調整方法
地域住民参画と広報	―	・既存の、あるいは新しい手法による公衆への情報提供経験 ・交通混雑の都市道路での道路、大規模インフラ等の工事経験 ・大規模プロジェクトでの広報に関しての受賞実績	・設計、工事期間中における発注者、利害関係者、公衆との調整、コミュニケーションを継続的に維持するための広報計画の策定方法と実施方法 ・地域助言委員会、市民助言委員会等との協働計画 ・工事中における沿道の住民、事業者への対応方針 ・工事の競合を避けるための、関係機関および隣接プロジェクトとの調整方針 ・交通維持と事故担当技術チームとの調整方法

(2) 入札業者の指名

　「適／否」で評価する項目で、一つでも否がある入札希望者は指名失格となる。

　「適／否」で評価する全ての項目で適となった入札希望者について、点数評価項目の点数で順位を付け、上位の3社～5社を指名する。

> **補記**
>
> 入札者の指名
> 　本工事では、6社が入札指名資格審査用書類を提出した。発注者は審査の結果、3社を指名して入札を行なった。

2.3　入札・契約関係

　本プロジェクトでは、先ず指名審査書類の提出要請（RFQ）に応じて応募した入札希望者から3～5社を指名し、入札書の提出要請（RFP）を発行して、提出された入札書を評価して落札者が決定される。入札書提出要請は、契約書案、入札者への指示書、その他の必要書類等で構成される。以下、入札手続き、入札評価等を記載した入札指示書の概要を紹介する。なお、当然のことながら入札書提出要請書と入札指示書および指名審査書類提出要請書との間には重複する部分が多い。

2.3.1　一般情報

(1) 落札者の決定方法

　落札者は、入札要件を満たし（Responsive）、責任ある（Responsible）入札書の提出者のうち入札評価基準を満たし、かつ発注者に最も高い価値（Best Value）をもたらす入札者に決定する。

(2) 基本計画と参考書類

　入札書は、入札書提出要請書に示された基本計画（Basic Configuration）に基づいたものでなければならない。ただし、入札者が認められた技術提案の対象範囲内で代案として提案し、発注者に認められた場合は、基本計画でなく代案計画に基づいた入札書も受領される。

入札書提出要請書に添付された概略設計図を含む参考書類のうち、基本計画を構成しないものは、入札者が入札書を作成するための参考資料であり、入札者はそれに拘束されるものではない。従って、発注者はこれらの参考資料については精度、妥当性、応用性などについての責任は負わない。

　入札者は入札書を作成し提出する前に自ら概略設計図をチェックして、発注要件を満たすためには訂正が必要か、あるいは望ましいかの判断をしなければならない。すなわち、設計・施工者（受注者）には契約に従い、下記のプロジェクトの目標を達成するために必要な設計と施工を行う責任がある。

補記

参考書類と入札書類の内容

入札内容と参考書類の内容の関係は下表のように整理できる。

発注者が入札者に提示する参考書類の区分		入札書類の内容	備考
基本設計	代替案提出を認めない事項	基本設計に拘束される。	入札者は発注者が作成した参考書類の概略設計図が発注要件に合致するか確認する責任を負う。
	代替案提出を認める事項	基本設計通り、あるいは代案とする。	
一般資料		入札者は入札書を作成する際、一般資料には拘束されない。	

---

(3) プロジェクトの目標

① 設計と工事の品質について
　・工期と予算の範囲内で完成すること。
　・設計と工事の技術的品質を規定の基準以上とすること、並びに全ての品質保証と品質管理要件が満たされたものにすること。

② 環境対策
　・設計と施工の全過程で環境への影響を避けるか最小限に止めること。
　・プロジェクトが湿地帯に影響を与える前に、環境対策を開始すること。

③ 交通管理
　・効率的な段階施工で工事に伴う公衆の不便を最小に、安全を最大にする

こと。
・完成部分の新設車線で供用が可能区間をでき限り早急に、一般交通に開放すること。
④ 広報と地域参加
・設計および工事期間中、地域住民の支援を得る努力をすること。

(4) 入札契約の予定日程

入札公示に引き続き、入札希望者から資格審査をして入札者の指名をした後の、入札契約工程は次の**表3－14**による。

表3－14　入札契約の予定日程

事　項	日　程
入札提出要請（draft RFP）書案の発行	2005年3月22日
入札提出要請書案について法令に基づく会議	4月11日
入札提出要請書案について1対1の会議	4月12日～5月13日
入札提出要請書（RFP）の発行	5月16日
指名入札者のうち希望者との会議	5月17日～6月1日
入札者からの追加ボーリングの要請	6月1日
技術的代案の提出期限	6月15日
追加ボーリング結果の配布	6月22日
入札者からの質問提出期限	6月30日
入札書提出期限	8月15日
落札予定者の発表	9月1日
工事着手通知	9月15日

(5) 発注者によるプロジェクト積算額と契約上限額

発注者の積算額（Engineer's estimate）は当初3,500万ドル（約42億円）であったが最終的には、4,000万ドル（約48億円）に修正された。なお、本プロジェクトの入札では、発注者の積算額に請負業者に転嫁した建設コストリスクなどを加算した金額「契約上限額（Upset Amount）」が設定され、契

約上限額を超える入札は失格とされた。

2.3.2 入札手続き

(1) 入札者による入札書提出要請書のチェック責任

入札者は必要に応じて以下のことをする責務がある。

① 入札書提出要請書に添付される全ての書類（入札参考資料等）を十分に注意してチェックすること。なお、書類には、全ての追加、補足、訂正、および説明書も含まれる。

② 入札書類の中の食違い、欠陥、不明瞭、間違い、欠落あるいは入札者が理解出来ない事項についての説明を書面で要求すること。

③ プロジェクトの内容、および受注後の工事に影響する環境および条件について自ら調査を実施して熟知すること。プロジェクト、およびプロジェクトの現場と環境に関して、発注者による調査不足が原因で発生するリスクであっても、そのリスクは全て入札者が負う。

補記

入札参考資料等の責任

入札者には、発注者が提示する入札参考資料の内容を確認・チェックする義務があり、もし、参考資料などに間違い、欠陥等があり工事に欠陥が生じた場合、その責任は請負業者が負うことになる。

---

(2) 入札者からの質問への対応

発注者は、入札者からの質問にはEメールで返事をするとともに、発注者のウエッブサイトに質問と回答を掲載する。ただし、発注者は代案（Alternative Technical Concepts ATC）に関する質問については守秘義務の視点から質問者と1対1の連絡（Communication）をする。

発注者と入札者間の質疑応答は契約書の一部にはならない。ただし、質疑応答の結果、発注者は必要に応じて、入札提出要請書の内容を変更することがある。

(3) 地質に関する参考資料

発注者が地質調査を実施して、その結果を入札者の参考のため「地質基礎データ報告書（Geotechnical Baseline Report）」として入札書提出要請書に添付する。ただし、同報告書の分析および活用は入札者の責任で行う。同報告書は必ずしも完全なものではなく、入札者は追加の地質調査が必要かどうかの判断をしなければならない。

　入札者は追加調査が必要と判断した場合、発注者に発注者の費用で追加調査の実施を要請することが出来る。要請には調査場所、深度、現地でのテスト項目などを付けなければならない。要請を受けた発注者はできる限り要請に応える努力をしなければならない。追加調査の結果は全ての入札者に渡される。なお、入札者は費用を自己負担で地質調査をすることができる。落札後に設計あるいは工事のため必要となった追加調査は、受注者が行わなければならない。

(4) 技術代案
　① 技術代案の取り扱い

　　　入札者は、入札書提出要請書に示された基本計画、あるいは契約条件を修正した代案（ATC）を提出することができる。基本計画、あるいは契約条件から乖離する代案を受け入れるかどうかは発注者の判断による。なお、入札者は代案が認められたとき、発注者が基本計画あるいは契約条件からの乖離を他の入札者にも認めることを承諾する旨の書面を代案に添付しなければならない。

　　　発注者が受け入れる可能性が高い技術代案とは、プロジェクトの目標に合致するもので、
・効率の向上、新技術の導入、耐久性の向上、工期の短縮
・品質あるいは走行速度の向上により道路利用者の利便向上
が期待されるものである。なお、入札者は技術代案が他の類似プロジェクトで成功した事例を示すか、技術代案の効果が期待されることを立証しなければならない。

　　　発注者は、審査、評価のための時間と費用が大幅に増大し、技術代案による効果が相殺されるものは検討の対象にしない。
　② 技術代案の事前提出

最終の技術代案は入札書の提出期限前で、発注者が設定する日までに提出しなければならない。代案には以下の項目を含めなければならない。
・内容記述：代案の詳細記述と構造概略図、仕様書、交通処理解析など。
・代案の活用法：プロジェクトで代案を活用する場所と活用方法。
・乖離：代案と異なる入札書提出要請書の入札条件の記述。乖離の内容と乖離の承認要請。
・分析：乖離の必要性と妥当性。
・影響：代案を実施した場合、走行車両、環境、周辺地域、安全、耐久性とライフ・サイクル・コストに及ぼす影響予測。
・施設移転：代案の採用で必要となる施設移転についての記述。
・代案実績：過去に代案を用いたプロジェクトの詳細と代案の効果並びに問合わせ先。
・リスク：代案に伴うリスク。
・コスト：代案を実施するため発注者および受注者に必要となる費用見積り。
・便益：代案が承認され実施された場合のコスト節減および付加価値の増大。
・目標：代案がどの様にしてプロジェクト目標の達成に貢献するかの記述。

③　発注者による代案の審査
　発注者は必要があるとき、代案に関する追加資料の要請、および提案者との１対１の会議をすることがある。発注者は必要な資料を受領した後10日以内に以下についての決定をする。
・代案を承認する。
・代案を承認しない。
・提出された代案をそのままでは承認しないが、修正、疑問点が解消された場合に承認する可能性がある。
・提出されたものは、代案と認めないが入札書の一部としては認める。
　入札者は承認された代案の一部あるいは全部を入札書に組み入れることが出来る。条件付きで承認された場合、入札者は条件を満たす代案を再提出して発注者に承認されるまで、代案を入札書に入れてはならない。

(5) 入札者の構成員の変更

　　入札者が指名審査のために提出した、入札者の組織形態の変更、契約履行チームおよび主要管理者の追加または除外をしたい場合、発注者の承認を得なければならない。その場合、入札者は変更が当初の契約履行チームおよび主要管理者と同等かそれ以上になるものであることを書面にして提出しなければならない。

(6) 落札者の決定

　　落札者は入札書の提出期限後、90日以内に決定する。ただし、入札評価で最高の評価を得た入札者と発注者が合意したときは、その期日を延期することが出来る。

(7) 保証ボンド
① 入札保証と契約保証

　　入札者は入札保証として、入札金額の5％の入札ボンド（手形、現金でも良い）を提出しなければならない。さらに、入札書にはボンド保証会社が、入札金額の100％に相当する履行保証ボンド、支払保証ボンド、および発注者が指定する金額の品質保証ボンドを発行するという約束書を添付しなければならない。

　　（注：入札指名審査段階では入札額が未定なために、履行および支払ボンドの保証額は発注者の見積金額（Engineer's Estimate）の100％とされている。入札保証額は同5％である）。

② 保証ボンドの取り扱い

　　発注者が、提出された全ての入札書の内容を確認して、詳細な審査をするに値しないとした入札者の保証はその時点で返却される。発注者は、その他の入札者の保証は契約が締結されるまで保持し、契約締結後に非落札者の保証を返却する。

2.3.3 入札書の内容

　入札指示書は、入札書（技術提案書と価格提案書）に関して以下の事項を規定している。

① 提出の日時と場所
② 入札書の内容（入札書に記載する項目）
③ 入札書の項目別のページ数制限など
　　入札書は大別して次の六つの項で構成することになっている。
　第1項　入札適否の判定情報
　第2項　設計と工事の品質
　第3項　工事中の交通管理
　第4項　環境要件の遵守と改善
　第5項　広報と地域住民参加
　第6項　価格提案

各項ごとに提出する書類が定められている。入札者間で書類の紙数が大幅に変わる可能性のある提出物には、枚数の制限が付けられている。また、提出書類には、適否のみで評価するものと、点数を付けて評価するものがあり、点数で評価される提出書類には最高評価点数が明示されている（表3－15「入札書での提出書類と審査・評価点」を参照）。

2.3.4　入札書の評価と必要最低評価点

入札書の評価としては、先ず入札書の第1項として提出された情報に基づいて入札者としての適否の判断を行う。次いで第2項から第5項の提案については点数で評価をする。落札者は各提案の評価点の合計（合計評価点）を入札価格で除し、最高値を得た入札者とする。なお、合計評価点は1,000点が満点であるが、700点未満の入札は失格とされる。

(1)　入札適否の判定情報

　　第1項の入札適否の評価は、提出された各種の書類が入札条件を満たした適切なものであるか否の判断で行われ、一つの書類でも不適切とされた入札書は、それ以降の評価作業の対象にならない、すなわち失格となる。

(2)　設計と工事の品質

　　設計と工事の品質は、主要技術者、プロジェクト管理方法、品質管理方法、設計・施工技術提案書の4項目について評価される。

① 主要技術者の評価

評価対象となる主要技術者は下記のレベルAとレベルBの者である。

主要技術者の評価は2段階で行う。第1段階は最低限の資格要件と免許取得要件を満たしているかの確認である。確認結果は「適／否」で記録され、誰か1人でも「否」と判断された入札者は失格となる。第2段階では技術力に関する学歴、研修、資格と経験について、下記の要件をベースにして評価する（表3－15を参照）。

（レベルA）

・プロジェクト・マネージャー

プロジェクトの総括責任者、常勤、7年（出来れば10年）以上の経験

・工事マネージャー

構造物、道路本体、維持の責任者、常勤、道路建設と品質管理に7年（出来れば10年）以上の経験。プロジェクト・マネージャーが兼務しても良い

・工事品質マネージャー

出来形の検査、品質管理計画、品質テストの監督等の責任者、6年（出来れば10年）以上の経験

・設計マネージャー

設計全般の責任者、設計時は常勤、PE（プロフェッショナル・エンジニア）10年以上の経験

・環境保全マネージャー

設計チームとともに、設計図をチェックし、環境影響の回避または最小化の助言をする。設計と工事の経験を有する者1人か、設計経験者1人と工事経験者1人の組み合わせとする。5年（出来れば10年）以上の経験。当該プロジェクトに特有の環境問題の経験を有すること

（レベルB）

・交通技術マネージャー

信号、照明、標識、作業現場等の設計に対する責任者、PE5年以上の経験

・設計品質マネージャー

設計の品質管理計画の作成、設計管理計画の遵守確認、PE10年以上

表3-15 入札書での提出書類と審査・評価点

第1項　入札の適否判定情報	制限枚数	評価	
入札要約書	10枚	適、否	
設計・施工入札書の提出書と署名	無し	適、否	
入札関係者に関する情報 　入札者、保証人、主要下請業者（土工、構造物） 　下請コンサル、全工事の20％以上の下請業者	無し	適、否	
エスクロウ合意書	無し	適、否	
公益施設移転費除外確認書	無し	適、否	
全体および個別の責任確認書	無し	適、否	
保証確認書	無し	適、否	
代表権限証明書	無し	適、否	
情報および現場の確認書	無し	適、否	
指名審査書類からの変更確認書	無し	適、否	
主要スタッフの変更確認書	無し	適、否	
道路用地に関する確認書	無し	適、否	
入札書作成費に対する報酬に関する合意書	無し	適、否	
下請業者リスト	無し	適、否	
第2項　設計と施工の品質	50枚	550	内訳
主要技術者（レベルA、レベルB）			50
プロジェクトの管理方法			150
品質管理方法			150
概略工程計画			50
設計・施工に関する技術提案書			150
第3項　交通管理	25枚	150	
交通管理計画図案			75
段階施工と交通管理計画			50
道路閉鎖計画			25
第4項　環境の保全と改善策	20枚	250	
環境保全			100
環境改善策			150
第5項　広報と地域住民参加	10枚	50	50
合計技術評価点		1,000	1,000
		700点未満失格	
第6項　価格提案			
入札額		契約上限額以上の入札は失格（下記の注を参照）	
入札ボンド		適、否	
保証会社の履行、支払、品質保証ボンド発行約束書		適、否	
入札総合評価		合計技術評価点 入札価格	

注：契約上限額（Upset Amount）は、発注者が本工事で予定している最大オファー額である。契約上限額には、発注者の建設コスト見積と、請負業者に転嫁するリスクコストなどが含まれる。契約上限額は入札評価上、日本の予定価格に似た性質を持つ。

　　　　の経験
　　　・広報担当者
　②　プロジェクト管理手法の評価
　　　入札者はプロジェクト・チームがどの様にしてプロジェクトの目標を達成するかの管理方法を提示する。プロジェクト管理手法は技術仕様書で規定されているプロジェクト管理計画を要約してまとめる。手法には以下の図表と説明文を含める。なお、評価時における項目の重要度は下記の記述順による。
　　(ｱ)　下記の項目を含む組織図
　　　・基本的な組織構成と夫々の役割および責任分担
　　　・設計、工事および環境チームと各マネージャーとの協調体制
　　　・主要管理者の任務
　　(ｲ)　説明文では、入札者がプロジェクト管理、設計、工事、維持および品質管理業務間の相互連携をどの様にして管理するかを、少なくとも以下の項目に留意しで示さなければならない。
　　　・発注者の担当チームとの連絡
　　　・隣接プロジェクトとの調整
　　　・入札者チーム内での連絡体制。すなわち、意思決定手続きと決定者、作業中断権の所在、設計、工事、環境チーム間の調整
　　(ｳ)　施工性の検討
　　(ｴ)　以下の項目を含む設計完了後の作業
　　　・施工図面の作成と審査手続き
　　(ｵ)　品質管理手法とプロジェクト管理手法との相互関係
　　(ｶ)　プロジェクト管理と環境保全との相互関係
　③　品質管理手法の評価
　　　品質管理手法には、品質管理計画の主要項目について記述する。評価は記述された各項目について行う。項目の重要度は下記の記述の順番に従う。
　　(ｱ)　設計を如何にして契約の意図と発注者の期待を満したものにするかを記述する。その中では間接的監督、チェック、設計の30、60、90％の進捗段階での提出など、発注者の関与をどの様な方法で、どの程度期待するかについても記述する。

(イ) 難しい環境と短い工期の下で、どの様にして品質を確保するかの戦略を記述する。特に、発注者が受取り拒否をする必要がないようにするため、材料の確認と抜取り検査による品質確保手順を詳細に記述する。
(ウ) 発注者から品質も含め、受取りが拒否された場合、発注者との調整方法を記述する。
(エ) 設計と工事に関する主要な提出物の内容を保証する手順（フローチャート）を提出する。
(オ) 設計者と工事施工者間の調整方法を記述する。
(カ) 工事中に設計者あるいは現場の都合で設計図を変更/修正する場合の連絡方法を記述する。
(キ) 入札者は、契約図書と相違する事態が発生した時の対処策、および契約書に反する工事を過失により隠蔽することを防止する方策を記述する。
(ク) 契約要件違反の有無の追跡方法、違反の解決手順の策定方法、および違反の修正方法とその結果の検査方法を記述する。
(ケ) 発注者か入札者のどちらが気付くかに関わらず、重大かつ構造的な契約違反が発生した時、あるいは発生する可能性が分かった時、入札者がどの様な修正あるいは防止策をとるかの記述をする。

④ 概略工程計画の評価

概略工程計画は、仕様書で規定された詳細工程計画の作成の基礎となるものである。工程計画には少なくとも次の期日を記載しなければならない。
(ア) 設計の主要作業の着手と終了期日
(イ) 湿地対策地帯ごとの盛土工事の着手と終了期日
(ウ) 湿地対策地帯ごとの植栽工事の着手と終了期日
(エ) 遮音壁工事の着手と終了期日
(オ) 段階施工と交通管理計画に示した各工種の着手と終了期日

なお、如何なる場合でも全工事の完了期日は2007年12月31日以降であってはならない。

概略工程計画の評価では、全体工程が最短なのもの、最短でなくても工事期間中に一般交通利用者への影響が少ないもの、隣接工事との調整が良く考慮されたものが高い評価を得る。

第3章●デザイン・ビルドの入札事例 —— 133

⑤ 設計・施工に関する技術提案書の評価

入札者は、技術提案書に発注者が提示した基本計画を含めて入札書提出要請書を慎重にチェックしたこと、およびその内容を熟知していることを示す書面を含めること。また、技術提案書の作成に当って必要か、入札者にとって都合が良いためかの理由を問わず、入札者が技術提案を経済的、かつ適切に作成するため現地調査および追加設計を実施し、その結果に基づいて基本計画を変更した場合のコストおよび工程の改善効果を提案書に含めたか、あるいは受注した時にその改善をもたらすために行う調査と追加設計を書面に記載すること。

さらに、技術提案書には下記について発注者の基本計画への変更案、代案、改善案、およびその他の新たな技術手法を記述することができる。
(ア) 環境影響の軽減
(イ) プロジェクト・コストの軽減
(ウ) 工期の短縮
(エ) 道路利用者への影響軽減
(オ) 入札提出要請書に示された入札要件の改善

下記は新技術手法の一例である。
(ア) 排水設計の改善
・排水処理水準および浸透の向上
・貯水池の容量縮小など雨水排水施設のライフ・サイクル・コストの縮減
(イ) 橋梁取付け道路および街路116号の立体橋梁の設計と工事
・工期の短縮
・道路利用者への影響軽減
・本線とランプの線形改善
・隣接道路工事との調整向上
・入札書提出要請書に示された幅員以上の橋梁幅員の提案
(ウ) 沿道地域への影響軽減
・高原森林あるいは環境影響範囲を軽減をする道路工事区域の調整
・沿道住民への工事騒音を軽減するため、工事着手前に本体構造の遮音壁の建設

(エ)　線形改善
　　・街路85号へのオフランプと街路116号からのオンランプの立体交差の線形改善

(3)　工事中の交通管理
　市民の信用と地方自治体の支持を得るためには、工事中の交通確保のため優れた計画を策定して実行する必要がある。従って、以下の利便をもたらす提案を高く評価する。
① 道路利用者と建設労働者の安全を確保し、交通流を最大に、公衆への影響を最小にする。
② 隣接工事との調整を図り、プロジェクト周辺地域内の交通への障害をもたらさないもの。
③ Ⅰ-405の新設車線工事で部分完成区間を一般交通に開放することにより、利用者に利便をもたらすもの。
⑤ Ⅰ-405の本線、ランプ、および接続街路の全面閉鎖の回数、影響を軽減するもの。

(4)　環境要件の遵守と改善
　本プロジェクトには、環境資源の増進と既存道路による環境悪化の改善に貢献することが期待されていることから環境改善、湿地への影響を及ぼす工事期間の短縮、環境保全要件の遵守に繋がる新技術を活用する技術提案を高く評価する。
① 環境保全要件の遵守
　　技術提案で環境保全計画の概要を示さなければならない。概要には環境に関わる許可要件を満たすために実施する具体的な計画と手段を記述する。特に以下の点を強調すること。
　・環境に関する情報の連絡体制
　・環境要件の遵守戦略
　・環境保全研修
　　発注者は、以下の事項を評価する。
　・重要な環境上の問題点のまとめ

第3章●デザイン・ビルドの入札事例 —— 135

・設計と工事担当者、品質確保担当者、下請業者等に対する研修の程度
　・環境保全要件の遵守状況のモニタリングと報告の手続き
② 環境改善のための新技術
　下記事項への提案。
　・魚道に対する代案
　　　発注者の評価は、良い、非常によい、優秀という形容詞で行う。
　・湿地対策工事の早期完成工程
　　　発注者の評価は、良い、非常によい、優秀という形容詞で行う。
　・水中工事による影響の回避・軽減策
　　　水中工事の回避、あるいは水中工事の影響を最小化する工程計画、段階施工、あるいは工法を高く評価する。

(5) 広報と地域参加

技術提案で、下記の事項を含む、包括的な広報および地域住民参加方法を記述する。
　① 入札者の全体管理計画での広報の意義と必要性に関する考え方
　② 関係者が工事を工期内に完成するために果たすべき任務、責任、役割を理解するための計画策定会の設置方法
　③ 関係者が設計変更、工事影響を処理するために必要な情報の提供方法
　④ 以下に関する情報の伝え方
　　　プロジェクトの実施により道路利用者が享受する利便、沿道家屋の環境影響と対策および道路閉鎖を伴う工事工程の変更。

(6) 価格提案

価格提案としては、入札価格（ランプサム）と工種別内訳書（Schedule of Values）、および入札ボンドを提出する。**表3－16**は工種別内訳書の例である。

表3-16 入札金額の工種別内訳書の例

番号	工　種	単位	入札額比率	金　額
1	準備工	L.S	％	$
2	現道交通管理	L.S	％	$
3	侵食・沈砂対策	L.S	％	$
4	土工	L.S	％	$
5	舗装	L.S	％	$
6	排水工	L.S	％	$
7	構造物	L.S	％	$
8	標識、信号、照明等	L.S	％	$
9	擁壁	L.S	％	$
10	修景	L.S	％	$
11	遮音壁	L.S	％	$
12	環境（湿地対策等）	L.S	％	$
13	公益施設移転等	L.S	％	$
14	工事監理（品質等）	L.S	％	$
15	専門家費用（設計・広報等）	L.S	％	$
	合　　計		％	$

2.3.5 落札者の決定

(1) 総合評価方式

　落札者は、総合評価方式で決定する。すなわち、入札書の「合計技術評価点」を「入札価格（ドル）」で除した値が最大となる入札者を落札者とする。この除算方式は連邦道路庁のガイドラインで決められている方式である。

　注1：発注者によっては「入札価格」を「合計技術評価点」で除し、その値が最小の入札者に落札する場合がある。
　　2：本入札では、日本の予定価格制度と同様に、入札前に発注者が設定した契約上限額（Engineer's Estimateに発注者が請負業者に転嫁したリスクコストを加えた額）より高い金額の入札者は落札者になれない規定になっている。

(2) 入札結果

ワシントン州交通局が発注した本プロジェクトの入札結果は下記の**表3－17**の通りである。

表3－17　入札結果

入札者	合計技術評価点（A）（表3－15参照）	入札価格（B）（単位：$）	総合評価点（A×10^7／B）	備考
X社	779	56,000,004.00	—	失格
Y社	846	47,500,004.00	178.1052	落札
Z社	862	49,600,000.00	167.7419	

注：発注者の工事見積額（Engineer's Estimate）：$ 40,000,000
　　発注者の契約上限額（Upset Amount）　　：$ 50,000,000
　　合計技術評価点は1,000点満点で評価された（評価点が700点未満の場合は失格）。
　　入札者X社の入札価格は契約上限額を超えているので落札失格となった。

2.3.6　入札報酬の支払い

(1)　入札報酬の支払い理由

　本プロジェクトはデザイン・ビルド方式で契約されるため、入札者の入札書作成費用が従来の設計完了後の入札に比べ大幅に増大し、入札者の負担が大きくなる。その結果、入札希望者が減り適正数の入札者による競争が実現しない恐れがあることから、発注者は入札者のうち非落札者に、入札費用の一部相当額を入札の報酬（Stipend）という形でして支払うことにしている。

　入札報酬は発注者が入札者と、一定の条件の下で責任ある入札書を作成し提出をするという一種のサービス提供業務に関する「入札報酬支払い合意書（Stipend Agreement）」を入札前に締結し、落札者が決定した後に支払われる。

(2)　入札報酬支払い合意書の主な条項

①　本入札者は入札書提出資格を有し、入札書の提出を希望する者（入札指名業者）である。

②　発注者は入札提出要請書で、入札者に所定の期日までに「入札報酬支払い合意書」に署名して提出することを要求する。

③　発注者と入札者は以下の通り合意する。
　a）合意に基づく入札書作成とその所有権
　　　発注者は入札者に報酬を支払い、入札提出要請書に従い責任ある入札書の作成を求める。責任ある入札書[注]とは入札資格があるとして指名された業者が提出する入札書で、入札提出要請書に記された全ての要件を満たし、指定期限までに提出されたものである。
　　　注：入札書の評価で最低限度の評価点（本入札では1,000点満点で700点）未満の入札書は責任ある入札書と見なされない。

　　　入札提出要請書のエスクロウド書類（Escrowed Proposal Documents: EPD）に関する規定に従って、入札者およびそのチームメンバーが行った全ての作業は、本合意による反対給付と見なし（considered work for hire）、作業による成果品は発注者の所有物とし、発注者はそれらの成果品を制限を受けることなく自由に使用できるものとする[注]。また、如何なる入札者やチームメンバーも本合意書で作成された成果物を複製してはならない。
　　　注：発注者は契約締結後、非落札者で入札報酬を受取った入札者の入札書の内容を、発注者が発注する全てのプロジェクトの落札者に開示し活用させることができる。

　b）本合意書の有効期間
　　　本合意書は、（本デザイン・ビルド工事の）契約締結日、あるいは本合意書の締結後1年後の何れかの早い時期まで有効とする。
　c）報酬の支払
　　1）作業への報酬（入札報酬）は10万ドル（約1,200万円）とする。
　　2）（本デザイン・ビルド工事の）受注者は報酬を受けられない。
　　3）発注者の報酬支払義務は、発注者が成果物を受領し、その内容を承認した後に発生し、支払は入札者から請求書を受領した後、（本デザイン・ビルド工事の）契約締結後45日以内に行う。入札者は支払請求書に本合意書の条件に同意する書面を添付する。
　　4）入札書は発注者が報酬の支払い条件となっている責任あるものと認めたもので、所定の期日までに提出されなければならない。

> **補記**
>
> 発注者による入札書作成費の一部負担
> 　米国においても、デザイン・ビルド方式で発注者が入札書作成費の全額を負担する例はない。負担する場合でも実費の一部に相当する額で、実費に係わらず一定額である（第5章の「2.6　技術提案書の作成費の支払」を参照）。

2.3.7　エスクロウド条項

　入札者は、価格提案の入札額を算定するために用いた諸条件に関する情報、計算書など入札価格の算定根拠となった全ての書類を取りまとめ、将来、発注者が必要と認める時に、入札者（請負業者）とともに参照できる様に、封印してエスクロウド入札資料（Escrowed Proposal Documents：EPD、またはEscrowed Bid Documents とも言う）として提出しなければならない。EPDには工事内容の確定、および入札提出要請書で求められた要件を満たしていることの確認に関する情報も含める。EPDには入札書に名前が出る下請業者、および入札書の作成に用いたデータを提供し、契約後に下請業者になる可能性のある業者からの情報も含めなければならない。EPDは紙面で提出するが、出来れば電子コピーでも提出する（注：巻末の参考資料Ⅱの「1.3　エスクロウド入札資料」を参照）。

　入札者はEPDとともに、入札者に入札書の提出権限を委任された個人が、EPDが正確なものであることを確認、署名した宣誓供述書を提出しなければならない。また、宣誓供述書にはEPDに含まれている全ての情報の一覧表を付けるものとする。

注：EPDは、契約締結後、発注者と請負業者の間で契約変更の必要性あるいは変更内容を巡って協議をする際に、請負業者が如何なる条件（仮定）で入札書を作成したかを確認するために利用される。

　全ての入札者は、入札書提出締め切り日から3日目の午後4時以前に、EPDを施錠したキャビネットに入れて所定の場所で発注者に提出するものとする。キャビネットの鍵は、入札者と発注者の代表のみが所有する。非落札者のEPDは、契約締結後に返却するものとする。

注：落札者のみにEPDを求める発注機関もある。

第3節　英国道路庁の例

　下記は、英国道路庁がデザイン・ビルド方式で道路工事を発注する際の、標準的な入札・契約の手順と方法である。

3.1　一般事項
　請負業者の選定は下記の手順を経る公募指名競争入札で行われる。
① 　入札の公示（新聞、専門誌、EU官報などに掲載）
② 　入札希望者の関心表明と資格審査
③ 　入札業者の指名（4社を指名）
④ 　入札案内（設計要件、契約条件を添付）
⑤ 　入札書の作成　（技術提案（Technical Bid）と価格提案（Price Bid））
⑥ 　入札書の評価　（加算方式の総合評価）
⑦ 　落札者の決定
⑧ 　契約締結

3.2　入札資格関係
(1)　入札の公示
　　公示される内容はプロジェクト名、施工場所、工期、道路延長、工事概要、構造物の数、概算工事費、関心表明に添付する資料、提出期限などである（EU官報の場合A4で2ページ程度）。

(2)　関心表明と資格審査
　　入札および契約の締結が認められるのは道路庁に登録した業者のみである。登録は、工種（土木、建築、通信、電気照明の4分類）と1件当りの入札限度額に区分して行われる。ただし、登録は常時受け付けられており、未登録者でもプロジェクトへの関心表明の際に、会社の財務力と技術力を示す資料を提出し、道路庁の審査で有資格者と認められれば登録業者として扱われる。事前に登録されている業者は改めて財務と技術力の審査を受ける必要はない。なお、道路庁の登録業者リストは随時変更されるとともに、2年ご

とに全面的に見直しされる。
　未登録者が関心表明をする際に提出すべき資料は、
① 　財務力関連：下記のどれか一つまたは複数
　・銀行が発行する証明書
　・会社のバランスシートまたはその抜粋
　・過去3年間の会社全体と建設工事部門の売上高
② 　技術力関連：下記のどれか一つまたは複数
　・幹部社員、特に工事の責任者になる社員の学歴、資格
　・過去5年間の工事実績（契約額、時期、工事現場名）
　・過去3年間の年平均の社員と幹部社員の数
　・品質管理基準
　・保健と安全管理方針
　事前の登録、未登録に関わらず全ての入札希望者は以下の資料を提出する必要がある。
① 　当該プロジェクトの請負業者として相応しいと考えた理由（A4で12枚以内）
② 　工事で管理および監督の任に就く予定の社員の技術力を記述した書類
③ 　工事に活用できる器具、プラント、建設機械
④ 　契約を管理する予定の事務所の位置
⑤ 　設計を外注するコンサルタントの会社名（入札の関心表明時に決定していない場合には、道路庁に登録されているコンサルタントの中から2～3社を選出して提出することができる）。

3.3　入札・契約関係
3.3.1　入札案内
(1)　入札指名
　従来方式の入札では、通常、6社を指名するが、デザイン・ビルド方式では、入札コストが高くなるため、道路庁は入札者の負担の軽減と、競争メリットという二律背反のバランスを考え、指名業者数を4社にしている。なお、発注者は入札者の入札コストを一切負担しない。
注：発注者が入札費用の一部あるいは全部を負担するか否かは、実際の入札者の

数が競争原理の効果が出る数になるかどうかによって決めるべきであるとの意見もある。

個別プロジェクトでの入札業者の指名は、関心表明の際提出される資料、道路庁が有する過去の発注工事の受注回数と出来映えに関する資料および現在の手持ち工事量を考慮して行う。なお、指名業者名は入札前に公表されない。発注者は、指名された会社に下記の趣旨を記した入札案内状を送付する。

> 「貴社は、本デザイン・ビルド方式の入札に参加したい旨の意思表示をされていますが、この程貴社を指名しましたので、別途発送した契約関係書類に基づき入札書を提出されるよう通知します。入札書は、入札指示書（Instruction for Tendering）に従って作成して〇〇日の正午までに提出すこと。なお、発注者は入札者に一切の入札費用を負担しない」

入札者には、入札指示書のうち特に、本プロジェクトの入札書についての討議および説明のために開催する入札前と入札後のミーテイングへの参加、および入札書の評価に関する条項に留意すること、および落札した入札者は契約書に定められたリスクを負わなければならないことを承知することが求められる。

発注者は、必ずしも最低価格の入札者を落札者とはせず、技術提案と価格提案を総合的に判断して発注者にとって最も経済的に有利な提案をした者とする（後述の**3.3.3**「入札書の評価」および**3.3.4**「落札者の決定」を参照）。また、発注者は入札を途中で打切る権利を有する。

(2) 入札指示書

入札指示書には、デザイン・ビルド契約の特徴、入札で提出すべき書類、入札書の作成および提出方法などが記載されている。入札書の作成に当っては、特に発注要件（Employer's Requirements）として発注者が設計および工事の品質に関して定める最低技術レベルに留意する必要がある。

(3) 入札の設計要件と参考設計

① 設計の発注要件

入札者が入札の際提出する設計、および請負業者が契約締結後作成する

詳細設計並びに工事方法は入札指示書で示される発注要件を満たすものでなければならない。発注要件は通常、一般、道路、構造物、植栽、道路占用者、安全監査、品質保証、保健と安全、環境などの項目別に示されている。以下は主な項目の概要である。

② 一般要件と参考設計

　一般要件には、入札の対象プロジェクトに適用する設計基準、仕様書、規定等が指定される。例えば、"道路と橋梁設計マニュアル"、"道路工事仕様書"、"道路工事指針"である。また、プロジェクトの路線・関連道路承認書、土地収用許可、事業区域図、環境影響評価書など法令に基づく手続きの結果の書類も添付される。更に、個別プロジェクトに固有の設計条件を示す下記の3種類の図面が添付される。

a）絶対要件図（Mandatory Drawings）
b）参考設計図（Illustrative Drawings）
c）情報提供図（Informatory Drawings）

・絶対要件図

　工事の基本的条件を示す図面で、現場へのアクセス、現場の境界線、道路線形、修景、レンガ仕上げ、通信施設、機械と電気設備などが含まれる。これらは必ず入札の技術提案書に組み込む必要がある。

・参考設計図

　発注者が発注要件を満たす設計の例として作成した設計図で、発注要件を明確にするためと、入札者の参考の用に供することを目的に、指名業者に渡される。発注者が入札者に提供する図面の多くがこの範疇に属する。参考図には、道路舗装、歩道、交通標識、照明、橋梁、トンネル、擁壁構造、施工順序図、補償工事、安全柵、排水、土工事などに関するものが含まれる。入札者は参考設計図をそのまま、あるいは部分的に修正して活用しても良い。ただし、何れの場合でも、入札者は自ら参考設計図が発注要件を満たすことを確認する責任がある。また、当然、発注要件を満たす限り参考設計図と全く異った新しい設計をしてもよい。

・情報提供図

　入札者が入札書を作成する際に参考になるであろう情報を提供する

図面で地形測量図、交通流などがある。入札者はこれらの図面の精度を自ら確認する必要がある。

> **補記**
> 発注者が提供する参考設計図、情報提供図であっても入札者が利用する際には、その内容および精度をチェックする責任を負うことになっている。

③ 道路に関する要件

道路に関しては以下の項目について、設計、施工の条件が示される。

- 道路の基本条件（平面図　縮尺1：1000）、縦断図、横断図、歩道、交差点の形式、環境対策、公聴会での約束事項など）
- 排水（路面水の放流地点と経路、設計雨量など）
- 舗装（供用開始時の交通量、設計寿命40年、既設舗装部は20年）
- 縁石、歩道、自転車道、退避所、バスベイ（設置位置、寸法）
- 交通標識、信号機、路面標識（適用規定あるいは基準）
- 道路照明
- 通信施設
- 補償工事

④ 構造物に関する要件

道路構造物は分類0、分類1、分類2および分類3に区分され、設計の審査方法が異なる。

- 分類0の構造物は、以下の何れかに該当する小規模な単独構造物
  a）スパン10m以下の単径間構造物
  b）土被り1m以上で、クリアランス、あるいは直径3m以下の埋設構造物、多径間で全体の長さが5m以下の埋設構造物
  c）高さ3m以下の擁壁
  d）高さ3m以下の遮音壁
- 分類1の構造物は、以下の何れかに該当する単純かつ単独構造物
  a）遮音壁
  b）高さ7m以下の擁壁
  c）スパン8m以下の埋設コンクリート・ボックスあるいはコルゲート管

d）長さ20m以下、斜角25度以下の単径間構造物
・分類2の構造物は、分類0、1、3以外の構造物
・分類3の構造物は、高度な解析を必要とするもの、非常に複雑な形状、通常の設計が適用できないもの、径間長が50m以上で斜角45度以上のもの、難しい基礎、径間100m以上の橋梁、トンネルなど

　新設構造物については、構造物のリストと建設位置および参考設計（Illustrative Designs）が参考図（Drawings）の形で添付される。既設構造物については、入札案内書に構造物の強度診断結果およびその結果に基づく補修、補強あるいは作り替えの図面を含む報告書が添付される。入札者は添付された設計をそのまま使用することも出来る。また、一部を修正して利用した設計あるいは全く新しい設計を代案（Alternative Designs）として提出することも可能である。ただし何れの場合でも入札者あるいは請負業者が構造物の設計に全責任を負う。

　構造物の設計には、発注者側の同意が必要である。手続きは構造物の区分（分類）ごとに異なる。なお、デザイン・ビルド契約の場合、発注者が入札者あるいは請負業者の設計に同意しても、発注者はその設計に責任を負わない。

3.3.2　入札書

(1)　入札で提出すべき書類

　入札書は"技術提案（品質提案）"と"価格提案"に分けて別々の封筒で提出する。また、入札書類には後述の"入札書類に添付する資料"を付けなければならない（参考設計に対して代案設計を提案する場合は、代案の概念設計（Conceptual Design）を資料として提出する）。

①　技術提案
　・技術提案には下記の資料を添付し、契約への取組み方とその実施方法を記載する
　　a）過去の類似プロジェクトでの経験
　　b）投入可能な資源（人材、資機材）
　　c）工事を経済的かつ工期通りに完成するための特別な工夫
　・修景・構造物の外装を含む環境提案

- ・工事中の交通処理の提案
- ・契約管理工程表、詳細設計の作成と工種別工事の工程表
- ・下記の主要人物の名前、経歴書、専門分野等を付した実施体制組織図
    a）請負業者
        代表者、プロジェクト責任者、現場代理人、副現場代理人、品質管理責任者、工事安全管理者
    b）デザイナー（Designer）
        コンサルタント名、プロジェクト管理者、設計チームのリーダ
    c）チェッカー（Checker）
        コンサルタント名、プロジェクト管理者、チェッカーチームのリーダ
    d）安全確認者（Safety Auditor）
        コンサルタント名、プロジェクト管理者
- ・品質管理、保健と安全および職員研修に関する方針、概略の品質管理計画
- ・下請予定業者とその選定根拠、下請業者の類似プロジェクトでの経験など

② 価格提案
- ・所要事項を記入した入札提出書（中間出来高払い予定表および工種別工事工程表を添付）
- ・その他、発注者が要求する資料
    注：中間出来高払いの額は、工種別の工事工程表に従って実際に完成した部分の工事費である。従って、支払い額を決定するためには契約に際して、全体の工事を工事工程表で表示する単位にブレイクダンして、その単位ごとの金額を発注者と請負業者の間で確認しておく必要があり、デザイン・ビルド契約はランプサムであっても、入札者は、我が国でいう"金額入り工事内訳書"に近い内訳書を提出しなければならない。

(2) 入札書の添付資料

入札者が提出する入札書類には入札書を補足するため、以下の資料を添付する必要がある。

① 入札提出書（Form of Tender）と契約条件書の添付書（Appendix to

Conditions of Contract）
② 発注者が提供した参考設計書類の返却。なお、参考設計に対する代案を提出する場合は、その代案設計について以下の書類を添付する。
  ・参考設計を変更した部分の設計図（平面図の縮尺は1/500）と関連書類（設計承認機関から「原則承認」の署名を得るための申請書（Draft Approval in Principle）を添付）
  ・参考設計との相違点の説明書
  ・段階1の安全確認証明書（第4章第2節2．2．3(3)「安全確認者の役割」を参照）
  ・参考設計を変更したことが環境に与える影響とその対策
  ・参考構造物および代案構造物の各々について、設計承認機関が発行した「原則承認書」
③ 支払い計画と工種別工事工程表
④ 契約履行の全体工程表と詳細設計図の提出予定表
⑤ 主要関係者のリスト
⑥ 保険の詳細
⑦ デザイナー、チェッカー、安全確認者との契約事項と契約条件
⑧ 技術提案を補強する資料
⑨ 保健と安全に関する質問状への回答等

(3) 入札書の作成手順
　道路庁では入札案内から入札の締切りまでの時間を約18週間とし、その間に以下のタイミングで、入札者との打合わせと入札者の設計方針についての許諾を判断することにしている（図3－1入札書の作成手順を参照）。
① 　5週目までに、入札者は発注者の提供する参考設計をそのまま活用するか、部分的に活用するか、あるいは全く新しい提案をするかを発注者に連絡する（後者の二つは代案設計（Alternative Design）の提出と呼ばれている）。
② 　6週目までに、入札者は代案設計を提出する（参考設計をそのまま利用する場合は当然のことながら必要ない）。
③ 　8週目までに、入札者は安全確認・チームのメンバー案を提出する。

図3−1　入札書の作成手順

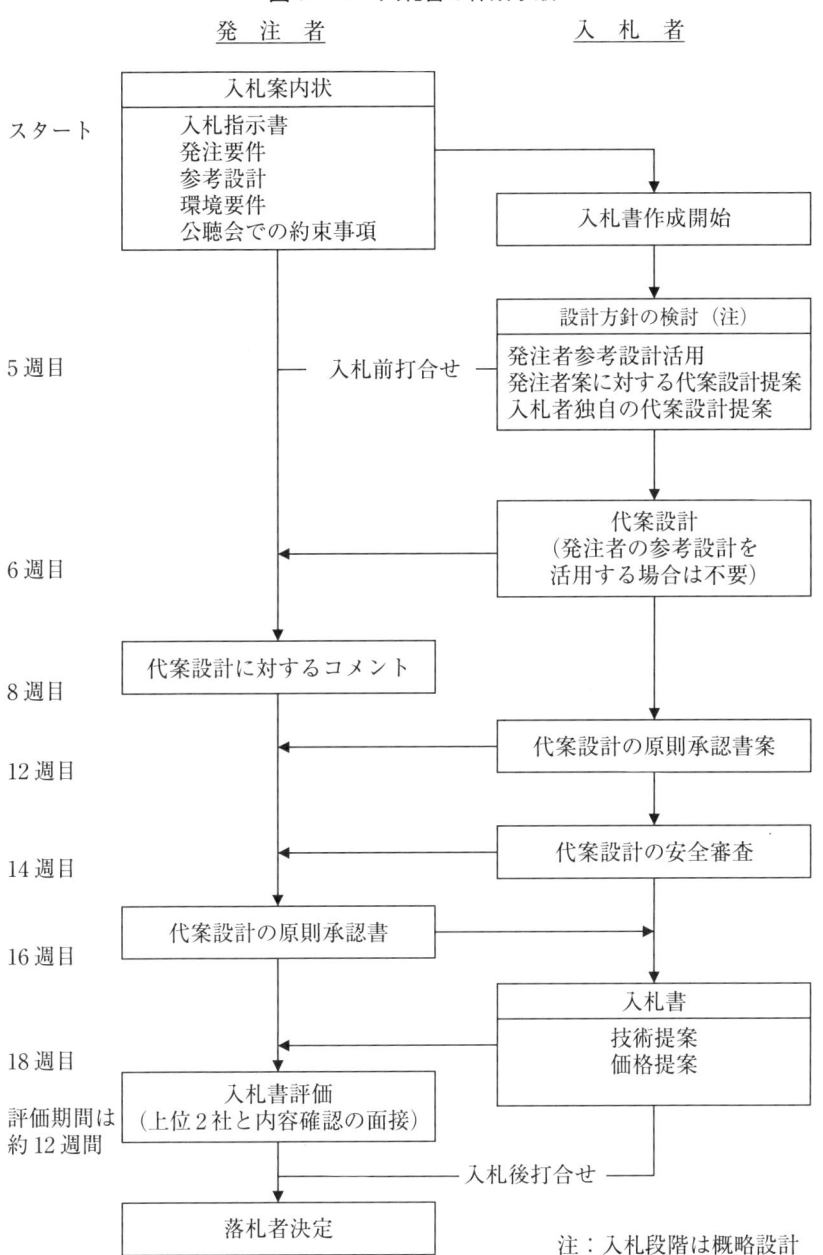

発注者		入札者
入札案内状 　入札指示書 　発注要件 　参考設計 　環境要件 　公聴会での約束事項	スタート	
		入札書作成開始
	5週目　── 入札前打合せ ──	設計方針の検討（注） 　発注者参考設計活用 　発注者案に対する代案設計提案 　入札者独自の代案設計提案
	6週目	代案設計 （発注者の参考設計を活用する場合は不要）
代案設計に対するコメント	8週目	
	12週目	代案設計の原則承認書案
	14週目	代案設計の安全審査
代案設計の原則承認書	16週目	
	18週目 評価期間は 約12週間	入札書 　技術提案 　価格提案
入札書評価 （上位2社と内容確認の面接）	── 入札後打合せ ──	
落札者決定		

注：入札段階は概略設計

第3章●デザイン・ビルドの入札事例 —— 149

④ 8週目までに、発注者側の設計承認機関（注1）は代案設計についての見解を示す。
⑤ 12週目までに、入札者は代案設計について発注者に署名することを求める原則承認申請書を提出する。
⑥ 14週目までに、（参考設計を利用しない）入札者は段階1の安全確認書を提出する（注：**第4章の2.2.3の(3)を参照**）。
⑦ 16週目までに、発注者は代案設計に対して"原則承認書"を出す（注2）。

注1：発注者が指定した機関
 2：原則承認書の無い代案設計は入札書の提出の際、受け付けられない。ただし、原則承認されてもその設計についての責任は入札者が負う。

(4) 入札前の設計打合せと設計承認

　我が国には、デザイン・ビルド契約では請負業者が設計について全ての責任を負うものであり、発注者の求める要件を満たす限り、自由に設計して入札すればよいとの考えがある。しかし、英国では多くの発注者が入札の途中で入札者と設計方針についての打合わせ会を設け、入札者が考えている設計を受け入れられるかどうかの意思表示をしている。これは、入札後に提案された設計を拒否すれば、入札者にとって大きな時間と費用の浪費になるとともに、発注者も契約、工事が遅れるという悪影響を受けるからである。

3.3.3　入札書の評価
(1) 評価手順

　入札順位は、技術提案と価格提案を別々に評価して点数をつけ、両者の重みにより計算して得られる総合評価点の高い順にする。ただし、技術提案の評価を先に行い、一定（最低）点数以下の入札は、無効にして価格提案を開封せずに入札者に返却する。点数の評価をした後、上位2社に内容確認のインタビューをする。ただし、インタビューで価格の交渉をすることは認められていない。入札価格が異常に安い場合、適切な品質が確保できるかどうかの検討が必要になる。特に設計と工事に従事するチームの能力が品質に大きな影響を与えることから、入札価格を下げるために、チームメンバーの質が落ちていないかの検討が行われる。

通常は、総合評価点数の一番高い入札者に特に問題がなければその入札者に落札する。評価結果は、問題点も記入して報告書にまとめる。非落札者から要求があればその理由を説明する。入札書の評価の所要期間は、プロジェクトによって異なるが概ね12週間程度である。

(2) 評価委員会

　入札の評価のため、価格と技術提案を担当する別々の評価委員会を設置する。委員の数は通常3名である。評価作業は発注代理人となるコンサルタントが手助けをする。

(3) 評価基準

　評価基準で以下の事項を定める。
① 技術と価格の重み付け
② 技術の評価項目の決定
③ 項目別の点数配分
④ 入札失格の最低点の決定

　この評価基準は入札・評価の公平性を確保するため、入札案内の段階で入札者に通知する。

　評価基準で特に問題になるのは、技術と価格の重み付けである。これには絶対的なルールはなく、最終的には発注者の主観で判断が下される。一般的には、プロジェクトの内容が前例の少ないもの、あるいは複雑な場合、入札者から斬新な提案が期待できることから技術の重みが高くされる。道路庁はプロジェクトの内容により**表3-18**の様に重みを変えている。

表3-18　プロジェクトの性質と重み付け

プロジェクトの性質	重み（技術：価格）
斬新なプロジェクト	60：40
複雑なプロジェクト	50：50
やや複雑なプロジェクト	25：75
頻繁に行うプロジェクト	20：80

通常のプロジェクトでは20：80の比率が用いられる。

(4) 技術提案の評価項目と点数配分

　技術提案の評価項目および項目間の重みの例を、**表3－19**「技術提案評価表」に示す。また、各項目の評価点の例を、**表3－20**「技術提案評価基準」に示す。技術提案の評価点は、**表3－19**と**表3－20**で計算した計算点を合計して最高点の入札者に相対評価点100点を与え、他の入札者の相対評価点はおのおのの計算点と最高点との比率に100を乗じて得られた数字とする（技術提案の評価点＝100×計算点／最高計算点：**表3－21**を参照）。

　技術提案の相対評価点が一定点（例えば75点）以下の入札、あるいは何れかの評価項目の計算点数が0点の入札、または技術提案の計算評価点が一定点（例えば50点）以下の入札は、失格として価格提案を開封せず入札者に返却される。一定点の設定はプロジェクトごとにプロジェクトの内容、特色などを考慮して主観的に決められる。

注：例えば2社（A、B）が入札し夫々の技術評価の計算点が95点、55点とする。
　　A社の計算評価点95点＞50、相対評価点は95／95×100＝100点＞75、
　　B社の計算評価点55点＞50、相対評価点は55／95×100＝58点＜75
　　となりB社は相対評価点で失格となる。

(5) 入札価格の評価

　最低の入札価格を提案した入札者に100点を与え、他の入札者には、最低価格を1％上回るごとに1点を減じる。

(6) 総合評価点

　技術評価点と入札価格評価点に各々の重み（例えば0.2と0.8）を乗じて得られた点数を合計して総合評価点とする（**表3－21**「入札評価事例」を参照）。

3.3.4　落札者の決定

　総合評価点の高い2社と入札後の打合わせ会議を開催する。打合せ会では主として、提案書の内容の確認、疑問点についての質疑応答を行う。会議で問題がなければ総合評価点が最も高い入札者が落札者となる。

―― 補記 ――
技術提案の事前打合せ

実態として、技術提案については入札書の作成段階で入札者と発注者との事前打ち合わせが行われるため、提出された技術提案の殆どは発注者の要件を満たすものであり、価格提案が落札者を決める際に大きな影響を与えると言われている。

表3－19　技術提案評価表

入札者： 評点者：			
主要な評点項目	項目別の 重み付け （a）	得点数 （b）	重み付け 点数（c） (a×b=c)
技術提案書の評価 　構造物、配置、排水、土工事の技術提案の妥 　当性 　工事の検査・監督方法等品質管理計画案の妥 　当性 　交通、保健、安全管理案の妥当性 　外観、造園、外構等の環境改善計画案の妥当 　性	10％ 5％ 5％ 10％		
契約履行方法の評価 　契約履行管理工程表、プロジェクトについて 　の理解度、革新的取り組み 　施工法と活用技術 　パートナリングへの取り組み	10％ 10％ 5％		
主要人員配置計画等の管理体制の評価 　下記の者の経験、知識、技能、熟練度等の適 　合性： 　　現場代理人 　　品質管理責任者 　　工事安全管理者 　　デザイナーのプロジェクト管理 　　職員訓練者	25％		
下請業者 　下請業者の選定手順と基準および管理方法	10％		
発注者、対外折衝の対応 　発注者およびその他の関係者との連絡方法 　利用者への対応方法および広報	10％		
	100％		

合計点数　＿＿＿＿＿＿　　　評価者
年月日　＿＿＿＿＿＿　　　署名　＿＿＿＿＿＿

表3－20　技術提案評価基準

	評　価　基　準	点数
A	問題点が一切なく、非常に高い水準	10
B	Aより若干劣るが、高い水準	9
C	いくつかの問題点は有るが、発注要件を満たす水準	7
D	重大な問題点が有り、受け取り難い低水準	4
E	発注要件を満たしていない	0

表3-21 入札評価事例（1／3）：技術評価（入札者A、B、C、D）

主要な評点項目	項目別重み付け（a）	得点数（b） A	B	C	D	重み付け点数（c）（a×b=c） A	B	C	D
技術提案書の評価									
構造物、配置、排水、土工事の技術提案の妥当性	10%	9	7	7	9	90	70	70	90
工事の検査・監督方法等品質管理計画案の妥当性	5%	4	4	7	9	20	20	35	45
交通、保健、安全管理案の妥当性	5%	4	4	7	7	20	20	35	35
外観、造園、外構等の環境改善計画案の妥当性	10%	9	7	4	7	90	70	40	70
契約履行方法の評価									
契約履行管理工程表、プロジェクトについての理解度、革新的取り組み	10%	7	7	7	7	70	70	70	70
施工法と活用技術	10%	7	7	4	7	70	70	40	70
パートナリングの取り組み	5%	4	4	4	7	20	20	20	35
主要人員配置計画等の管理体制の評価									
下記の者の経験、知識、技能、熟練度等の適合性 　　現場代理人 　　品質管理責任者 　　工事安全管理者 　　デザイナーのプロジェクト管理 　　職員訓練者	25%	7	7	7	7	175	175	175	175
下請業者									
下請業者の選定手順と基準および管理方法	10%	7	7	4	7	70	70	40	70
発注者、対外折衝の対応									
発注者およびその他の関係者との連絡方法 　利用者への対応方法・広報	10%	4	7	4	7	40	70	40	70
	100%					665	655	565	730

合計点数　_____　　　　評価者　_____
年月日　_____　　　　署名　_____

入札Aの技術評価点　$\dfrac{665}{730} \times 100 = 91$　　入札Bの技術評価点　$\dfrac{665}{730} \times 100 = 90$

入札Cの技術評価点　$\dfrac{565}{730} \times 100 = 77$　　入札Dの技術評価点　$\dfrac{730}{730} \times 100 = 100$

表3-21　入札評価事例（2／3）：価格評価（入札者A、B、C、D）

```
(1)  入札価格                    最低価格に対する比率
     入札A      £2,160,000            (1.08)
     入札B      £2,000,000            (1.00)
     入札C      £2,290,000            (1.15)
     入札D      £2,380,000            (1.19)

(2)  価格評価点
     最低入札価格の入札Bに価格評価点100を与える。
       最低額を基準の100点としてそれを超えた額の％を100から減じたものを評
     価点とする（小数点以下は繰り上げ整数とする）。
       例  入札Cは最低額より£290,000超えている。その超過分14.5％を切
           り上げて15にし、100から減じた85点が入札Cの評価点となる。
           入札A：8.00    100- 8 =92
           入札B：0.00    100- 0 =100
           入札C：14.5    100-15 =85
           入札D：19.00   100-19 =81
```

表3-21　入札評価事例（3／3）：総合評価（入札者A、B、C、D）

入札者	(1)技術評価点数	(2)(1)の20%	(3)入札価格千£	(4)価格評価点数	(5)(4)の80%	(6)総合評価(2)+(5)
A	91	18.2	2,160	92	73.6	91.8
B	90	18	2,000	100	80.0	98.0
C	77	15.4	2,290	85	68.0	83.4
D	100	20.0	2,380	81	64.8	84.8

技術評価：20%　　価格評価：80%
入札者Bが落札

第4章 デザイン・ビルドとコンサルタント

第1節 米国におけるコンサルタント

1.1 コンサルタントへの影響

(1) デザイン・ビルド入札・契約への参加

　米国では、プロフェショナル・エンジニア（PE：Professional Engineer）の位置付けが法律で確立しており、全ての建設工事の設計、施工監理はPEが直接、あるいはPEの監督の下で実施することになっている。すなわち、米国のPEは、我が国の建築工事における建築士と似た位置付けであり、PE資格を有しない建設業者は設計をすることができない。従って、米国の多くの発注機関はデザイン・ビルド方式の発注で、当該発注機関の工事入札有資格者名簿に登録した建設業者に、設計をコンサルタントに下請発注するか、コンサルタントとジョイント・ベンチャー（JV）を組む場合に入札資格を与えている。別の見方をすれば、デザイン・ビルド方式で、コンサルタントは建設業者とJVを組んで、元請としてデザイン・ビルドの入札・契約に参画することが可能である。なお、PEを社員として雇用し、PE法に基づいてコンサルタント業の登録をしている建設業者は、単独でデザイン・ビルドの入札・契約に参画できる。ただし、現在のところコンサルタント登録をしている建設会社は極めて少ない。その一つの理由は、建設会社は設計に関する瑕疵責任賠償保険に加入することが難しいことにあると言われている。しかし今後デザイン・ビルド方式の契約が増えると見越し、工事と設計の両方を請負う営業策を取る会社（Integrated Contractor）が増えるとの予測もある。

> **補記**
>
> コンサルタントと建設業者の資格と入札登録制度
>
> 　PEとして設計業務を営むためには、州法によりPEの資格を取得したうえコンサルタントとしての登録をしなければならない。また、多くの州の発注機

関はコンサルタントの入札登録制度を設けている。

　建設業者については許可、あるいは登録制度等の規制を設けている州と設けていない州の数はほぼ半々になっている。ただし、大部分の州政府（現在39州）の交通局は、工事発注のために入札を希望する建設業者について事前資格審査を行い、我が国の入札有資格者名簿に類似した名簿を整備して活用している。

(2) 建設業者の下請コンサルタントとブルックス法

　公共工事で従来の設計と施工を分離して発注する方式で、連邦政府機関が設計コンサルタントを選定する際には、ブルックス法（州政府の場合には、通称、ミニ・ブルックス法と呼ばれる州法）が適用される。ブルックス法、あるいはミニ・ブルックス法は、コンサルタントの選定は技術プロポーザル方式の入札によることとし、価格競争入札方式によることを禁じている。すなわち、米国の公共機関がコンサルタントに設計業務を発注する際には、先ず入札希望コンサルタントから3社程度を指名し、技術プロポーザルの提出を求めて設計能力が一番高いと評価された者と設計料を交渉して契約している（設計料が折り合わない場合、設計能力が二番目に高いコンサルタントと価格交渉をする）。しかし、デザイン・ビルド方式で建設業者が設計業務を下請発注する場合、その建設業者にはブルックス法が適用されないため、建設業者は下請コンサルタントを価格競争で選定する恐れがある。

補記

ブルックス法の制定経緯

　1949年制定の連邦調達法で、資産あるいはサービスの提供者は原則として価格競争入札によって選定することが定められた。1967年に会計検査院が、連邦政府機関による建築および技術に関するサービス提供者の選定が、必ずしも価格競争入札によっていないと連邦議会に報告した。会計検査院の動きに反応して、発注機関、コンサルタント業界等が活発なロビィー活動を起し、ジャック・ブルックス（Jack Brooks）議員がコンサルタントの選定は価格競争ではなく能力評価方式によるべきとする法案（通称、ブルックス法）を提出した。同法案は1972年に可決され、「連邦資産および行政サービス調達法」の中に「タイトル9　建築士および技術者の選定」として追加された。

(3) 下請コンサルタントの位置付け

　米国のデザイン・ビルド方式で、発注者は設計をコンサルタントに下請発注することを認めているため、設計能力がない建設業者でも指名審査の際に、下請設計コンサルタントを決め設計能力に関する資料を提出すれば、入札業者の指名対象になり得る（指名は 3 〜 5 社）。また、建設業者は発注者の承認が無ければ下請コンサルタントを変更できない。この様な入札手続きのため、米国のデザイン・ビルト方式での下請コンサルタントは、技術面に関する限り建設業者と実質的に同等の立場でパートナーとしての位置を確保している。

　また、PE として設計などの技術図書に署名するコンサルタントは、建設業者の下請であっても PE 法に基づき技術図書の内容に責任を負う。従って、デザイン・ビルドの請負業者である建設業者は下請コンサルタントが納得して技術図書に署名しない限り、契約で求められる設計図などを発注者に提出することができない。この様な PE 制度のため、コンサルタントは建設業者の下請であっても、設計業務の実施に当って、建設業者にたいして独立性あるいはイーコル・パートナーの立場を保持できる。

補記

米国の PE 法

　米国では各州でプロフェショナル・エンジニア（PE）に関する州法が定められている。同法は PE の資格、登録、エンジニアリング業務の提供などに関する事項を規定している。例えば、テキサス州では"Law and Rules Concerning the Practice of Engineering and Professional Engineering Registration"が制定されている。

同法で、
・テキサス州において登録された PE が業務を実施する場合のみ、コンサルタント会社は専門的なエンジニアリング業務を職業として行うことが出来る。
・州政府、郡、市および町を含む全ての行政機関は、公衆の健康、福祉あるいは安全に関わるもので専門的技術を要する公共工事の図面、仕様書、積算は登録した PE によって作成され、工事が登録 PE の直接の監督の下で実施されるようにしなければ、不法行為を行ったものとみなす。

などを規定している（PE 資格については多くの州が他州の資格を自州の資格

と同等と認める、相互承認制度を取り入れている)。

1.2 コンサルタントによる元請受注の問題

　日本と英国では、コンサルタントがデザイン・ビルドに参加するのは建設業者の下請けの立場に限られるが、米国では建設業者とJVを組んで参加することが認められている。しかし、実態としては大部分のデザイン・ビルド方式の発注では建設業者のみが元請となり、コンサルタントは下請として設計をしている。従って、米国のコンサルタント（建築士やPE）の間で、この様な下請受注状況を打破すべきとの意見もある。特に、建築工事の分野では積極的に元請業者として受注する運動を始めた建築士のグループもある。この様な運動の背景には、前述のブルックス法の適用の有無問題がある。

　なお、コンサルタントの一部にも、コンサルタントは利益追求を第一とする建設業者と違い、適正利潤を得て高度の専門知識と高い倫理観を持って発注者の側に立って技術サービスを提供する職業であるとして、デザイン・ビルド方式に強く反対する意見もある。

　さらに、コンサルタントが建設業者とJVを組んだ場合、受注工事が成功裏に終われば、コンサルタントの利益は多くなるが、もし、赤字工事になった場合には、その損失を分担させられる恐れもある。また、受注に失敗した時は入札書類の作成費の全部あるいは一部を負担するリスクも生じるなどの理由で建設業者とJVを組むことに慎重なコンサルタントも多い。我が国では、多くのコンサルタントが建設業者とJVでデザイン・ビルドに元請として参加する道を拓くことを望んでいるが、元請と下請の得失を十分に考慮する必要がある。

第2節　英国におけるコンサルタント

2.1　コンサルタントへの影響
(1) デザイン・ビルド入札資格の無いコンサルタント

　　英国では、歴史的にコンサルタントと建設業の間には、大きな職業観の隔たりがあり、デザイン・ビルド方式の導入に際して、道路庁はデザイン・ビルド入札の参加資格を同庁の工事入札資格名簿の登録者に限定し、コンサル

タントと建設業者のJVを排除した。従って、デザイン・ビルド方式の契約で、コンサルタントは元請として参画することはできない。従来、道路庁と詳細設計、工事監督の契約を結び、事業実施の上で重要な役割を果たしてきたコンサルタントにとってデザイン・ビルド方式の導入は大きな衝撃であった。

(2) 建設業者の下請コンサルタント

英国でも法律に基づくものではないが、米国のPEに相当するチャータード・エンジニア（Chartered Engineer）の職業的位置付けが確立している。従って、デザイン・ビルド方式であっても、設計は従来の三者体制と同様にコンサルタントが中心になるべきとの考えから、道路庁のデザイン・ビルド方式の入札・契約で、建設業者は道路庁に登録しているコンサルタントを下請とすることを義務付けている。ただし、従来、発注者と契約する設計コンサルタントは、入札・工事段階では発注者の権限を代行する立場にあったが、デザイン・ビルド方式の設計コンサルタントは建設業者の下請コンサルタントという位置付けである。

(3) ザ・エンジニア（The Engineer）の役割も果たす下請設計コンサルタント

英国においては伝統的に設計と施工が分離され、土木工事は発注者、コンサルタントと建設業者の三者体制で実施されてきた。従って、ほとんどの建設業者が設計能力を有していないが、デザイン・ビルド方式では建設業者が設計と施工をまとめて受注することになる。これに対して、コンサルタントから強い反対があった。道路庁はコンサルタントの意見と品質確保の視点から、デザイン・ビルド契約で請負業者に、図4-1「デザイン・ビルド契約の関係者の役割と主な作業手順」に示すように下記の3種類のコンサルタントと下請契約をすることを義務付けている。なお、これらのコンサルタントは夫々、別の会社でなければならないとされている。

① 詳細設計と工事の施工・品質管理を担うコンサルタント（デザイナー）
② デザイナーの構造設計を照査するコンサルタント（チェッカー）
③ 交通面から設計と完成構造物の安全確認をするコンサルタント（安全確認者）

すなわち、請負業者は発注者に設計承認、完成した部分の工事の引取りを要請する前に、自ら雇った下請コンサルタントによる設計、工事の品質確認を受けなければならない。その結果、下請コンサルタントは自らの依頼主である元請業者を、第三者的立場でチェックする役割も負う。これは請負代金の中に、間接的に発注者の工事監督および検査の一部を代行する費用が見込まれているとも言える。

　この様なコンサルタントの下請制度のため、デザイン・ビルドに参加を希望する建設業者は入札指名（4社）を受けるために、自社に関する指名審査資料とともに、上記のコンサルティング業務を発注する予定の下請コンサルタントに関する資料も提出しなければならない。入札指名と落札者決定過程で、建設業者のみならずコンサルタントの能力も審査、評価の対象となる。従って、英国ではデザイン・ビルド方式であってもコンサルタントの技術的役割は、従来方式の場合と大差ないものとなっている。

補記

英国ではコンサルタントの営業に関する法的規制はないが、コンサルタント契約で殆んどの発注者は、専門別に設立された認定技術者協会でチャータード・エンジニアとして認定され、工学会に登録した者が業務に従事することを条件としている。従って、建設業者に雇われた下請コンサルタントであっても、チャータード・エンジニアの倫理観に基づき雇い主が行った工事を適正に監督および検査することが出来ると言われている。

---

(4) 発注者と契約するコンサルタントの役割

　英国の従来の三者体制の工事施工では発注者に雇われたコンサルタントが、いわゆるザ・エンジニアとして設計と工事監理を行ってきたが、デザイン・ビルド方式の下で発注者に雇われたコンサルタントの役割は、発注者代理人（Employer's Agent）として請負業者の設計と工事を監視（モニタリング）し、発注者に報告、助言すること、および発注者の意向を請負業者に伝達するにとどまり、請負業者に対する発注者としての指示、命令権は極めて限定された事項に関するものを除いて与えられていない。発注者の代理人の行為の如何に係わらず、デザイン・ビルド契約では請負業者が設計と工事の品質管理に関して全ての責任を負うことになる。

2.2 コンサルタントによる品質管理
2.2.1 品質確保における発注者と請負業者の役割分担

　英国でデザイン・ビルド方式が導入された原因の一つが、従来の発注者、設計コンサルタントおよび請負業者の三者体制によるプロジェクトの実施方法では、関係者間で責任の所在が曖昧になり、クレームの多発で大幅なコストの増大や工期の延長事例が増えたことである。この問題を解決するために、発注者は、デザイン・ビルド方式を取り入れ、請負業者に設計と施工を一括して発注し責任の一元化を図るとともに、殆どの工事リスクを請負業者に転嫁することにしたものである。従って、英国道路庁では殆どのデザイン・ビルド契約で、請負業者が提出する設計、完成した工事の受理あるいは拒否、または請負業者への助言はするが原則として、請負業者の設計、施工方法について命令をすることはない。

　しかし、品質の確保は発注者にとって、極めて重要なことであり、全てを請負業者に任せるのではなく、発注者として一定のプロジェクト管理は行なっている。上記「2.1の(4)」項で述べた通り多くの発注者はコンサルタントを発注代理人として雇い、発注者としてのプロジェクトの管理業務の多くを委託している。なお、発注代理人の立場は、あくまでも、請負業者の工事をモニタリング（監視）することである。ただし、発注者と発注代理人との間の契約で、工事段階で発注代理人は品質に係わる問題点が発生した時には、発注者側に責任が転嫁しない範囲内で請負業者に助言をすることになっている。

2.2.2 品質確保の基本方針

　しかし、この様な事業実施体制では品質低下の懸念があることから、各発注者は、契約で請負業者に適切かつ十分な品質管理を義務付けている。例えば、道路庁は以下の二つの基本方針に基づいて、請負業者に各種の措置を講じさせ、品質の確保を図ることにしている。
　・詳細かつ厳格な品質管理計画の策定とその実行
　・第三者による設計と工事の検査、証明あるいは確認の実施
　品質管理計画については、請負業者が設計と工事について、夫々の品質管理計画を策定して、発注者の承認を受け、実行することが契約条件とされている。

(1) コンサルタントによる照査・証明・確認制度

　第三者による設計と工事の検査、証明あるいは確認のため、上記2.1の(3)項で述べた通り、発注者は契約書で請負業者に設計を下請発注をする外部のコンサルタント（デザイナー）に、詳細設計の作成以外に工事の品質管理業務を委託することを義務付けている。さらに、請負業者にデザイナー以外に、"チェッカー"と"安全確認者"となるコンサルタントを任命することを義務付けている。

　チェッカーは、デザイナーの構造物設計が、発注要件あるいは入札の提案条件を満たしているかどうかの照査をする。すなわち、請負業者が発注者に構造物の設計を提出する際には、"デザイナー"が設計した構造物であっても、さらにチェッカーによる第三者の照査を受け確認書を添付しなければならない（簡単な構造物の設計はチェッカー以外の者の確認でもよい）。

　安全確認者は道路施設としての安全性の視点から、デザイナーの設計および請負業者の工事品質の監査（Audit）を行う。

(2) 品質管理コンサルタントの位置付け

　契約上、品質管理の責任は請負業者にあるが、上述の様に発注者は請負業者に外部のコンサルタント会社を、デザイナー、チェッカー、および安全確認者として任命して品質管理をすることを要求している。そのため、入札者は入札時に道路庁に登録されたコンサルタントの中から、デザイナー、チェッカーおよび安全確認を委託する予定のコンサルタント名と担当者名の提出を求められている。ただし、これら品質管理コンサルタント会社は互いに独立の会社でなければならない。

　なお、責任の一元化からもデザイナー、チェッカー、および安全確認者は請負業者に責任を負うが、発注者には直接に責任を負わない（図4-1を参照）。

図4-1 デザイン・ビルド契約の関係者の役割と主な作業手順

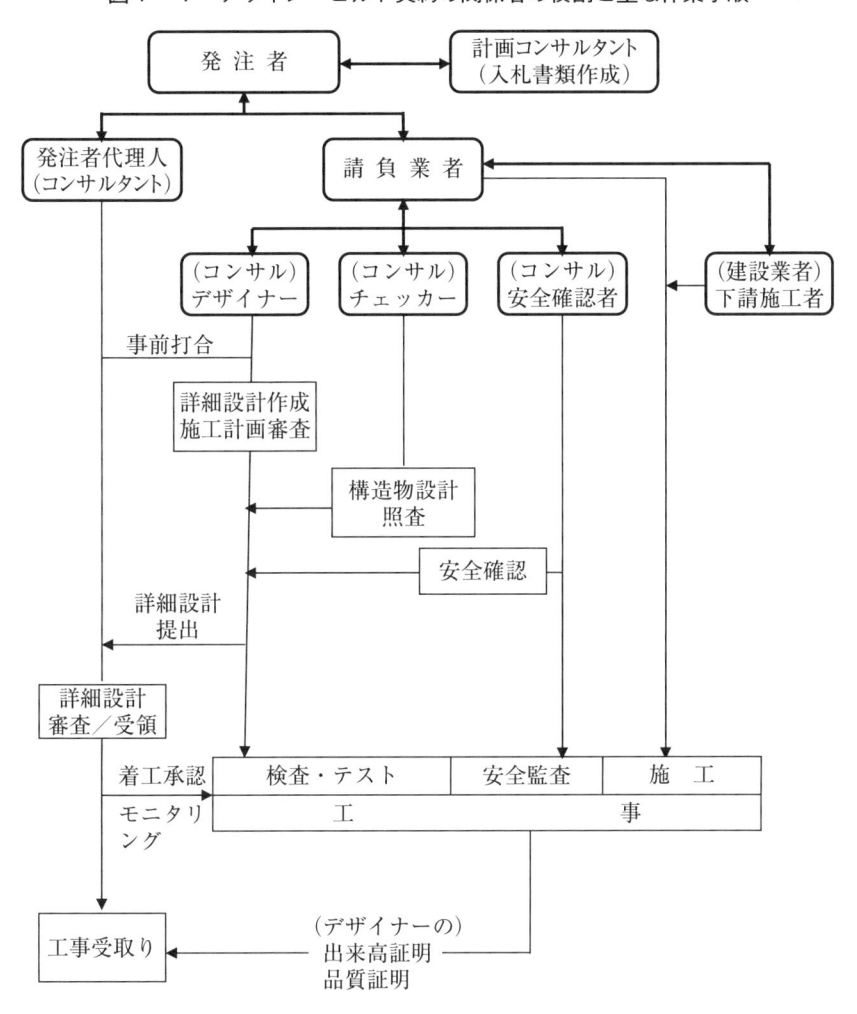

注1：太い ⟷ は、契約、費用支払いの関係を示す。
 2：計画コンサルタントと発注者代理人は同一コンサルタントのこともある。
 3：発注者代理人はコンサルタント会社である。
 4：デザイナー、チェッカー、安全確認者は、夫々独立のコンサルタント会社で、かつ、発注者代理人と同じコンサルタント会社であってはならない。
 5：発注者代理人の役割は監督でなく、モニタリング（監視）である。
 6：詳細設計は、工期内に順次提出する。

2.2.3 品質管理コンサルタントの役割

(1) デザイナーの役割

デザイナーの主な役割は次の通りである。
① 詳細設計の実施、あるいは詳細設計作業の監督
② 工事の審査と材料試験の立会い
③ 下記の証明書などの発行
・詳細設計の証明書（設計が発注要件と入札で提案された要件を満たしていること）
・工事と試験の証明書（詳細設計通りに実施され、発注要件と入札の提案通りに建設されたこと）
・詳細工程計画の証明書（品質を確保して、工期内での工事完成の可能性）
・品質管理計画の証明書（品質管理計画で契約条件が満たされること）
・発注者と請負業者の両者の設計変更記録書
・瑕疵担保期間での請負業者の作業の証明書（作業が契約条件に合致していたこと）

デザイナーは英国認証機構（United Kingdom Accreditation Service（UKAS））に認定された第三者から、BS EN ISO 9001に基づく品質管理システムにより品質管理を行っているとの証明書の発行を受けた者あるいはそれと同等であると証明される者でなければならない。

(2) チェッカーの役割

チェッカーは、デザイナーとは独立のコンサルタントでなければならない。チェッカーの役割は、デザイナーが設計した分類3の道路構造物の詳細設計を照査して証明書を発行することである。なお、分類0と分類1の構造物の設計チェックは、設計に従事しなかったエンジニアが行う。このエンジニアはデザイナーの設計チームのメンバーでもよいが、当該構造物の設計に従事しなかった者でなければならない。分類2の構造物のチェックは、設計に従事しなかったチェックチームが行う。このチームのメンバーはデザイナーの会社の社員でも設計チーム以外の者であればよい。また、請負業者は仮設構造物のチェックをするチェッカーも任命する。このチェッカーは、設計に関わっていなければ請負業者あるいはデザイナーの社員でもよい。また、仮設

構造物のチェッカーの任命は契約後に行う。仮設構造物のチェッカーも証明書を発行する。

(3) 安全確認者の役割

　道路の安全確認（Audit）の目的は、道路が安全であることを確認することであり、設計基準に合致しているか否かを確認することではない。確認は、経済性と環境保全を考慮したうえで、プロジェクト道路に交通事故数を最小限にとどめるに十分な措置が講じられているかを審査するもので、次の三つの段階で行われる。確認を行う者は過去の交通事故の調査・研究、交通事故削減事業等に従事して得られた経験に基づいて、問題となりそうな個所を指摘して対応策を見出す。一般に確認は道路の幾何学的設計をチェックして行われる。

① 段階1　概略設計の完了時

　発注者の発注要件で、安全確認を受けることが求められている全ての設計関連データについて確認して、発注者に必要な助言をする。この段階で道路の用地幅が確定されるので、特に重要なのは追加の用地を必要とする安全対策に留意したチェックをすることである。

② 段階2　詳細設計の完了時

　この段階での確認は、より細かい部分について行う。例えば、交差点レイアウト、標識の設置位置、路面マーキング、照度などをチェックする。

③ 段階3　工事完了時（供用開始前）

　安全確認者は道路利用者の観点から昼間と夜間に道路施設の安全性をチェックする。

　安全確認者は概略設計の段階で発注者と合意に達した助言が、詳細設計に反映されていることを確認したとき、および工事完了時の監査で安全が確認されたときには証明書を発行する。請負業者が発注者の参考設計をそのまま活用した場合、請負業者は段階1の監査を受ける必要はない。

(4) 請負業者の"デザイナー"と発注者の概略設計コンサルタント

　発注者は請負業者が設計を外注することを期待している。これは英国では歴史的にコンサルタントと建設業の分離という考えが定着していること、そ

の結果として、一般に建設業者には設計能力がないためである。ただし、請負業者に能力があれば（デザイナーによる監督を受けることを条件にして）直営で設計することを妨げないとしているが、実態としては全ての場合、請負業者は詳細設計をコンサルタントに外注している（道路庁は外注の方が発注者として安心できるとして、現在の傾向を歓迎している）。

　道路庁は請負業者が詳細設計を外注する場合、発注者が概略設計を委託したコンサルタント会社に発注しても良いことにしている（当然のことながら、各々の担当者は別の者でなければならない。ただし、概略設計のコンサルタント会社が発注代理人に任命された場合には、そのコンサルタント会社は請負業者の下請コンサルタント（デザイナー）にはなれない）。

　デザイン・ビルド方式では、各入札者（下請設計コンサルタントを含めて）が夫々のノウハウを活用して、できる限り斬新な設計方法に基づく工事費を提案して競争する。従って、道路庁では、仮に入札者がプロジェクトについて事前の知識を持ったとしても、それが受注のうえで特に有利になるとは考えていない。むしろ、プロジェクトに最初から関わっていない方がユニークなアイデアが出る可能性があると考えられている。ただし、道路庁以外の発注者の中には入札の公平、透明性に関する疑惑を払拭するため、入札者に対して発注者が活用したコンサルタント会社に外注することを禁じている機関もある。

2.2.4　発注代理人（Employer's Agent）の役割

　発注代理人の役割は、下記のモニタリング、証明書の発行および一定範囲内で請負業者への指示をすることである。

(1)　主なモニタリング
  ・設計あるいは工事が契約要件に合致しない場合、それらの受領の拒否
  ・請負業者が提案する下請業者についての検討（Review）と意見（Comment）の表明
  ・詳細設計および工事と材料を仕様書に照らして検討し、必要に応じて意見の表明。意見は設計が発注要件に合致しない部分に限る
  ・請負業者の詳細工程計画の検討と意見の表明

- 請負業者と現場代理人の任命について協議
- 請負業者の保険会社および保険額の確認
- 品質管理方法について検討と意見の表明
- プラントと材料の検査、テストでの立会い。結果に問題があるとき、自ら検査あるいはテストを実施
- 将来、目視できなくなる基礎工事などの検査機会の要求
- 契約要件を満たさない場合、請負業者に材料の取替え、工事のやり直し等が"望ましい"と通知。請負業者の対応がない場合、発注者がデザイナー、請負業者および発注代理人の会議の召集。発注代理人が会議の結果に満足できない場合、紛争解決手段による対応
- 工事の進捗の遅れを請負業者に指摘

(2) 主な証明・確認書
- 発注要件あるいは請負業者の提案の技術事項に関する解釈書
- 不可視部分の地質状態、工事中断、工事現場の引渡し遅延に対する追加費用の決定書（発注者がリスクを負う場合）
- 詳細設計の完了後、当該部分の着工日時の通知書
- 予め特定された事態が発生した場合の工期延長通知
- デザイナーが工事の完了を証明した部分の引取り書
- デザイナーからの証明書を受け、かつ自ら納得した時に瑕疵期間の修了書
- 発注者による設計変更の見積り書
- 工事遅延による中間出来高払い計画の変更書
- 中間出来高払いの証明書
- 請負業者に契約不履行があった場合、その確認書

(3) 請負業者への指示
- 契約書類の曖昧さ、齟齬についての取扱い
- 現場に相応しくない人物の交代要請
- 試掘調査の実施要請
- 発注者が負うリスクが原因で損害を受けた工事部分の修繕命令
- 請負業者に、下請け業者の守秘義務の履行要請

- 化石の取扱い方法
- 瑕疵担保期間に、欠陥部分の再工事、修正、修繕の指示
- 欠陥工事の調査指示
- 発注者の設計変更の実施要請

第3節　日本におけるコンサルタント

3.1　デザイン・ビルドの導入動機とコンサルタント

　第1章でも触れたが、デザイン・ビルド方式には多様な長所、短所があり、デザイン・ビルド方式の導入動機は国により違いがある。日本でデザイン・ビルド方式が導入された主な理由としては次の2点を挙げることができる。

(1)　建設コンサルタントの施工技術力補強

　　デザイン・ビルド方式が導入された最大の理由は、詳細設計に建設業者のノウハウを活用することで経済的、効率的に工事を行うことである。その際、発注者が建設業者のノウハウに期待する直接効果には、建設コストの縮減、工期短縮、工事中における周辺地域の環境保全がある。反面、この様な理由でのデザイン・ビルド方式の導入は、建設コンサルタントの技術力、特に施工技術に関して改善の余地が多いことを暗示しているとも受取れる。

(2)　建設業者による裏設計と談合入札防止

　　日本では、しばしば、建設業者が建設コンサルタントの設計業務を支援し、その事実を根拠にして業者間での話合いを有利に進め、談合入札で受注するケースがあると言われてきた。建設業者による建設コンサルタントへの設計支援は、正式な下請でないことから「裏設計」と呼ばれている。近年、建設業界では、談合入札防止策の一環として、これまでの悪しき商慣習から脱却することを宣言したが、その中には裏設計問題も含まれている。裏設計が行われてきた背景には、単に建設業者の受注戦略上の理由だけによるものではなく、建設コンサルタントの施工技術力の不足が建設業者の技術力を必要とし、建設業者とコンサルタントの利害が一致したという一面もある。特に、我が国ではこれまで建設業界とコンサルタント界の間で、人材交流が少なく、

建設コンサルタント側に十分な施工技術力が蓄積され難いという事実があった。

　米国や英国では、建設業者と建設コンサルタントの間で欠陥工事あるいは工期遅延の原因が、設計のミスによるものか、施工ミスによるものかを巡ってしばしば紛争が生じることが、責任の一元化を可能にするデザイン・ビルド方式の導入動機の一つとなっている。一方、我が国では、設計と施工を一括して発注するデザイン・ビルド方式の導入動機のなかに、設計段階での建設業者とコンサルタントの不透明な協力関係（裏設計）の解消が出来るという期待があったと考えられる。

3.2　コンサルタントへの影響
(1)　入札資格が無いコンサルタント
　日本では、建設コンサルタントに関して国土交通省の「建設コンサルタント登録規定」はあるが、これは法令に基づくものでなく理論的には誰でも設計を含むコンサルティング業を営むことができる。従って、建設業者はコンサルティング能力の有無に係わらず法令上、デザイン・ビルド方式で発注される工事への入札資格を持つことになる。一方、建設業に関しては、建設業法で"元請、下請その他いかなる名義をもってするかを問わず、建設工事の完成を請負う"ためには国土交通大臣、あるいは都道府県知事の営業許可を取得する必要がある。

　この様な建設分野の業制度の下で、公共工事に係る建設コンサルタントには社会から発注者である公共機関に対する助言者としての役割が期待され、建設業とは距離を置くことが望ましいと考えられてきた。従って、コンサルティング業を主体とする建設コンサルタントで建設営業許可を有するものはいない。その結果、現行の建設業法の下では設計のコンサルティング業務を含むデザイン・ビルドであっても、建設コンサルタントには単独のみならず建設業者とJVを組んでも入札・契約資格がない。すなわち、建設工事を受注するためにJVを組むとき、その構成員は全員が建設業法の許可を受けた建設業者でなければならないことから、建設コンサルタントはデザイン・ビルド方式の入札に参加できない。

(2) 建設業者の下請コンサルタント

　従来型の設計と施工を分離した発注方式の場合、詳細設計は建設コンサルタントが発注者からの委託を受け作成している。今後とも、多くの工事で設計・施工分離の発注が続くであろうが、一定の条件を満たす工事ではデザイン・ビルド方式で発注されるケースが増加することが予測される。デザイン・ビルド方式であっても、落札した建設業者が自ら詳細設計の全部を行うことは少なく、建設コンサルタントに設計の一部あるいは大部分が下請発注される可能性がある。しかし、現行の我が国の下請慣行の下で、従来、元請として受注していた詳細設計が下請受注になることは、建設コンサルタントに社会的ステータス、技術報酬等の面で大きな影響を与えることになる。

　この様なコンサルタントの下請問題は米国でも英国でも存在するが、米国ではPE法で、英国ではチャータード・エンジニア制度で、設計におけるコンサルタントの位置付けが明確にされているため、デザイン・ビルドで契約上は建設業者の下請になっても、コンサルテイング業務の実施にあたってコンサルタントは建設業者とパートナーとして対等な立場になり得る（図4−2を参照）。

──補記──

建設業者とコンサルタントのアソシェイト

　最近、我が国において建設業者とコンサルタントのJVに代わって、両者のアソシェイト（Associate）に入札資格を認める動きが進んでいる。建設業法に抵触するのを避けるため、アソシェイトの中で設計責任と施工責任を分割し夫々の責任を、コンサルタントと建設業者が分担する契約方式が考えられている。この方式でコンサルタントは、建設業者と同等の立場で元請としてデザイン・ビルドの入札・契約に参加できる。

　ただし、我が国でデザイン・ビルド契約の主たる目的が、設計段階で建設業者が有する革新的な技術ノウハウを活用することであり、建設業者が設計責任を負わない契約の下で、どのようにしてコンサルタントと建設業者の技術力を円滑かつ有効に融合させるかが今後の課題となる。

　また、デザイン・ビルド契約の場合、設計瑕疵についても請負業者が無過失責任を求められる可能性があるが、コンサルタントが瑕疵責任にどの様に対応するかの検討も必要である。

図4－2　デザイン・ビルド契約でのコンサルタントと建設業者の関係

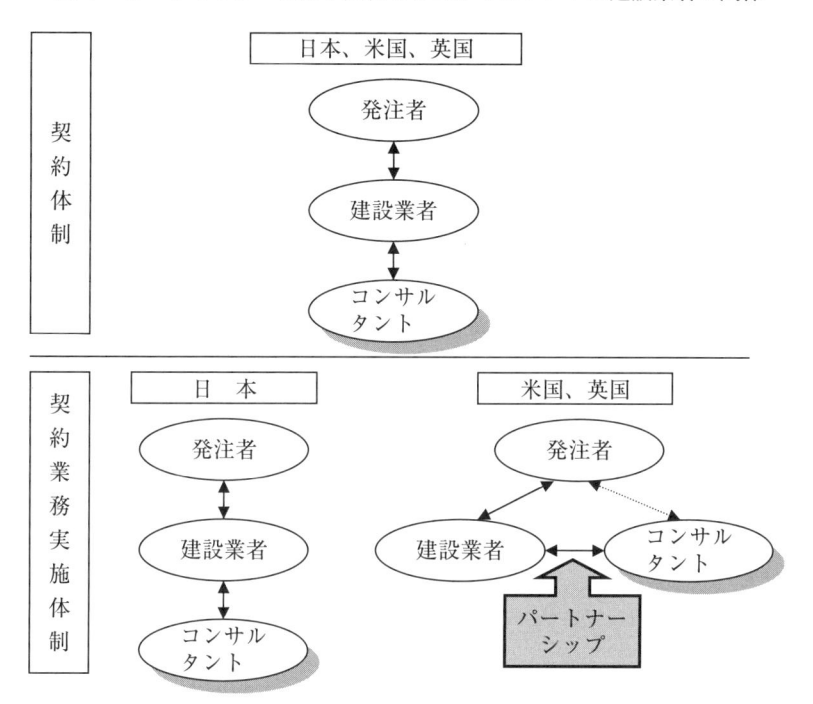

契約体制：日本、米国、英国　発注者⇔建設業者⇔コンサルタント

契約業務実施体制：
日本　発注者⇔建設業者⇔コンサルタント
米国、英国　発注者⇔建設業者、発注者⇔コンサルタント（パートナーシップ）

(3) 新たなビジネスチャンス

　デザイン・ビルド方式の下で建設コンサルタントは建設業者の下請になるため、建設コンサルタント業界にはデザイン・ビルド方式に反対する空気が強い。ただし、デザイン・ビルド方式には、建設コンサルタントに以下のような新たなビジネスネス・チャンスをもたらす可能性がある。

① 発注者への発注業務支援

　デザイン・ビルド方式による入札・契約は、詳細設計ができていない段階で建設に伴う諸リスクを大幅に請負業者に転嫁する。従って、発注者は契約に先立って発注の意図を請負業者に正確に伝えておかないと契約後に、出来上がった詳細設計、構造物の品質、あるいは契約代金を巡る紛争が頻発する恐れがある。米国のデザイン・ビルド方式の発注では、入札希望者に配布する資料は100ページを超え、指名後には入札者に300ページを超す入札・契約関係の資料を配布し、発注者と入札者間の意思疎通を図る

例も少なくない。

　また、デザイン・ビルド方式は従来方式に比べ、設計方法、施工方法をより大幅に請負業者に委ねることから、入札で入札者の技術能力、施工計画を詳細に審査し、信頼のおける建設業者を選定する必要がある。また、発注者は契約後には請負業者の自主性を重んじつつも、慎重な詳細設計の審査、十分な施工管理のモニタリングをする必要がある。

　我が国の会計法は全ての政府調達で、入札に先立ち適正な予定価格を算定して競争入札を行うことを求めている。一般に予備設計段階で発注するデザイン・ビルドの入札であっても、発注者が算定すべき予定価格の精度は、詳細設計後に入札する従来方式と同じでなければならない。そのため、発注者は価格入札前に、技術提案を提出した入札者から提案についての見積もりの提出を求め発注者としての予定価格を算定することが認められている。しかし、その場合でも、発注者は国民に対するアカンタビリティの責任を果たすためには、ある程度、入札前に概略あるいは予備設計の内容をレベルアップして積算精度を高め、あるいは環境保全を充実させるために、詳細設計に近い発注事前設計を作成せざるを得ない場合もあるであろう。

　デザイン・ビルド方式の場合、発注者は上記の発注事前設計および入札資料の作成、入札書の審査、契約履行のモニタリング作業を外部に委託する可能性が高く、建設コンサルタントにとって新たなビジネスチャンスが期待出来る。

補記

デザイン・ビルド方式の発注事前設計料

　発注者によっては、デザイン・ビルド方式で発注する工事の概略あるいは予備設計で、その成果品の内容を従来に比べレベルアップし、予定価格の算定資料、入札書類も求めることが考えられる。その際のコンサルタント料に関して、発注者は従来の予備設計報酬でなく、それに適切な金額を加算することを検討する必要がある。

---

② 入札者への入札業務支援

デザイン・ビルド方式で、発注者が入札者に手渡す設計は詳細設計ではなく、予備設計あるいは発注事前設計であり、入札者は十分に精度の高い工事費の見積をするためには自ら詳細な工事数量表を作成することになる。従って、建設コンサルタントには入札者の入札書の作成作業に従事するビジネス・チャンスの可能性が高くなる。

---補記---

コンサルタントによる建設業者の入札支援業務契約

　建設コンサルタントがデザイン・ビルド入札に参画する建設業者の入札書の作成等を支援し、当該建設業者が落札しなかった場合、支援業務に対する対価が支払われないとか、値切られる恐れがある。コンサルタントは、入札支援サービスを提供する前に、支援サービル料に関して建設業者と適切な取決めをしておくことが望ましい。

第5章　日本におけるデザイン・ビルドの検討課題

第1節　デザイン・ビルドの活用

　デザイン・ビルド方式はコインの表裏と同じように長所と短所を内蔵している。また、発注者、建設業者、建設コンサルタントの間で、長所と短所の判断基準が異なることもある。さらにデザイン・ビルド方式では単一の契約の下に多業種の企業が参画すること、設計および工事の詳細が契約後に確定されることから、入札・契約に関して関係者間で不協和音あるいは紛争が生じる恐れがある。今後、我が国においてもデザイン・ビルド方式の発注が増えることが予想されるなか、デザイン・ビルド方式をより有効に活用するためには、デザイン・ビルドの特性を最大限に生かすとともに、各関係者がパートナーシップに基づいてWin-Winの結果を享受できる入札・契約方式を整備することが望まれる。

1.1　デザイン・ビルドの活用目的の多様化
(1)　技術提案を必須とする現在のデザイン・ビルド

　　我が国でデザイン・ビルド方式が導入された背景には、建設大臣（現国土交通大臣）と大蔵大臣（現財務大臣）との間で「工事に関する入札に係る総合評価落札方式について（平成12年3月27日）」の協議が成立したことがある。この協議は、「価格競争入札により難い契約については各省庁の長が大蔵大臣との協議で定めるところにより、価格その他の条件が国にとって最も有利なものをもって入札をした者を落札者とすることができる」とした予算決算及び会計令第91条第2項の規定に基づくものである。

　　従来、入札で落札者を価格とそれ以外の条件を考慮して決定する、総合評価落札方式を行うためには、入札案件ごとに大蔵大臣との協議が必要であった。しかしながら、平成12年3月27日の大蔵大臣と建設大臣の協議の結果、総合評価方落札方式が、下記の「総合的コスト」、「工事目的物の性能・機能」

および「社会的要請への対策」の何れかで有効と認められる工事で、同協議で定められた手続きに従って入札を行う場合には案件ごとの協議が必要でなくなり、総合評価落札方式の活用が容易になった。

・総合的コスト

　入札者の提示する性能、機能、技術等（以下「性能等」という）によって、工事価格に、維持更新費等のライフ・サイクル・コストを加えた総合的なコストに相当程度の差異が生ずる工事。なお、提案を採用することにより工事に関連する補償費等の支出額および収入の減額がある場合、入札の総合評価に当ってはそれらの相当額を入札価格に加算する。

・工事目的物の機能・性能

　入札者の提示する性能等によって、工事価格の差異に比して、工事目的物の初期性能の持続性、強度、安定性などの性能・機能に相当程度の差異が生ずる工事。

・社会的要請への対策

　環境の維持、交通の確保、特別な安全対策、工期短縮、省資源対策またはリサイクル対策を必要とする工事であって、入札者の提示する性能等によって、工事価格の差異に比して対策の達成度に相当程度の差異が生ずる工事。

　さらに、公共工事の品質を確保するために平成17年4月1日に施行された「品確法」の第3条第5項では「公共工事の品質確保に当っては、民間事業者の能力が適切に評価され、並びに入札及び契約に適切に反映されること、民間事業者の積極的な技術提案及び創意工夫が活用されること等により民間事業者の能力が活用されるように配慮されなければならない」としている。また、同第12条では「発注者は、競争入札に参加する者に対し、技術提案を求めるよう努めなければならない（ただし、発注者が、当該公共工事の内容に照らし、その必要がないと認めるときは、この限りではない）」と定めている。

　現在、我が国におけるデザイン・ビルド方式は、上記の協議の結果（地方公共団体の場合は、地方自治法）、品確法に基づいて取り入れられており、デザイン・ビルド方式の活用は、主として建設業者の革新的な技術ノウハウを活用することを目的とし、入札は総合評価落札方式で行われている。

(2) デザイン・ビルドで工事の早期着手と早期完成

第1章で触れたようにデザイン・ビルドには多様なメリットがある。例えば、アメリカのユタ州ソルトレーク市の冬季オリンピックに備えた道路拡幅プロジェクトでは、工事の早期完成を目的にしてデザイン・ビルド方式が用いられた。また、災害復旧事業で原状回復に近い工事では、多様な設計案の可能性が少ないことから、設計の完了を待って復旧工事を発注するのではなく、デザイン・ビルド方式で設計と施工を平行的に進め、復旧を早めるためにデザイン・ビルドが活用されている。例えば、ロスアンジェルスで地震による橋梁災害復旧工事、およびミネソタ州で2007年8月1日に崩落した橋梁の新設工事はデザイン・ビルド方式で発注された（注：巻末の参考資料Ⅲの1を参照）。自然災害が多い我が国でも、国あるいは地方公共団体にとって、災害復旧工事でデザイン・ビルド方式が従来型の設計—入札・契約—工事による方式に比べて有利となる場合も少なくないと考えられる。なお、その際のデザイン・ビルド方式では必ずしも総合評価落札方式でなくても価格競争入札でよいケースがあるであろう（注：巻末の参考資料Ⅳの4を参照）。

(3) 特殊工事等へのデザイン・ビルド適用
　機械設備など発注の頻度が少ない特殊工事の場合、あるいは発注工事量が比較的少なく設計審査が出来る専門技術者を欠く発注機関の場合、従来、ややもすれば民間企業にサービスで設計を依頼し、その結果が不透明な工事入札につながっている例もあったと言われている。この様な発注機関の場合、比較的小規模でかつ汎用的技術で対応できるプロジェクトであっても、必要に応じて瑕疵担保条項の整備、工事監理の外注等を前提に、価格競争入札によるデザイン・ビルド方式を取り入れることが考えられる。

1.2　デザイン・ビルドの活用方針の確立
　英国の公共工事で大きな発注シェアーを占める道路庁は、デザイン・ビルドなど新たな調達方式を導入し、設計、施工に係わる業務は可能な限り民間に任せ、職員の業務は事業計画、契約管理を中心にする傾向がある。その背景には英国における"小さな政府"という国策で、道路庁職員の削減が進んでいることがある。一方、米国で道路工事の主な発注者である州政府の交通局においてもデザイン・ビルド方式を取り入れているが、デザイン・ビルドの活用状況は

州によって大きく異なっている。一般に道路工事の発注量が多く、沢山の技術者を抱えている州政府は、公共工事の品質確保のためには発注機関の職員が積極的に設計、工事監督に関わる必要があるとして、デザイン・ビルド方式の活用には消極的な傾向がある。その他の州でも、現時点ではデザイン・ビルド方式の活用を法令で限定的なものにしているところが多い。

現在、我が国でデザイン・ビルド方式の活用に関する議論は、主に公共工事の質の向上を中心にして展開されているが、今後は、それに加えて公共工事における官民の役割分担の視点からの議論も必要である。

設計を担うコンサルタントにとってデザイン・ビルド方式と従来方式による工事発注の最大の違いは、発注者との元請契約か、建設業者との下請契約になるかである。しかし、設計に関してコンサルタントの位置づけが確立している米国や英国のコンサルタントにとって、元請か下請かによる違いは、我が国のコンサルタントに比べれば僅少である。我が国のコンサルタントにとって公共工事の発注がデザイン・ビルド方式と従来方式によるかは、社会的ステータスと経営の両面で大きな問題である。

さらに、デザイン・ビルド方式の発注は従来方式の発注に比べて、より多くの異工種を統合する傾向があり、従来方式であれば元請契約が期待できた中小建設業者や専門工事業者もゼネコンの下請になる可能性が高くなる。この様にデザイン・ビルド方式の活用は建設業界にとって将来の経営方針を立てる上で極めて大きな影響を与える。従って、発注者には長期的視点に立ち多面的要素を考慮して今後のデザイン・ビルド方式の活用方針を示すことが望まれる。

---- 補記 ----

設計で余裕を求める場合の発注方式

　デザイン・ビルド方式に馴染む工事の中には設計で、構造物の機能、強度の確保に加え、美観や環境改善など経済あるいは技術面からは評価し難い、いわゆる余裕要素を織り込むのが望ましいケースがある。デザイン・ビルド方式で、これらの余裕要素を入札評価の対象にすることができるが、デザイン・ビルドでも入札者は価格競争を重視せざるを得ず、民間企業が余裕のある設計に消極的になる。また、デザイン・ビルド方式では特に入札評価の透明性が求められる。従って、余裕などファジイなものを設計に組入れる必要がある場合には、設計と施工を分離し発注者が詳細設計に直接に責任を負う従来の入札方式が望

ましいと考えられる。

1.3 デザイン・ビルドの活用指針・標準契約書類の作成

　我が国で、デザイン・ビルド方式の活用が広がりを見せている背景の一つに、国土交通省が設置した委員会が、「設計・施工一括発注方式導入検討委員会の報告書（平成13年3月）」、「公共工事における総合評価方式活用ガイドライン（平成17年9月）」、「高度技術提案型総合評価方式の手続きについて（平成18年4月）」、および「総合評価方式適用の考え方（平成19年3月）」を取りまとめたことがある。これらの報告書は、デザイン・ビルド方式による発注業務に携わる担当者にとって、極めて有益な参考書となっている。

　しかしながら、これらの報告書は主として、高度技術提案型総合評価方式で発注されるデザイン・ビルドの入札に関する事項を中心にまとめられている。今後、多様な発注機関がデザイン・ビルド方式に期待できる各種のメリットを有効に活かし、公共工事を所要の品質を確保しつつ、より効率的かつ経済的に実施するためには、デザイン・ビルドの特性を整理して、デザイン・ビルド方式に適する工事の選択基準、工事の内容に応じた入札方式の選定基準に関するガイドライン、デザイン・ビルド契約における請負業者の自主施工と発注者の監督体制のあり方、およびデザイン・ビルドを前提にした標準契約約款などの整備が望まれる。

　なお、ガイドライン、標準契約書の作成に当っては、契約の透明性、公平性の確保に留意して、発注者、元請業者および下請業者が互いに Win-Win の関係で工事を完成させる環境作りに努めることが望まれる。

1.4 建設コンサルタントによる品質管理の監視

　我が国でデザイン・ビルド方式が、設計・施工一括発注方式と呼ばれるために、デザイン・ビルド方式の下では、設計と施工に関する管理を全面的に請負業者に一任することができると考える建設関係者が少なくない。発注者がデザイン・ビルド方式の請負契約で請負業者に品質に関する全ての責任を転嫁しても、発注者の納税者に対する責任は免れない。従って、デザイン・ビルド方式であっても、発注者は契約履行の過程で、請負業者の品質、施工管理を確認す

る措置を講ずる必要がある。

　英国はデザイン・ビルド契約の場合、請負業者の自主性を重視するために従来のザ・エンジニア（The Engineer）による工事監督制度をやめ、請負業者に施工管理を下請コンサルタントに委託することを求め品質確保を図るとともに発注者としても、新たにコンサルタントを「発注者の代理人（Employer's Agent)」として雇い、請負業者の設計および施工のモニタリング（監視）を行って品質確保を図ることにしている。米国でもデザイン・ビルド方式で、請負業者の自主性を重んじることにしているが、同時に発注者は直営あるいはコンサルタントによる監視（モニタリング）体制を整備し品質確保に努めている。

　我が国では、建設コンサルタントの位置付けが法的のみならず、社会慣行上も確立されておらず、さらに元請と下請の間に強い上下関係が存在するため、英国におけるデザイン・ビルド方式で行われているように、元請業者に雇われた下請の設計コンサルタントが、元請の品質管理をすることは困難である。また、発注機関の職員が縮減されている状況下で、発注者が直営で適切な工事監督を行うことは困難である。従って、建設コンサルタントなどに委託し請負業者の設計および施工の監視をして品質確保に努める必要がある（注：巻末の参考資料Ⅲを参照）。

1.5　建設業者と建設コンサルタントのパートナーシップの醸成

　建設コンサルタント業界ではデザイン・ビルド方式の導入で、従来、発注者から直接に受注していた詳細設計が、建設業者の手に移る、あるいは建設業者からの下請受注に変わることから、デザイン・ビルド方式は好ましくないとの意見が多い。一方、建設業界、特に大手建設業者の間では受注業者が自社特有の技術を最大限に活用する詳細設計で施工ができるとして、デザイン・ビルド方式を望む意見が多い。しかし、デザイン・ビルド契約の下では、建設業者とコンサルタントが個々の利害、得失に拘らず、両者の間でパートナーシップを醸成し、発注者も含め全ての関係者が Win-Win の関係を築く努力をすることが望まれる。

(1)　**イコール・パートナーとしての協働による社会基盤整備**

　営利を目的とする民間企業であっても、公共工事に従事する建設コンサル

タント、建設業者の企業精神の中に、社会のために良質な社会基盤を経済的かつ効率的に建設する意欲と責任感が宿っているはずである。建設業者の技術力と建設コンサルタントの技術力のシナジー効果で、より良い社会基盤の建設が期待される工事にあっては、個々の業種の利害に囚われず、両者が同等の立場で協力し合うべきである。そのために、デザイン・ビルド方式では発注者と建設業者の契約を、米国や英国で見られる様に建設業者の下請コンサルタントが実質的に公平な立場で行動が取れることが出来る様な内容にする必要がある。そして、デザイン・ビルド方式を建設業者と建設コンサルタントがイコール・パートナーとして協働し、社会基盤を効率的、経済的に整備するツールとして活用することが望まれる。

(2) 人材・技術交流の促進

施工技術力に課題を抱えるといわれている建設コンサルタントにとって適切な形でデザイン・ビルドに参画すれば、建設業者との協働作業を通して、施工技術を習得、あるいは向上させることが可能になる。また、協働作業には建設コンサルタントと建設業者の間での人材交流、技術交流の機会を増大し、建設界全体の技術力をレベルアップする効果が期待できる。

第2節　デザイン・ビルドの入札・契約方式

2.1　適正な下請契約

我が国の現行法令では、デザイン・ビルド方式に建設コンサルタントが参画できるのは、建設業者の下請コンサルタントの立場に限られるため、大部分の建設コンサルタントはデザイン・ビルド方式の工事発注を歓迎していない。しかし、米国、英国のデザイン・ビルド方式でも、コンサルタントの参画形態は、ほとんどが下請であるが、これらの国のコンサルタントは日本におけるほど、デザイン・ビルド方式に違和感を持っていない。

デザイン・ビルド方式のメリットは工事規模の拡大、多様な工種を統合して発注することで増進されることから、デザイン・ビルド方式の活用が拡大されると、それまで中小建設業者や専門工事業者が元請受注していた工事が統合して発注され、元請受注のチャンスが減少する。従って、中小建設業者や専門工

事業者もデザイン・ビルド方式の拡大に懸念を抱いている。

建設コンサルタントあるいは中小建設業者などがデザイン・ビルド方式の活用に消極的である背景に、我が国における独特の元請―下請関係で、下請受注が元請受注に比べ著しく不利になるからである。

(1) 入札で下請予定業者の能力評価

元請―下請の関係が日本ではマスターとサーバント（主従、あるいは上下）に近いが、米国、英国などの諸外国ではパートナー（仲間）としてとらえられている。この様な元請－下請観は、必ずしも当事者間だけのものではなく発注者にも共有されている。例えば、米国、英国のデザイン・ビルド入札は能力評価型の指名競争入札方式で行われるが、指名に際して、発注者は下請予定の建設業者、コンサルタントの能力も考慮する。また、指名後に落札者を決定するための総合評価においても、下請業者の技術力が入札者と同様に評価の対象となる。従って、入札時に下請予定業者の名称、下請の内容、実務経験等の資料を提出する必要がある。

一方、日本では入札評価で評価対象になるのは入札者だけであり、下請予定業者は対象にされない。我が国のデザイン・ビルドの目的は、米国あるいは英国と違い主として設計に建設業者のノウハウを活用することであるが、その場合でも建設業者が詳細設計作業の多くの部分で建設コンサルタントを下請で活用することは十分に考えられるし、工事施工は大部分が下請建設業者の手に委ねられる。従って、発注者は入札段階で入札者の技術力を評価する際には、下請予定のコンサルタント、建設業者も評価の対象にするのが望ましい。

(2) 下請予定部分の入札価格は下請予定者の見積価格

米国や英国では入札者が入札価格を算定する際、契約の一部、例えば設計、舗装、PC橋などを下請発注する場合には、夫々の工種の予定下請業者から見積りを取り、その見積額で入札が行われており（注：米国の発注者の中には、入札に当って予定下請負業者を価格競争入札で決定することを義務付けている者もある）、日本でしばしば見受けられる元請業者の指値で下請価格が決められることは少ない。

米国の公共工事の契約には、発注者が契約終了の日から3年以内は、請負業者の経理簿などを監査する権利を有する規定が設けられている。この規定は請負代金が適正であったか、労務賃金が適正に支払われているか、下請負業者への支払が入札時の下請金額と整合しているかなどを確認するためのものである。

　我が国において、建設コンサルタント、中小建設業者などが下請になることを嫌う最大の理由は、元請業者による下請代金の値引き圧力、代金の支払遅延問題などである。我が国においても入札価格に予定下請負業者の見積を反映する方式を模索するのが望ましい。その際、米国の発注者による帳簿の監査制度は、適正な下請契約を実現するための有効な手段になると考えられる（注：巻末の参考資料Ⅱの1.9を参照）。

(3) 下請実績の評価

　近年、工事入札では総合評価入札、建設コンサルタント選定では技術プロポーザル方式が増加してきている。その際、過去の実績が高く評価されている。また、価格競争であっても、指名入札の場合、品質の確保、指名基準の説明責任の観点から、従来にまして過去の実績が重視されてきている。しかし、日本では米国や英国と違い、下請による過去の実績を評価しない発注者が多い。

　今後、デザイン・ビルド方式による発注が増加すると予測されるが、その場合、建設コンサルタントが建設業者から設計の大部分を下請受注するケースも少なくないと思われる。しかし、現行の発注システムの下では、下請として建設コンサルタントが良好な成果品を納入したとしても、その設計は元請の建設業者の実績として扱われることになる。この様な取り扱い方法は建設コンサルタントに不利をもたらすとともに、元請の建設業者を不当に過大評価することになる。

　上記のような不合理な例は、中小建設業者や専門工事業者が下請として施工に携わる場合にも起こりうる。今後は下請受注であっても、当該下請部分に関して下請業者が自ら工程および品質管理をして完成した場合、発注者は過去の実績として認めるのが望ましい。

2.2 デザイン・ビルドでの能力評価型指名競争入札の導入を検討

下記の図5-1は、全米州政府道路・運輸職員協会（AASHTO）の依頼により作成された「道路プロジェクトの積算方法調査（Project Cost Estimating Synthesis of Highway Practice）」から引用したものであり、道路プロジェクトの設計の進捗段階と工事費の積算精度の関係を概念的に示したものである。本図は必ずしも日本の工事にそのまま当てはまるものではないが、過去のデータを分析して作成されたもので、一つの目安として参考にすることができると考えられる。

通常、デザイン・ビルド方式の発注は積算精度が15〜25％の可能性調査設計（Feasibility）の段階であるのに対して、従来型の発注は積算精度が10〜15％の詳細設計の完了段階（Engineering and design）である。一方、技術作業進捗度（Engineering complete）の面から見た場合、可能性調査設計の段階の進捗度は15％、詳細設計の完了段階では45％程度である。

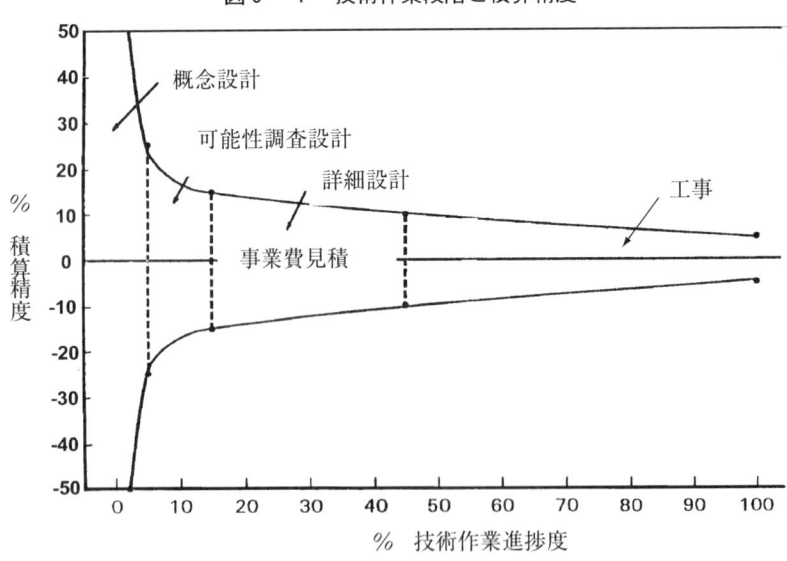

図5-1 技術作業段階と積算精度

デザイン・ビルド方式で発注される場合、通常、発注者から入札者に支給される入札資料は可能性調査段階のものである。しかし、デザイン・ビルドの入

札であっても、契約額は入札価格で確定されるため、入札者は従来型の詳細設計に基づく場合と同精度の入札価格を見積もらなければならない。そのため各入札者は自分の費用で、従来方式で発注者が作成していた詳細設計に相当する積算用資料を作成しなければならない。落札者は受注を通じて積算経費を回収できるが、その他の入札者は高額の入札経費を負担することになる。しかし、入札者の負担は何らかの形で、入札者が他の発注案件で回収を図ることから、高額な入札経費が究極的には発注者に跳ね返ることになる。従って、一般競争入札を原則とする米国においてもデザイン・ビルドには、技術力評価をベースにした能力評価型指名競争入札を導入している。英国は通常の工事も指名競争入札であり、当然、デザイン・ビルドも指名入札になっている。

我が国では、過去の事例から指名競争入札は談合入札を助長しやすいとの考えで、デザイン・ビルドでも、所定の資格を有する全ての者が入札できる一般競争入札のケースが多い。しかし、デザイン・ビルドの場合、技術競争を重視することにより談合入札の防止効果も期待できることから、米・英国と同様に公募を前提にした能力評価型指名競争入札の活用を検討するのが望ましい（注：巻末の参考資料Ⅳの8を参照）。

2.3 建設コンサルタントと建設業者のJV制度

デザイン・ビルドで異業種の技術者が協働することは、より良い設計を生み出す可能性を高めることから、今後の方向としては、建設コンサルタントが状況に応じて自由に、建設業者とJVを組んだり、あるいは建設業者の下請になったりすることができる制度を整備するのが望ましい。ただし、建設コンサルタントが建設業者とJVを組み、元請けを目指して入札する場合には、下記のように大きな契約リスクがあることに留意する必要がある。

先ず、落札ができなかった場合、あるいは受注に成功しても損失が出た場合、建設コンサルタントは建設業者から、その損失の分担を求められる可能性がある。建設コンサルタントに分担する財政的能力があるか疑問である。また、建設コンサルタントが発注者から詳細設計を受託する従来方式の場合、発注者と何回も協議を重ねて設計を完成しているため、設計の重大な瑕疵責任問題はあまり発生していない。しかし、デザイン・ビルド方式では発注者が設計に関与する度合いは遥かに少なくなり、請負業者、特に建設コンサルタントが設計瑕

疵責任を問われる可能性が高くなる。米・英国のように専門職の瑕疵責任補償保険が充実していない我が国では、建設コンサルタントの潜在的設計瑕疵リスクは非常に大きくなる。建設コンサルタントが建設業者とのJVでデザイン・ビルド方式に参画を目指すには、先ず上述のリスクへの対応措置を整備する必要がある。

補記

コンサルタントの設計責任保険

　米国のデザイン・ビルド契約で、発注者が設計コンサルタントに約18億円の保険を掛けることを義務付けている例がある。デザイン・ビルド方式の導入目的が責任の一元化である英国では、元請の建設業者が設計にも責任を負うべきであるとし、コンサルタントが保険に加入するかどうかは建設業者とコンサルタントの問題であるとして、デザイン・ビルド契約でコンサルタントに付保義務を課していない。しかし、英国のコンサルタントは従来方式の契約の下でも、自主的に20億円程度の設計責任保険を掛ける例が多く、それがデザイン・ビルド契約の設計瑕疵責任への対応策にもなっている。

2.4　発注機関で発注準備に係わった建設コンサルタントの取扱い

　デザイン・ビルド方式の発注であっても、発注に先立って発注者は事前設計（概略設計、予備設計、あるいは基本設計）を行う。その際、多くの発注者は事前設計を建設コンサルタントに委託している。また、建設コンサルタントはデザイン・ビルドの入札契約書類の作成、入札審査基準の策定にも関わることがある。この様に発注準備に係わった建設コンサルタントであっても、入札段階以降は建設業者とJVで、あるいは下請コンサルタントとしてデザイン・ビルドへの参画に関心を持つ者もある。その際、工事の発注準備に係わった建設コンサルタントが、その工事に元請あるいは下請かに関わらず無条件に参加出来ないとする例もあるが、参加を認めるか否かは、入札の公正性が保てるかどうかで判断するべきであろう。

補記

概略設計を担当したコンサルタントのデザイン・ビルドへの参画

　米国では、発注前に発注者に雇われたコンサルタントであっても、事前設計

業務のみに従事した場合には、入札に参画しても他の入札者に比べ有利になることはないとして、建設業者とのJV、あるいは下請けとして入札に参加することを認めている。ただし、入札者の指名基準、入札書の評価方法の作成等に関わったコンサルタントは当該デザイン・ビルドの入札に参加できない。また、英国においても米国と同様な考え方で、事前設計に関わったコンサルタントであっても建設業者に下請けとしてデザイン・ビルドに参加することを認めている。その理由は、発注前の設計に関わったコンサルタントは、入札で自ら作成した発注者の設計にまさる代替案を出せる可能性が高いとは考え難く、特に入札で有利になることはないと考えられているためである。

2.5 契約額の適正検証制度の導入

　国土交通省が設置した公共工事における総合評価方式活用検討委員会の報告書「総合評価方式適用の考え方（平成19年3月）」によれば、高度技術提案型のⅠ型およびⅡ型（図2-3および下記の注1を参照）については、発注者が標準案を作成することが出来ない場合や、複数の候補があり標準案を作成せずに、入札者から幅広い提案を求めることが適切な場合であり、いずれも標準案を作成せず、①設計・施工一括発注（デザイン・ビルド）方式を適用し、施工方法に加えて工事目的物自体についても提案を求める、②予定価格は技術提案を基に作成する（下記の注2を参照）としている。

　注1：Ⅰ型は、通常の構造・工法では工期等の制約条件を満足した工事が実施できない場合。

　　　　Ⅱ型は、想定される有力な構造型式や工法が複数存在するために、発注者として予め一つの構造・工法に絞り込まず幅広い技術提案を求め、最適案を選定することが適切な場合。

　　2：品確法第14条で、「発注者は、高度な技術または優れた工夫を含む技術提案を求めたときは、当該技術提案の審査の結果を踏まえて、予定価格を定めることができる。この場合において、発注者は、当該技術提案の審査に当たり、中立的な立場で公正な判断をすることができる学識経験者の意見を聴くものとする」と規定している。

　現在、我が国でデザイン・ビルド方式を適用する工事は、主として、上記の

高度技術提案型のⅠ型およびⅡ型である。従って、デザイン・ビルド方式の入札で、発注者の予定価格は優れた技術提案をした入札者から、提案にもとづく設計数量等とそれに対する見積もりの提出を求め、それらを参考にして作成される。

「総合評価方式適用の考え方」で、高度技術提案型の入札による契約は、受発注者間の双務性の向上とともに、契約変更等における協議の円滑化を図るため、従来通り総価による契約後、受発注者間の協議により総価契約の内訳として単価を合意しておく「総価契約単価合意方式」が望ましいとしている。デザイン・ビルド方式では、契約締結時には詳細な数量が不明であることから、詳細設計の完了後で、工事着手前までの間に単価を合意することになる。なお、合意する単価は契約時の総価が変わらないように設定しなければならない。

技術提案者の見積りを参考にして予定価格を作成するデザイン・ビルド方式にあっては、入札者が提出する見積りが公正かつ適正であることが前提になる。一方、発注者は予定価格について説明責任があることから、入札者の見積りを精緻に審査するとともに、自己の知見を最大限に活用する必要がある。また、入札者の見積りの信憑性の検証システムを整備することが望まれる。

信憑性の検証手段として、米国の公共工事契約で取り入れられている、「エスクロウド入札資料（Escrowed Proposal Documents：条件付捺印証書とした入札資料）」の提出、および「工事完了後に当該契約工事の実施費用に関わるあらゆる帳簿」の監査制度の導入を検討するのが望ましい。（注：巻末の参考資料Ⅱの1.3および1.9を参照）。

(1) エスクロウド入札資料の提出

　米国では従来方式の発注においても、契約が複雑、大規模工事、稀な工種を含んでいる工事などの場合、入札者からエスクロウド入札資料の提出を求める発注機関が少なくない。エスクロウド入札資料には、入札価格の内訳単価にとどまらず、単価の算出に用いた全ての資料が含まれる。発注者がエスクロウド入札資料の提出を求めるのは、発注者と請負業者の間に契約変更を巡って問題が発生したときに発注者が、請負業者の入札価格の算定条件、算定方法などを確認するためである。

　デザイン・ビルドでは、入札者が詳細設計がない段階で請負金額となる工

事費の見積をすることから、設計あるいは施工過程で請負業者から見積条件と実態の相違を理由とした契約変更のクレームが出される可能性が高い。その際、適切かつ迅速に変更額を確定するためには、エスクロウド入札資料が有益である。さらに、エスクロウド入札資料の提出制度は、入札者に信憑性の高い価格で入札するモチベイションを引き起こす効果が期待できる。

(2) 発注者による請負業者の帳簿監査制度

　米国の公共工事で平均の落札額が、発注者の積算額（Engineer's Estimates）に近似する傾向にあっても、入札における競争の欠如と批判する世論は聞かれない。また、道路事業で各州の政府に補助金を出している連邦道路庁は、発注者の積算額と落札額の乖離がプラス・マイナス10％以上になることが頻発するとき、発注者は積算方法に問題がないか調査することを求めている。この背景には、発注者の積算額が直近の市場価格を反映して行われていることともに、関係者の間に工事帳簿の監査制度の存在が、契約額を適正価格の水準に保つうえで役立っているとの認識があるためと考えられる。

　我が国においても、デザイン・ビルド方式契約では、入札者の見積もりの信憑性をチェックするシステムとして、例えば、**図5－2**の様な手順での監査制度の導入を検討することが望ましい。

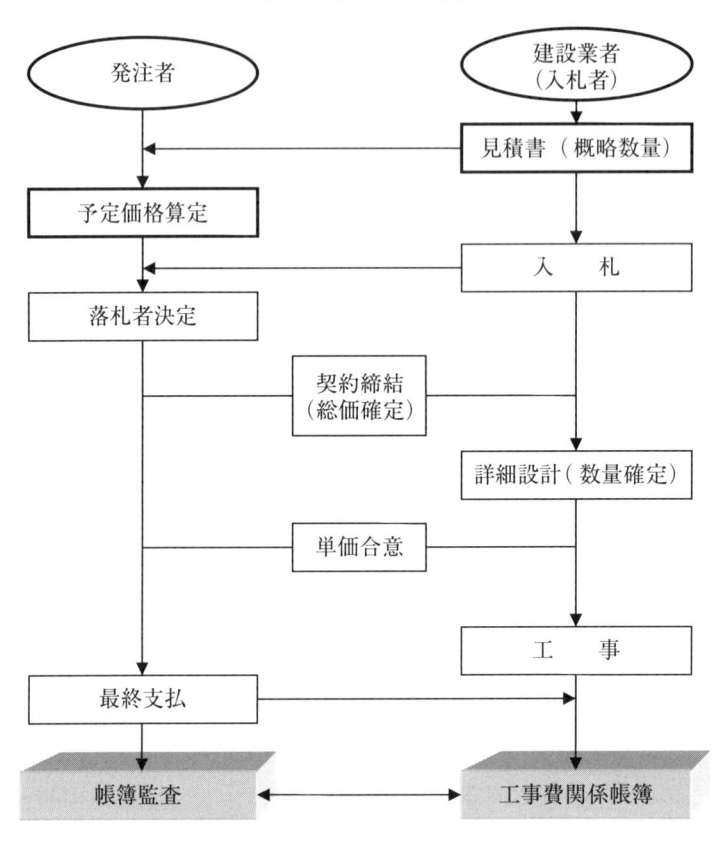

図 5 – 2　予定価格算定から監査までの手順例

2.6　技術提案書の作成費の支払い

　デザイン・ビルド方式の入札で、発注者は入札者に価格提案と技術提案の提出を求める。一般に技術提案の対象は、工事目的物そのものの提案、あるいは工期の短縮、コスト縮減、工事現場周辺の環境保全を図る工法などの提案であり、提案書の作成には多額の費用を要することが多い。落札者はその費用を入札価格に反映することで対応できるが、非落札者にとっては重い負担となる。

　非落札者に技術提案書の作成費を全額負担させる入札では、次のような問題が懸念される。

　① 入札参加者数が少なくなり、発注者にとって価格のみならず技術の面で

も競争によるメリットが低減する。
② 入札参加の選択権は建設業者側にあるとはいえ、無償で高度の技術提案を求める入札方法は、発注者にとって一方的に有利なものとして不公平と批判される恐れがある。
③ 技術提案の作成に、財政基盤の弱い建設コンサルタント、専門工事業者を含む中小建設業者が参画する事例も多いと想定される。技術提案の作成費用の全てが非落札者の負担になれば、その負担の多くの部分が下請を目指す建設コンサルタントや中小建設業者に転嫁される恐れがある。

一方、全ての入札者に技術提案書の作成費の全額が支払われる場合には、その支払費用を目的にした入札者が出現する恐れもある。また、費用を支払う場合、技術提案に用いられたアイデアに対して支払うのか、技術提案の作成手間に対して支払うのかという問題もある。

技術提案の作成費に関し、英国道路庁は支払わないとしているが、米国の連邦道路庁は作成費の一部（推定作成費の1／3〜1／2程度）を技術提案への報酬（Stipend）として支払うことを認めている。ただし、実際に道路事業を行っている州政府や地方自治体の間には、支払うところと支払わないところがある。英国道路庁が支払わないのは、これまでのデザイン・ビルドの多くが、発注者側でかなり詳細な設計をした段階で発注されており、入札者の入札書の作成費が従来方式の発注の場合と大差ないと見なされているためと考えられる。最近、活用が広まっている早期デザイン・ビルド方式も、入札で価格提案がなく入札費が比較的小額で済むことから、道路庁は通常のデザイン・ビルド方式と同様に入札費用は全て入札者の負担としている。

現在、我が国においては殆どの発注者が支払っていないが、今後、技術提案書の作成費の実態調査を進めデザイン・ビルド方式の有効活用の促進、および企業の経営面などから、技術提案書作成費の支払の必要性を検討することが望ましい。

下記は、米国の道路工事における技術提案書作成費の取扱い例である。
(1) 連邦道路庁が2006年にデザイン・ビルド方式で発注された工事について行った技術提案書の作成費に関する調査（Design-Build Effectiveness Study）によれば、約半数の工事で作成費の一部が支払われている。支払額は平均で約600万円であった。

(2) アリゾナ州では、非落札者で適切な技術提案書を提出したものには、発注者が見積もった工事費の0.2%を支払うことにしている。ただし、費用を受取った入札者は発注者に技術提案の内容を他の工事で自由に利用できる権利を与える必要がある。なお、非落札者は費用の支払いを受けることを拒否することも出来る。

マサチュウセッツ州では工事の予算が承認される段階で、技術提案書の作成費の支払いが認められている場合に支払いが行われる。その際には、入札案内書で入札指名を受け、適切な技術提案を提出し非落札となった者には、技術提案書の作成費の一部を支払うことを通知することになっている。支払額は技術提案で求める技術レベルに応じて変えている。なお、アリゾナ州と同様、費用を受取った入札者は発注者に技術提案の内容を他の工事で自由に利用できる権利を与える必要がある。また、非落札者は費用の支払いを受けることを拒否することも出来る。

(3) 表5－1は各州の交通局の道路工事での技術提案書の作成費の支払いに関する調査結果の一部である。

表5－1　技術提案書作成費の支払い例

発注者	支払額	工事に対する割合（％）	備　考
アリゾナ州	見積工事費の0.2%	0.2%	ガイドライン
コロラド州	約1.2億円	0.08%	契約額　約1420億円
フロリダ州	プロジェクトによる	0.1〜0.5%	ガイドライン
メリーランド州	見積工事費の0.2%	0.2%	
ミネソタ州	見積工事費の0.2%以上	≧0.2%	州法で規定
ネバダ州	見積工事費の0.3%以下	≦0.3%	
テキサス州	約1.56億円	0.1%	契約額　約1560億円
ユタ州	約1.14億円	0.07%	契約額　約1630億円
ワシントン州	技術提案作成費の1/3		発注実態

出典：Design-Build Dateline, March 2007

2.7　詳細設計と工事着手時期

デザイン・ビルド方式の長所の一つは、設計が出来上がった部分から遂次、工事に着手し、工事目的物を従来の発注方式に比べて、より早期に完成するこ

とが出来ることである。米国や英国の発注機関は、全体の詳細設計が完了するのを待たず、工事に着手をしても差し支えない場合は、その部分についての詳細設計が完了した段階で設計承認を与え工事着手を認めている。

我が国の「総合評価方式適用の考え方」は、デザイン・ビルド方式の契約は「総価契約単価合意方式」が望ましいとして、原則として詳細設計の完了後、工事着手前の間に単価を合意することとしている。この趣旨は、受発注者間の双務性の向上と、契約変更などにおける協議の円滑化を図るため、受発注者間の協議により総価契約の内訳として単価を合意するのが望ましいと言う考えに基づいている。しかし、この総価契約単価合意方式の場合、請負業者は全ての設計が完了しなければ工事に着手できないことになる。

デザイン・ビルド方式では請負業者が設計と施工に責任を負うもので、金額あるいは工期に影響する契約変更は、一般に契約時に想定あるいは決定していた設計・施工条件と著しく相違する事態が生じた時に限定される。従って、デザイン・ビルド方式の契約額の変更に工事着手前に作成した詳細設計に基づく単価がそのまま活用できるケースは少ないと予測される。米国の契約書で設計変更に伴う金額変更は発注者と請負業者が協議して決めることにしているのはそのためと考えられる。

米国のデザイン・ビルド方式では主としてランプサム契約である。連邦道路庁の調査によればデザイン・ビルド方式の発注件数の87％はランプサム契約となっている。ただし、米国ではランプサム契約であっても、月別の出来高払いのために金額付の作業進捗計画書（注：参考資料Ⅱ1.12を参照）の提出を求めている。

我が国において、総価契約単価合意方式の趣旨とデザイン・ビルドの早期工事着手の利点を生かすため、入札に際して全体工事を機能と工事作業内容の観点から適切な規模に分割して、入札では総価と分割工事ごとの金額（ランプサム）の提出を求め、契約後の設計承認も分割工事単位で行うことが考えられる（注：巻末の参考資料Ⅳの11を参照）。それにより全体の設計の完了を待たずに工事に着手することが可能になる。

参考資料 I
公共工事の品質確保の促進に関する法律

(平成17年3月31日法律第18号)

(目的)
第1条 この法律は、公共工事の品質確保が、良質な社会資本の整備を通じて、豊かな国民生活の実現及びその安全の確保、環境の保全(良好な環境の創出を含む。)、自立的で個性豊かな地域社会の形成等に寄与するものであるとともに、現在及び将来の世代にわたる国民の利益であることにかんがみ、公共工事の品質確保に関し、基本理念を定め、国等の責務を明らかにするとともに、公共工事の品質確保の促進に関する基本的事項を定めることにより、公共工事の品質確保の促進を図り、もって国民の福祉の向上及び国民経済の健全な発展に寄与することを目的とする。

(定義)
第2条 この法律において「公共工事」とは、公共工事の入札及び契約の適正化の促進に関する法律(平成12年法律第127号)第2条第2項に規定する公共工事をいう。

(基本理念)
第3条 公共工事の品質は、公共工事が現在及び将来における国民生活及び経済活動の基盤となる社会資本を整備するものとして社会経済上重要な意義を有することにかんがみ、国及び地方公共団体並びに公共工事の発注者及び受注者がそれぞれの役割を果たすことにより、現在及び将来の国民のために確保されなければならない。

2 公共工事の品質は、建設工事が、目的物が使用されて初めてその品質を確認できること、その品質が受注者の技術的能力に負うところが大きいこと、個別の工事により条件が異なること等の特性を有することにかんがみ、経済性に配慮しつつ価格以外の多様な要素をも考慮し、価格及び品質が総合的に優れた内容の契約がなされることにより、確保されなければならない。

3 公共工事の品質は、これを確保する上で工事の効率性、安全性、環境への影響等が重要な意義を有することにかんがみ、より適切な技術又は工夫により、確保されなければならない。

4　公共工事の品質確保に当たっては、入札及び契約の過程並びに契約の内容の透明性並びに競争の公正性が確保されること、談合、入札談合等関与行為その他の不正行為の排除が徹底されること並びに適正な施工が確保されることにより、受注者としての適格性を有しない建設業者が排除されること等の入札及び契約の適正化が図られるように配慮されなければならない。

5　公共工事の品質確保に当たっては、民間事業者の能力が適切に評価され、並びに入札及び契約に適切に反映されること、民間事業者の積極的な技術提案（競争に付された公共工事に関する技術又は工夫についての提案をいう。以下同じ。）及び創意工夫が活用されること等により民間事業者の能力が活用されるように配慮されなければならない。

6　公共工事の品質確保に当たっては、公共工事における請負契約の当事者が各々の対等な立場における合意に基づいて公正な契約を締結し、信義に従って誠実にこれを履行するように配慮されなければならない。

7　公共工事の品質確保に当たっては、公共工事に関する調査及び設計の品質が公共工事の品質確保を図る上で重要な役割を果たすものであることにかんがみ、前各項の趣旨を踏まえ、公共工事に関する調査及び設計の品質が確保されるようにしなければならない。

（国の責務）

第4条　国は、前条の基本理念（以下「基本理念」という。）にのっとり、公共工事の品質確保の促進に関する施策を総合的に策定し、及び実施する責務を有する。

（地方公共団体の責務）

第5条　地方公共団体は、基本理念にのっとり、国との連携を図りつつ、その地域の実情を踏まえ、公共工事の品質確保の促進に関する施策を策定し、及び実施する責務を有する。

（発注者の責務）

第6条　公共工事の発注者（以下「発注者」という。）は、基本理念にのっとり、その発注に係る公共工事の品質が確保されるよう、仕様書及び設計書の作成、予定価格の作成、入札及び契約の方法の選択、契約の相手方の決定、工事の監督及び検査並びに工事中及び完成時の施工状況の確認及び評価その他の事務（以下「発注関係事務」という。）を適切に実施しなければならな

い。
2　発注者は、公共工事の施工状況の評価に関する資料その他の資料が将来における自らの発注及び他の発注者による発注に有効に活用されるよう、これらの資料の保存に関し、必要な措置を講じなければならない。
3　発注者は、発注関係事務を適切に実施するために必要な職員の配置その他の体制の整備に努めなければならない。

（受注者の責務）

第7条　公共工事の受注者は、基本理念にのっとり、契約された公共工事を適正に実施するとともに、そのために必要な技術的能力の向上に努めなければならない。

（基本方針）

第8条　政府は、公共工事の品質確保の促進に関する施策を総合的に推進するための基本的な方針（以下「基本方針」という。）を定めなければならない。
2　基本方針は、次に掲げる事項について定めるものとする。
　一　公共工事の品質確保の促進の意義に関する事項
　二　公共工事の品質確保の促進のための施策に関する基本的な方針
3　基本方針の策定に当たっては、特殊法人等（公共工事の入札及び契約の適正化の促進に関する法律第2条第1項に規定する特殊法人等をいう。以下同じ。）及び地方公共団体の自主性に配慮しなければならない。
4　政府は、基本方針を定めたときは、遅滞なく、これを公表しなければならない。
5　前2項の規定は、基本方針の変更について準用する。

（基本方針に基づく責務）

第9条　各省各庁の長（財政法（昭和22年法律第34号）第20条第2項に規定する各省各庁の長をいう。）、特殊法人等の代表者（当該特殊法人等が独立行政法人（独立行政法人通則法（平成11年法律第103号）第2条第1項に規定する独立行政法人をいう。）である場合にあっては、その長）及び地方公共団体の長は、基本方針に定めるところに従い、公共工事の品質確保の促進を図るため必要な措置を講ずるよう努めなければならない。

（関係行政機関の協力体制）

第10条　政府は、基本方針の策定及びこれに基づく施策の実施に関し、関係行

政機関による協力体制の整備その他の必要な措置を講ずるものとする。
（競争参加者の技術的能力の審査）
第11条　発注者は、その発注に係る公共工事の契約につき競争に付するときは、競争に参加しようとする者について、工事の経験、施工状況の評価、当該公共工事に配置が予定される技術者の経験その他競争に参加しようとする者の技術的能力に関する事項を審査しなければならない。
（競争参加者の技術提案）
第12条　発注者は、競争に参加する者（競争に参加しようとする者を含む。以下同じ。）に対し、技術提案を求めるよう努めなければならない。ただし、発注者が、当該公共工事の内容に照らし、その必要がないと認めるときは、この限りではない。
2　発注者は、技術提案がされたときは、これを適切に審査し、及び評価しなければならない。この場合において、発注者は、中立かつ公正な審査及び評価が行われるようこれらに関する当事者からの苦情を適切に処理することその他の必要な措置を講ずるものとする。
3　発注者は、競争に付された公共工事を技術提案の内容に従って確実に実施することができないと認めるときは、当該技術提案を採用しないことができる。
4　発注者は、競争に参加する者に対し技術提案を求めて落札者を決定する場合には、あらかじめその旨及びその評価の方法を公表するとともに、その評価の後にその結果を公表しなければならない。ただし、公共工事の入札及び契約の適正化の促進に関する法律第4条から第8条までに定める公共工事の入札及び契約に関する情報の公表がなされない公共工事についての技術提案の評価の結果については、この限りではない。
（技術提案の改善）
第13条　発注者は、技術提案をした者に対し、その審査において、当該技術提案についての改善を求め、又は改善を提案する機会を与えることができる。この場合において、発注者は、技術提案の改善に係る過程について、その概要を公表しなければならない。
2　前条第4項ただし書の規定は、技術提案の改善に係る過程の概要の公表について準用する。

（高度な技術等を含む技術提案を求めた場合の予定価格）
第14条　発注者は、高度な技術又は優れた工夫を含む技術提案を求めたときは、当該技術提案の審査の結果を踏まえて、予定価格を定めることができる。この場合において、発注者は、当該技術提案の審査に当たり、中立の立場で公正な判断をすることができる学識経験者の意見を聴くものとする。
（発注関係事務を適切に実施することができる者の活用）
第15条　発注者は、その発注に係る公共工事が専門的な知識又は技術を必要とすることその他の理由により自ら発注関係事務を適切に実施することが困難であると認めるときは、国、地方公共団体その他法令又は契約により発注関係事務の全部又は一部を行うことができる者の能力を活用するよう努めなければならない。この場合において、発注者は、発注関係事務を適正に行うことができる知識及び経験を有する職員が置かれていること、法令の遵守及び秘密の保持を確保できる体制が整備されていることその他発注関係事務を公正に行うことができる条件を備えた者を選定するものとする。
2　発注者は、前項の場合において、契約により発注関係事務の全部又は一部を行うことができる者を選定したときは、その者が行う発注関係事務の公正性を確保するために必要な措置を講ずるものとする。
3　国及び都道府県は、発注者を支援するため、専門的な知識又は技術を必要とする発注関係事務を適切に実施することができる者の育成、発注関係事務を公正に行うことができる条件を備えた者の選定に関する協力その他の必要な措置を講ずるよう努めなければならない。

　　　　附　則
（施行期日）
1　この法律は、平成17年4月1日から施行する。
（検討）
2　政府は、この法律の施行後3年を経過した場合において、この法律の施行の状況等について検討を加え、必要があると認めるときは、その結果に基づいて所要の措置を講ずるものとする。

参考資料Ⅱ
米国・英国のデザイン・ビルド契約の主な条項

1 米国の契約条項

　従来型の詳細設計後の入札・契約の場合、詳細設計図があるために発注者が求める入札対象の構造物に関する意図（形状、品質、機能等）を請負業者に詳細に伝えることは比較的容易である。一方、デザイン・ビルド方式の契約では詳細設計図がないため、発注者の意図を伝える手段は仕様書などによる文言表現に限られる。当然のことながらデザイン・ビルド方式の方が、従来方式に比べ、発注者と請負業者間のコミュニケーションが不十分になる。従って、発注者側は契約書の内容、あるいは解釈を巡るクレームや紛争を最小限にするために、契約書の内容を充実させるとともに、請負業者には「契約前に契約書を十分に検討し、問題点、疑問点などがあれば発注者に通知する」ことを義務付ける規定を設ける例が多い。

　以下は、第3章第2節で紹介したワシントン州交通局がデザイン・ビルド方式で発注した道路工事の契約書のうち、デザイン・ビルド方式の特性を示す主な契約条項である。

1.1 契約書の解釈
(1) 請負業者による契約書の事前検討

　請負業者は入札書の提出前に契約書類に記された要件および条件を検討して、もし曖昧な表現があった場合、発注者に注意を促す機会が与えられ、かつ、その様にする義務を負っていることを確認し、その義務に同意していたものとする。さらに、請負業者は法律専門家とともに契約条項の記述について、用いられた特殊用語を理解したうえ同意したものとみなす。従って、契約後、契約書類の解釈を巡る紛争、曖昧問題が生じた場合、契約書類の作成者（発注者）が不利になるように解釈してはならない。

(2) 入札過程の質疑応答と契約条項

請負業者の選定過程で、入札者からの質問に対して発注者が行った回答は、契約書の一部を構成するものとみなさない。従って、回答に基づいて契約書を解釈するべきでない（編注：発注者は必要に応じて回答の内容に則して契約書を修正することがある）。

(3) 契約書の間違い等の取扱い

請負業者は契約書の明らかな間違い、欠落、矛盾、その他欠陥を自己の利益になるように利用してはならない。請負業者はそれらの欠陥を直ちに発注者に通知して、欠陥などに関わる工事を進める前に書面による明確な指示を求めなければならない。

(4) 契約書の解釈に関する確認

契約書に規定された設計要件に曖昧さ、あるいは不明確な点がある場合、請負業者は随時、発注者に対して情報提供、確認および解釈（技術解釈の決定：interpretive engineering decision）を求めることができる。発注者は請負業者が提出した技術解釈の決定についての承認、非承認をすること、および自らの技術解釈の決定を発することができる。

1.2 発注者による受領・承認

デザイン・ビルド方式は設計と施工の責任を請負業者に一元化して、請負業者からの契約変更クレームを減少することを目的の一つにしている。従って、契約は従来の契約方式に較べできる限り請負業者に自主性と自己責任を求め、発注者の関与と責任を最小限にとどめる内容にすることが多い。ただし、公共工事の発注者は、公衆に対して工事段階および工事完成後の安全、構造物の機能に責任を負うために、請負業者の作成した設計、施工計画などの内容を確認する必要があり、請負業者から各種の書類の提出を求め、発注者としての意思表示をすることになる。従って、デザイン・ビルド契約では、発注者の提示書類または意思表示と請負業者の自主性あるいは自己責任との関係を明確にしておく必要がある。この点に関する契約条項の例を示す。

(1) 書類の受領・承認

　請負業者が発注者の承認を求めて各種の提案、図面、工程計画、分析結果、設計などを提出した場合に、それらを発注者が「受領」、あるいは「承認」をするということは、発注者が提出行為あるいは提出内容が契約書で定められた夫々の要件を満たしていると見なすことである。なお、契約書で発注者あるいは請負業者の同意あるいは承認が必要とされている場合、関係者はそれらの同意あるいは承認を不当に長引かせてはならない。

(2) 監督、検査、試験と請負業者の責任

　発注者が材料あるいは工事について監督、抜取り検査、審査、確認、試験などを行っても、それは材料あるいは工事を受領することではない。また、発注者が受領あるいは承認しても、それにより発注者は契約上の如何なる保証、法令あるいは衡平法の権利を放棄することではなく、契約要件に合致しない工事を合致するように修正、あるいは追加工事を行うことを要求することができる。

　発注者が監督、抜取り検査、審査、確認、試験、検査などを実施するかどうかの判断は、発注者が自らの利益、保護の視点に立って行うものであり、その結果で、

① 請負業者の契約要件を満たす義務が発注者に移転するものでない、
② 請負業者が契約要件を満たしたと判定する証拠が得られたものとしない、
③ 請負業者は契約要件の遵守義務から免責され、あるいは発注者に対する防衛ができるものでない。

すなわち、発注者が監督、抜取り検査、審査、確認、試験などをするかしないかに関わらず、請負業者は常に、自ら独自に契約要件の遵守義務を負わなければならない。

1.3 エスクロウド入札資料

　米国では従来の契約方式においても、契約が複雑であったり、大規模工事、稀な工種などを含んでいる工事の場合、入札者から「エスクロウド入札資料（Escrowed Bid Documents：条件付捺印証書とした入札資料）」の提出を求め

る発注機関が少なくない。エスクロウド入札資料には入札価格の作成に関する全ての資料が含まれる。発注者がエスクロウド入札資料の提出を求めるのは、発注者と請負業者の間に、契約に起因する訴訟が生じたときに発注者が、請負業者の入札価格の算定条件、算定方法などを確認するためである。

　特に、デザイン・ビルドでは、入札者が詳細設計がない段階で請負金額となる工事費の見積をすることから、設計あるいは施工の進捗に伴って請負業者から見積条件と実態の相違を理由とした契約変更のクレームが出される可能性が高い。従って、発注者はデザイン・ビルド契約の場合、できる限りエスクロウド入札資料の提出を求めるのが望ましい。

(1)　エスクロウド入札資料の提出

　エスクロウド入札資料は入札者全員が入札時に提出し、非落札者のエスクロウド入札資料は落札者が決定して契約した後に返還するものとする。契約者（請負業者）のエスクロウド入札資料は契約が完了するまで、密封容器に入れて発注者の保管下に置くものとする。エスクロウド入札資料は契約に関する請負業者の全てのクレームが解決され、請負業者が最終検査（完了検査）に署名した後に返却するものとする（注：発注者によっては、落札者のみに、落札直後にエスクロウド入札資料の提出を求めることがある）。

　請負業者がエスクロウド入札資料を提出しないことは重大な契約違反であり、発注者は出来高払いの支払い拒否、あるいはその他、契約解除などの適切な措置をとることができるものとする。

(2)　エスクロウド入札資料の活用

　もしクレームが解決せず訴訟となった時、発注者は請負業者に対して、発注者にエスクロウド入札資料の開封権を与えることを書面で要求する。請負業者は要求後20日以内に回答をしなければならない。もし請負業者が拒否、または20日以内に回答しなかった場合、発注者は市民規則に従い、裁判所に対して請負業者にエスクロウド入札資料の開封命令を出すことを要請する。請負業者は密封容器に入札価格の作成に関する全ての資料を収めること、並びにクレームに関する訴訟が起きた時には、エスクロウド入札資料以外の書類を使用しないことに同意するものとする。

(3) 発注者の守秘義務

　発注者の保存期間であっても、エスクロウド入札資料の所有権は請負業者に属するものとする。発注者は請負業者から提出されたクレームに関する訴訟が生じない限り、エスクロウド入札資料が必要な書面を含んでいるか否か以外には関心を持ってはならず、また、所有権も主張しないものとする。ただし、訴訟が起きたときは、エスクロウド入札資料の所有権は、裁判所が付す使用用途、あるいは公表制限の下で発注者に移る。

(4) エスクロウド入札資料保管に関する費用

　エスクロウド入札資料の保管に関する費用は発注者が負担する（注：エスクロウド入札資料は、入札書作成の過程の資料であり、エスクロウド入札資料の提出用に特別な作業は必要ないとの考えの下で、資料の作成費は入札者の負担とする）。

1.4　請負業者による契約図書の検討

　デザイン・ビルド契約で請負業者は、発注者が契約図書で求める工事を完成するために必要な詳細設計と施工に責任を負う。契約図書には、契約の意図、設計基準などに適った目的の工事を完成するために必要な設計、工事内容あるいは範囲が記載されるが、それらの中には発注者の概略／基本設計に基づくもので、請負業者が詳細設計あるいは施工をするに当って補足、修正などを必要とするものもある。従って、多くの契約書では請負業者に契約図書について十分な検討、現場の調査、確認などをする義務を負わせる条項を定めている。以下に契約書の関連条項の例を示す。

(1) 契約図書の検討

　① 契約図書の内容

　　請負業者は設計・施工に先立って、発注者が作成した契約図書を慎重に検討しなければならない。契約図書の内容に欠落あるいは誤記があっても、それによって請負業者は目的のプロジェクトを完成して引渡す責任を免除されない。すなわち、その場合でも請負業者は、特別の契約規定がない限り、契約変更を要求することなく、契約図書が完全に記載さていた場合と

同様に所定の目的を果たすプロジェクトを完成させなければならない。
② 概略／基本設計の位置付け
　契約図書に添付される設計は、プロジェクトの概要と概念を示すためのものであり、法令に基づいて責任者が署名した最終のものではない。従って、
1) 請負業者は発注者が提示した概略／基本設計にエラー、欠落、不一致、その他の欠陥がある時は、設計および施工の過程でそれらを修正する責任を負う。修正がプロジェクト計画の根本的変更に及ぶものでない限り、修正に伴う契約金額および工期の変更はしない。
2) 請負業者はプロジェクト計画の根本的変更に及ぶものでない限り、契約図書に添付された概略／基本設計のエラー、欠落、不一致、その他の欠陥についても責任を負い、発注者に損害を与えてはならない。

(2) 現場条件の調査および確認
　建設工事プロジェクトでは、工事現場の状況が設計、施工に大きな影響を与えることから、従来の設計―入札・契約－施工方式であっても、デザイン・ビルド方式であっても、契約、設計あるいは施工前に現場の状況をできる限り確認する必要がある。発注者が作成する契約図書には地質調査報告書、水理調査報告書、現場状況に関する資料、データが添付される。従来の契約方式では発注者が現場状況を把握するために必要な全ての資料、データを提出する責任を有すると考えられている。しかし、デザイン・ビルド方式では請負業者が、現場の状況を充分に把握しているとの前提で設計、施工に全責任を負う契約が多く、契約で請負業者による現場状況の把握に関して細かく規定しておくことが必要となる。
① 発注者に対する追加土質調査の要請
　入札者の参考のため入札書提出要請書に添付された「地質基礎データ報告書」を検討した結果、追加調査が必要と判断した場合、入札者は発注者に対して発注者の費用で追加調査の実施を要請することができるものとする。要請には調査場所、深度、現地でのテスト項目などを付けなければならない。要請を受けた発注者はできる限り要請に応える努力をしなければならない。追加調査の結果は全ての入札者に渡される。なお、入札者は自

己の費用で地質調査をすることもできる。落札後に設計あるいは工事のために必要となる追加地質調査は、請負業者が行わなければならない（通常、この規定は入札説明書に明示される）。
② 現場状況の確認責任
　請負業者は入札前に発注者が提供した地質調査報告書、水理調査報告書など全ての書類および参考資料を、技術的判断と施工手法の観点から慎重かつ適切に確認するとともに、現場および隣接地の点検、調査の実施、並びにプロジェクトに影響を与える地表および地下状況を周知するために必要な事項を実施するものとする。その結果、請負業者は設計、工事、コストなどに影響を与える下記の地域的状況、物理的要件を熟知していると見なすものとする。
　a　材料の調達、運搬、廃棄、加工および貯蔵に関する諸状況
　b　労働力、材料、水、電力、および取付け道路の確保の可能性
　c　現場における天候、河川水位、潮位、その他類似事項の条件
　d　土地の形状と状況
　e　準備工および本工事に必要となる機械および施設
　f　生物的障害物、および関連の物理的障害物
　g　工事現場（材料置き場を含め）、地質調査報告書、入札書提出要請書、および契約書から想定される工事現場で遭遇する地上および地下の物質又は障害物の種類と質量
　h　工期の妥当性
③ 現場における補足調査
　請負業者は適切な現場調査をすれば事前に発見することができる全ての現場条件に対して責任を負うもとする。さらに、請負業者は後日発生する現場条件の変化に対しても責任を負うものであり、それによる契約金の増額と工期の延伸を要求することはできない。適切な現場調査には入札者が適切な設計、見積、工事をするために必要と判断する全ての地質調査を含むものとする。入札者からの入札書の提出は、入札者が適切な現場調査を実施したと判断するに足りる証拠と見なすことができるものとする。
　請負業者は、自らの責任で現場で遭遇する地質の性状および工事への影響に関する検討を行い結論を出さなければならない。請負業者が直接、間

接を問わず、契約書に記載された契約履行条件を十分に確認し理解していないことに起因した増額あるいは工期延伸クレームを提出しても、発注者は一切の責任を負わない。契約書に関して請負業者が不明瞭な点が有ることを知りつつ、発注者に通知しなかった場合、あるいは適切な注意力を持つ者であれば発見できる不明瞭点を発見できないことに起因するクレームは認められない。

④　契約図書の地質データの位置付け

請負業者は発注者が実施した工事現場の地下状態調査ボーリングのデータおよび標本を入手し検討をすることができる。また、ボーリング結果は契約の一部を構成するものとする。ただし、それにより発注者が明確にあるいは暗示的に以下のことを保証するものではない。

a　ボーリングデータについての請負業者の分析結果が正しいということ。

b　湿潤状態、地下水位がボーリング調査時と変わっていないということ。

c　ボーリング調査後に調査地点の地盤が物理的に乱れ、あるいは変更されていないということ。

発注者からの地下状態に関する情報提供の有無によって、請負業者は契約で定められたリスク分担、あるいは試験、調査の実施義務を免除されるものではない。

補記

日本における地質調査資料の取扱い

日本では、発注者が提供した「入札参考図書等に明示されている地質と詳細設計時に確認された地質が異なる場合、発注者が必要と認めたものについては変更対象とする」という契約事例がある。

---

(3)　詳細設計のコンサルタントへの下請発注

日本におけるデザイン・ビルドの導入目的は、設計段階から建設業者のノウハウを活用し、より良い品質、あるいはコスト、工期で優れた工事を実現することである。一方、米国のデザイン・ビルドの主目的は、請負業者の契約履行能力の確認および工期の短縮である。従って、日本のように建設業者

のノウハウを設計に生かすことを最も重視しているわけではない。また、建設業者が設計をすることは「専門職業免許法（Professional Licensing Law）」に抵触する恐れがあることから、デザイン・ビルドの契約書に、「発注者および請負業者は、詳細設計が専門職業免許資格を有するコンサルタント会社に下請発注され、作成されることを前提にしている」という条項を設けている。

　また、契約書には設計作業は、関連法令に基づいて免許を有し思慮深く、専門分野の技能と経験を有する者によって、あるいはその者の監督の下で作成されなければならないとの規定も設けられている（下記の「専門職業免許保持者への詳細設計下請発注規定」を参照）。

専門職業免許保持者への詳細設計下請発注規定

（ワシントン州交通局のデザイン・ビルド契約書から抜粋）

（Design Professional Licensing Requirement）

All design services furnished by Design-Builder shall be performed by or under personnel licensed to perform such services in accordance with Washington law, by personnel who are careful, skilled and experienced and competent in their respective or professions, who are professionally qualified to perform the Work in accordance with the Contract Documents and who shall assume professional responsibility for the accuracy and completeness of the Design Documents and Released for Construction Documents prepared or checked by them.

WSDOT does not intend to contract for, pay for or receive any design services that are in violation of any professional licensing laws, and by execution of the Contract Form, Design-Builder acknowledges that WSDOT has no such intent. It is the intent of the parties Design- Builder is fully responsible for furnishing the design of the Project through subcontracts with licensed design firm(s) as provided herein.

（デザイン・ビルドの請負業者は、免許を取得している設計会社と下請契約を締結し、設計を提出する責任がある）

(4) 参考：デザイン・ビルドにおけるコンサルタントと建設業者の役割

　米国では、デザイン・ビルドで建設業者とコンサルタントがJVを組むことが認められることがあり、その場合はコンサルタントがJVの請負業者として設計を担当することはあり得るが、実態としては例が少ない。コンサルタントが建設業者とJVを組んだ場合、コンサルタントも受注リスク（受注失敗による入札コストの分担）、建設コストリスク（受注工事で赤字が出た場合、損失額の分担）を負うことがある。英国ではデザイン・ビルドの請負業者は建設業者に限定され、設計は建設業者がコンサルタントに外注している。デザイン・ビルド契約での建設業者とコンサルタントの役割分担には多様な形態が想定されるが、一般的な例を参考表2－1に紹介する。

参考表2－1　デザイン・ビルドにおける建設業者とコンサルタントの役割例

	契約者 （元請業者）	主たる施工者(注1)		主たる設計者(注1)		
		元請 建設業者	下請(注2) 建設業者	元請 建設業者	元請 コンサル	下請(注2) コンサル
米国	建設業者	◎規定金額以上を施工(注3)	◎規定金額以内を施工	—	—	◎入札落札審査対象
	建設業者とコンサルJV	◎規定金額以上を施工(注3)	◎規定金額以内を施工	—	◎	○入札落札審査対象
英国	建設業者	◎	◎	—	—	◎入札落札審査対象
日本	建設業者	○主に監理のみ	◎ほぼ全工事を下請が施工	○ ◎ ◎	— — —	◎ ○（部分）

注1：◎印は工事または設計作業の中核者。○印は工事監理または設計の一部に従事。
　2：米国では、元請のみならず「主たる下請建設業者および下請コンサル」も入札者の決定の際に、審査の対象になる。日本では下請けは審査対象にならない。
　3：米国では、デザイン・ビルド契約であっても元請建設業者が自ら施工しなければならない最小工事金額、又は最大下請工事金額（契約額に対する比率）が決められることが多い。日本では元請建設業者は工事監理をすれば、実質的に全ての施工を下請業者に発注することが出来る。

1.5　契約変更

(1) 契約工事の変更

　デザイン・ビルド契約の場合、請負業者が設計、施工に対して全ての責任

を負うものであり、発注者が従来の契約方式の場合に比べ、より自由に工事の範囲、内容を変更することは望ましくない。しかし、建設工事の特質上、発注者が契約前に全ての事態を把握して発注することは不可能である。従って、デザイン・ビルド契約であっても、発注者、請負業者の双方に契約工事を変更する権利を確保しておく必要がある。その際、発注者、請負業者のどちらかが、一方的に利益を得る、あるいは損失を被ることのないよう契約書に工事変更を認める要件、認めない要件、並びに契約金額あるいは工期の変更に関する規定などを設ける必要がある。

① 発注者による工事範囲変更要請

発注者は工事の範囲を変更し、請負業者に変更要請をする権利を有するものとする。請負業者は発注者から工事変更を要請されたときには同意しなければならない。なお、工事の変更によって契約が無効になるものでなく、また保証会社が責務を免除されるものでもない。発注者が変更要請をすることができるのは以下の事項とする。

1) 当初工事の一部取消し
2) 新規工事の追加
3) 当初工事の内容変更
4) 契約書の要件と条件の変更
5) 発注者が提供する施設、器具、材料、サービス、現場の変更
6) 工事の促進あるいは遅延命令

② 契約金額と工期の変更

発注者は工事変更が請負金額、あるいは工期に影響を与えると判断した場合には契約を変更する。変更の内容は発注者と請負業者が協議して決定する。なお、変更により請負業者の利益が減少しても、損失利益の補填はしない。契約額について両者の協議が整わなかった場合、発注者が契約書で別途定める方法で算定して決定する。また、工期について合意できない場合、発注者が適当と判断する工期に変更するものとする。

請負業者は追加工事（本体工事以外の工事を含む）となると考える工事をする場合、その工事に要した人件費と材料費の記録を発注者から変更命令が発行されるか、あるいは紛争の解決まで保管すること。また、発注者が契約工事の変更を要請した場合、請負業者は変更に関して保証会社から

書面による同意を得なければならない。
③　請負業者による技術提案の変更

　　入札で提出された技術提案は契約書類の一部であり、請負業者は発注者による承認がない限り、技術提案の基本概念を大幅に変更してはならない。請負業者が契約要件を満たすために設計書を一定の限度内で変更することは、請負業者の責任の範囲内の行為であり、工事変更とはみなさない。従って、その場合には契約金額、工期変更は行わないものとする。

(2)　**現場条件の相違**による契約変更

　　デザイン・ビルド契約では、請負業者は入札あるいは契約締結の前に工事現場を調査して現場条件を熟知することを義務付けられていることが多い。しかしながら、現場条件、特に地下の地質性状、障害物を確実に把握することは困難である。もし、一切の現場条件の相違を契約変更の対象外にした場合、入札者は高額の現場相違リスクを入札額、即ち契約額に上積みをする可能性があり、請負業者に転嫁したリスクを実態としては発注者が負うことになる。従って、デザイン・ビルド契約であっても、契約書で現場条件に著しい相違があった場合には、契約変更をする規定を設けるのが合理的である。

①　現場条件の相違の定義

　　現場条件の相違とは下記の何れかとする。

1)　工事現場の地中あるいは不可視部分の物理性状が発注者が提供した「地質基礎データ報告書」および「追加地質調査結果」と著しく相違し、かつ、通常の妥当な調査、あるいは分析では発見できないもの。または、

2)　通常、契約工事と同種の他の工事で遭遇する性状と著しく相違した異常な物理的性状で、入札時点で入札者がその様な性状の存在を認識していないもの。

3)　有害／危険物質については、入札書に当該有害／危険物質に対する単価項目がある場合、その有害／危険物質の存在は現場条件の相違とは見なさない。それ以外の有害／危険物質で契約工事を実施する際に、著しい工事費あるいは工期の増大をもたらすものの出現は現場条件の相違と見なす。

　　発注者、あるいは請負業者の何れも、上記の状況を発見した時には、そ

の状態が攪乱される前、あるいは当該相違で影響を受ける工事を行う前に書面で相手方に通知するものとする。
② 契約変更方法
　現場条件の相違が発見された場合、発注者は調査をして、それが契約上の現場条件の相違に該当するか、工事費あるいは工期の増大、減少をもたらすかを判断し、工事費あるいは工期の変更契約案を作成する（変更で請負業者が当初想定した利益の一部を失うことになっても、それに対する補填はしない）。発注者は請負業者に書面で変更案を通知して、変更案の受理あるいは拒否を確認する。上記の規定に係わらず請負業者は、発注者に対して現場条件の相違により生じた妥当な実費の増額を伴う契約変更命令を発行することを要求する権利を有すものとする。ただし、増額が要求できるのは現場条件の相違による増額の累計額が200万ドル（約2.4億円）を超えた場合で、かつ200万ドルを超える部分の額であり、累計額のうち最初の200万ドルは請負業者が負担するものとする。
　現場条件の相違で、請負業者が特に定められた書式により、理由を提出しない限り、請負業者に利益をもたらす契約金額の変更はしないものとする。
　契約変更は、公正を期すために発注者と請負業者が協議をして行うものとする。ただし、両者が合意に達しない場合は契約書の別項で定めるところにより、発注者が適正な金額、工期の変更を決定するものとする。
③ 現場条件相違の有無の判定
　もし、発注者が現場条件の相違が存在しないとして、契約額あるいは工期の変更が認められないと判断した場合、それを最終決定とする。
④ 請負業者の現場条件相違の立証義務
　請負業者は現場条件の相違が存在し、それによるコスト増を回避することができなかったことを立証する義務を負うものとする。請負業者の発注者に対する変更命令要請書には、入札時の現場条件の推定に用いた全ての仮定を記述し、有資格技術者（PE）が署名した書面を添付しなければならない。さらに、書面には当初の仮定が妥当であり、実際の条件が想定とどの様に相違しているかを正確に説明し、建設コストおよび諸問題を最小限に留めるための設計代案および施工方法を見出すために如何なる努力を

したかも記述しなければならない。
⑤　保険適用可否の確認

　請負業者は、発注者に対して現場条件の相違に関連した契約変更命令の要請をする前に、変更に関わるコストが保険でカバーできるかどうかの調査をするものとする。請負業者が保険の請求をするに足る根拠があると判断した場合は、その旨を発注者に通知しなければならない。保険会社が支払に関する決定をするまで、あるいは保険の支払いを拒否するまでの間、発注者が保険でカバーされるであろう金額を請負業者に支払わなくても、契約違反としない。

　請負業者は保険会社の決定が出るまで、現場条件の相違により必要となった全てのコストの記録を保存しなければならない。保険会社が保険請求を拒否し、請負業者が契約変更の要請をした時、発注者は変更命令の手続きをとる。ただし、発注者は保険会社の決定に対して異議を申し立てる権利を有し、それに対して請負業者は協力するものとする。

(3) 契約変更の対象としない事項

　下記の事項に起因するコスト増については請負業者が全ての責任を負い契約変更の対象としない。従って、請負業者は契約額の増額、工期の延伸を求めることができないものとする。
1) 設計の間違い、欠落、不一致、およびその他の欠陥
2) 発注者が設計審査過程で請負業者に契約要件に合致するように命じる設計変更
3) 請負業者の施工工程計画の欠陥、間違い、または施工順序の変更
4) 下請業者の行為、あるいは不作行為
5) 工事現場の隣接施設の所有者あるいは他の工事の請負業者の行為、あるいは不作行為
6) 地下水位、あるいは土質の含水量
7) 機械・材料の搬入遅延、入手不可、あるいは欠陥、または契約書に特定されている機械、材料あるいは製品の価格上昇
8) クリティカルパスに表示されていない項目の遅延によるコスト増
9) 契約要件不備の修正、それに対する発注者の監督その他の費用

10) 請負業者の契約要件不遵守
11) 請負業者の責任となっている政府からの許可取得の遅延、または失敗
12) 発注者の管理が及ばない全ての事項（ただし、契約書で規定されて事項を除く）
13) 不可抗力を除く全ての状況で、上記に記されてなく、かつ契約書の他の箇所に別途の規定がされていないもの

―― **補記** ――

バージニア州交通局の契約金額の変更方法

工事変更に伴う契約金額の増減額は、発注者と請負業者が下記の方法のうち、どれか一つの方法、あるいは幾つかの方法を組み合わせて協議し決定するものとする。

1) 発注者と請負業者間の契約合意書（Agreement）に記載されているユニット・プライス（単価）、あるいは契約後に合意されたユニット・プライスによる（下記の「注」を参照）。

2) 適当な範囲と規模で区分けした工事パッケッジ（作業項目）ごとにランプサム（一括金額）を算定する方法による。ただし、ランプサムの算定は、発注者が妥当性を評価するに足る十分な実証データで裏付けされていること。また、ランプサムは発注者と請負業者の双方にとって受け入れ可能な額とする。

3) 発注者側の算定式で積み上げる（コスト・プラス・フィー（諸経費と利益））方法による。

4) 上記の1）～3）による協議で、発注者と請負業者が契約金額の増減に合意に至らないにも拘らず、発注者が工事変更を指示する場合、契約金額の変更額は、請負業者が提出して発注者が適正と認める実費（増減額）に契約書で定められている計算方法で算定した諸経費と利益を加算して決定するものとする。その際、請負業者は変更に伴う実費（増減額）の正当性を証明する詳細な会計資料を契約書に定められた期間保存すること。

（注）契約書に含まれるユニット・プライス、あるいは契約後に合意されたユニット・プライスがあるが、それらのユニット・プライスを適用することが発注者あるいは請負業者に著しい不公平をもたらすと考えられるときは、それ

らのユニット・プライスを調整するものとする。当初のユニット・プライスが不公平をもたらすことの立証は請負業者の責務とする。

(4) 契約後ＶＥ

デザイン・ビルド契約の場合、契約後 VE で有効な代案が出る可能性は低いが、請負業者は VE を実施することができる。請負業者による VE 結果を取り入れるためには、発注者が変更命令を出すものとする。ただし VE 結果についての責任は全て請負業者が負うものとする。なお、コスト縮減ができた場合、発注者と請負業者は縮減額を折半するものとする。

1.6 発注者による工事監督と検査

請負業者は責任を持って施工の手段、方法、技術、手順、および現場の安全等の管理、並びに契約で求められる全ての調整を行い、契約要件を満たす工事を完成する責任を負う。しかし、建設工事の場合、工事完成後に欠陥が見つかり、請負業者の費用負担で手直しをしても、そのために工事完成が大幅に遅れ発注者にとっても損失となる。また、工事の内容によっては施工過程でないと品質の確認が困難、あるいは不可能なこともあることから、発注者としては工事過程で請負業者の工事を監督する必要がある。従って、デザイン・ビルド契約であっても、一般に契約書で発注者による工事監督と検査に関する細かい規定が設けられる。

(1) 発注者（監督員）の権限

請負業者は契約工事を発注者（監督員）が契約要件に合致したものと認めるように完成させなければならない。そのために契約書および仕様書で発注者に工事管理に関する一定の権限を与えている。

① 発注者による最終決定事項

発注者（監督員）に決定権が与えられている場合、発注者が行う決定は最終的なものであり、請負業者は決定に従わなければならない。ただし、請負業者が規定の時間内に決定に対して異議を申し立てた場合には、法律で定めるところにより解決するものとする。発注者の決定が最終になる事

項には以下のものが含まれる。
1) 材料および工事品質の合否判断と引取りの是非の判断
2) 工事の出来高の決定
3) 現場条件の相違、あるいは変化の有無の判断
4) 契約要件の解釈
5) 請負業者の契約履行状況の判断
6) 支払の是非の判断
7) 工事中断の判断
8) 契約不履行、あるいは公衆の利便の観点に立った契約解除の必要性の判断
② 請負業者以外の者への施工依頼
請負業者が発注者の指示、あるいは契約要件に従わない場合、
1) 発注者は、発注者の職員、他のコントラクター、他のデザイン・ビルダーなどにより工事を完工させることができるものとする。その際、
2) 発注者は、請負業者以外の者が施工した部分に対しては請負業者への支払義務はなく、かつ、請負業者との契約額からそのための費用を減額するものとする。

(2) 監督補助員と検測員の権限

発注者は、工事および材料が契約要件に合致するか否かの判定業務を補助するために、監督員を補佐する監督補助員（Assistant）と検測員（Inspector）を任命することが多い。その際には混乱を避けるために、監督補助員と検測員の役割、権限を明確にしておく必要がある。

監督補助員および検測員は、監督員の最終判断を仰ぐことを前提に、欠陥材料の拒否、不良工事の中断に関する権限を有する。ただし、監督補助員および検測員は工事および材料の受取り、契約書の内容に反する指示および助言をする権限は有しない。従って、監督補助員および検測員の契約変更の指示の結果、工事、あるいは材料が契約要件に合致しないものになった場合でも、請負業者が責任を負わなければならない。

監督補助員および検測員は請負業者に工事および材料の欠陥、契約要件違反についての助言をすることができる。しかし、監督員あるいは監督補助員

および検測員が助言しないことが、発注者が工事あるいは材料を受取ることを意味するものではない。

(3) 計画・設計図および施工図
① 発注者作成の基本計画のチェック義務
請負業者は設計および工事に着手する前に、発注者の作成した基本計画に示された設計を施工性の観点からチェックして、エラー、欠落、矛盾、その他の欠陥があれば発注者に通知しなければならない。また、請負業者は設計および工事に着手した後に基本計画の設計エラー、欠落、矛盾、その他の欠陥に気が付いたときには直ちに発注者に通知するものとする。
② 基本計画の変更承認
基本設計にエラー、欠落、矛盾、その他の欠陥があり、それらを修正するために基本計画を変更する必要がある場合、請負業者は発注者および関係者から書面による承認を得なければならない。
③ 発注者による請負業者の設計チェック
請負業者は設計を作成した場合、施工に着手する前に、発注者に提出し発注者からコメントを求めなければならない。もし、コメントが付された時には、請負業者は適切に設計を修正し、それを「確認済み施工設計」として施工に着手するものとする。請負業者は「確認済み施工設計」を変更するためには発注者の承認を得なければならない。
④ 施工図面
請負業者は「確認済み施工設計」に基づき施工図面を作成した時には、発注者に提出しなければならない。

(4) 施工管理
① 工事と材料の検査
発注者は全ての工事と材料について契約書に基づいて検査を実施する。請負業者は検査期間中、発注者の安全と検査箇所へのアクセスを確保するため、通路、手摺り、階段、足場などを設置しなければならない。
発注者から要請があった場合、請負業者は工事に用いた材料のサンプルを無料で提供しなければならない。発注者は請負業者が利用する品質保証

機関の書面による品質証明書のない材料については撤去して取り替えることを命令することができる。

発注者の雇用者による検査、試験、測定などは、発注者が工事、材料および進捗度が契約書に合致したものであるか否かを確認するためのものである。発注者による検査などは請負業者の契約書の規定に基づいて施工する義務を免除するものではない。請負業者は基準を満たさない工事を修正しなければならない。発注者は検査をして出来高払いをした工事であっても不適当な工事であることが判明すればその工事の受取りを拒否することができる。

② 不可視部分の検査

請負業者は被覆され不可視となる工事部分については被覆前に発注者に通知して、発注者に検査する機会を与えなければならない。また、請負業者は被覆部分について発注者が被覆の除去を要求したとき、除去しなければならない。検査、試験、測定などの結果、工事が適正に行われていたことが確認された場合には、その費用は発注者が負担し、工事が適切でなかった場合には請負業者が負担する。

③ 不可抗力に対する免責

請負業者は工事が完成し発注者が受取る日までは、全ての工事について維持管理、再工事、修繕、修復、あるいは取替えの全責任を負い、そのために必要な費用を負担するものとする。ただし、請負業者が適切な予防措置を講じたにも関わらず地震、洪水、その他大異変などの不可抗力、あるいは社会の敵、政府機関の行為によって契約構造物の本体に生じた損害について請負業者は免責される。

④ その他

請負業者の責によらない原因で工事施工が遅延した場合は、別途定める方法に基づいて工期の延伸期間を決定するものとする。

1.7 請負業者の損失・損害補償責務と保険

公共工事契約で、請負業者は契約履行の過程で、発注者および第三者に被害を与えた場合、契約書で特別な規定を設けていない限り、全ての責任を負う。また、請負業者および下請業者が法令あるいは契約に違反したことで損失、被

害を蒙った第三者によるクレームから発注者を免責あるいは保護する義務を負う。そのため、発注者は契約で請負業者の義務履行を担保するために、請負業者および下請業者に必要な保険を要求することが多い。以下は米国におけるデザイン・ビルド契約書に定められた請負業者の損失・損害補償責務と保険に関する規定例である。

(1) 損失・被害に対する責任
① 請負業者の責任
　以下の項目あるいは事項に関して、請負業者は工事期間、あるいは発注者への最終引渡しを完了するまでは、理由の如何に関わらず資産への被害、人的傷害または死亡に対する法的責任を負い、発注者、あるいはその職員は一切の責任を負わないものとする、
1) 工事構造物またはその一部の損失あるいは被害
2) 工事に用いる資器材の損失あるいは被害
3) 建設労働者、あるいは一般市民の傷害、死亡、または請負業者が予防できたであろう理由による一般市民の損害

② 請負業者の発注者免責義務
　請負業者は発注者に請負業者による下記の事項を原因とするクレーム、訴訟、行政的あるいは法的訴訟手続き、被害、損失、傷害あるいは死亡、負債、弁護士費用などの責任あるいは負担を負わせてはならない。
1) 契約違反行為
2) 環境法、およびその他諸法令遵守違反、工事に必要な政府許可の不取得
3) 特許あるいは著作権侵害、その他商業秘密、ノウハウなどの盗用
4) 不注意あるいは手抜き行為
5) 契約工事への支払金に関して、税務当局からの請負業者、下請業者、従業員などに対する納税クレーム
6) 契約工事の中止通知又は先取特権請求
7) 有害物質の廃棄
8) 請負業者の介入が原因の迷惑、混乱、遅延、損失に対する他の建設業者からの損害賠償請求

③　発注者が提供した計画・設計の欠陥に対する責任

請負業者は設計関連書類のエラー、欠落、矛盾、その他の欠陥などのチェックをする義務を負うものであり、別途、契約書類で特別の規定が定められていない限り、請負業者は発注者が作成した基本計画、概念図、あるいは参考書類のエラー、欠落、矛盾、その他の欠陥に起因するものも含めたクレーム、被害、損失、費用の負担あるいは責任から発注者を免責あるいは保護しなければならない（注：基本計画、概念図は入札者への単なる参考資料である）。

④　発注者の怠慢行為などによる損失

1) 契約書で請負業者に付保が求められている損失、被害、あるいは費用に関して、請負業者の発注者免責義務は、発注者の怠慢行為、意図的な不正行為が直接の原因となっているものには適用しない。

2) 契約書で請負業者に付保が求められていない損失、被害、あるいは費用に関しても、請負業者の発注者免責義務は、発注者の怠慢行為、意図的な不正行為が直接の原因となっているものには適用しない。

(2) 損失・被害に対する保険

請負業者が責任を負う損失あるいは被害賠償を担保するため、契約書で請負業者が各種の保険を掛けることを義務付けている。請負業者は契約締結前に保険加入証明書を提出しなければならない。ただし、請負業者は保険に加入することだけで賠償責任を解消されるものではない。請負業者が掛けるべき損害賠償保険の種類は、発注案件によって異なるが、次の**参考表2－2**に一例を示す。

参考表2－2　保険の種類

一般営業賠償保険（注）	重要書類保険	専門技術サービス賠償保険
労働者補償保険	環境賠償保険	工事保険
自動車賠償保険	追加賠償保険	

①　一般営業賠償保険（Commercial General Liability Insurance）

被保険者の怠惰行為による傷害あるいは資産被害を蒙った公衆(第三者)からの損害賠償クレームに対する保険。一般営業賠償保険は商業、あるいはその他の営業に関わる所有者、または運営者が付保し、所有者あるいは

運営者を傷害、被害賠償責任のリスクに対して保護するものである。保険書に特記されたものを除いて全ての傷害、被害がカバーされる。
② 専門技術サービス賠償保険
契約工事の履行に関わる設計、その他の技術作業における怠惰行為、エラー、手抜きの結果に対する賠償保険。保険額は例えば、1件当たり、および総額で1,500万ドル（約18億円）以上と規定される。この保険は、元請のみならず全ての下請コンサルタントの専門技術サービスもカバーするものとする。
③ 工事保険
保険のカバー範囲と保険額は下記の通りとする。なお、この保険は元請のみならず、設計専門のコンサルタントを除き、全ての下請業者も対象とする。
1) 保険の範囲
契約工事に伴う下記の全てのリスクを対象とする。
・不適切施工、仕様に合致しない工事、設計あるいは仕様書の手抜きあるいは欠陥による損失。
・地滑り、洪水、火災、盗難、破壊行為、悪質ないたずら、機械事故、試運転による被害あるいは損失。
・残骸撤去、建築物、構造物、機械、器具、施設、備品および契約工事を構成するその他の全ての物の損失。
・資器材運搬保険（供給者が付保している場合は除く）。
・契約履行のために保管している資器材の取替え費用。
2) 保険額
賠償保険額は地滑り、洪水を含むあらゆる物理的リスクに起因する損失あるいは被害を復元するに足るもので、かつ最低額は例えば、a）5,000万ドル（約60億円）か、b）予想最大損失額と弁護士費用、およびその他損失および被害に伴う費用のうち、どちらか大きい額とする。
④ 重要書類保険
請負業者は重要書類の損失1件当たり最低20万ドル（約2,400万円）の保険を掛けなければならない。この保険は計画書、図面、計算書、現場記録書、その他工事に関係する類似の重要書類が発注者に引き渡される前に

紛失あるいは破損した場合、それらを復元するためのものである。

(3) 下請業者による保険

　請負業者は下請業者に本契約で求められる保険で、下請業者に係る損失あるいは被害が請負業者が掛ける保険でカバーされない場合、下請業者にそれに対する保険を掛けさせなければならない。その際、請負業者は下請業者の一般営業賠償保険と自動車保険の証書に発注者を被保険者に加えさせなければならない。

　請負業者は下請業者に対して、保険会社が被保険者となった発注者に下請業者の代理人としての責務の履行を求める権利を放棄させるように要求しなければならない。発注者が要求した場合、請負業者は各下請業者に係わる保険についての証拠を提出しなければならない。また発注者は下請業者と直接に連絡をとり保険のカバー状況を確認する権利を有する。

(4) 保険料と保険加入証明書

　請負業者は工事契約で規定された保険の保険料金を負担するものとする（保険料は請負契約金に含まれているものと見なす）。請負業者は請負業者の責に帰するクレーム、訴訟などが保険でカバーされる金額を超える場合には、その差額を発注者が契約に基づき支払うべき請負代金から控除することに同意するものとする。

　請負業者は契約締結前で、かつ指定期日の10日前までに、所要の最低限の保険に加入していることを証明する証拠を提出しなければならない（下記の「(注) 代替保険」を参照）。

注：代替保険

　請負業者の努力と無過失に係わらず、保険市場の都合で適正な保険料で請負業者が所定の保険を掛けることができず代替保険を提案した場合、発注者は誠意を持って代替保険の受入を検討するものとする。ただし、代替保険の保険料が増大しても契約額の増額はしない。また、代替保険賠償額が発注者が求める金額に達しない場合、発注者は請負業者への支払金の一部を留め置くことができるものとする。

1.8　下請け発注申請

① 　下請発注承諾

請負業者は発注者の書面による承諾を得なければ工事を下請け発注をしてはならない。発注者の承諾を得るために、請負業者は発注者の定める所定の書式で下請発注の承諾申請をするものとする。申請書には下請会社名、および下請会社が再下請を予定している場合はその会社名も添付するものとする。さらに、発注者が要求した場合、請負業者は下請け発注を予定している会社の下請予定工事に関連する工事実績、施工能力、あるいは建設機械についての情報を提出しなければならない。

発注者が請負業者に下請発注を承諾しても、それは以下のことを意味するものではない。

1)　契約で定められた請負業者の責任の一部を免除すること。
2)　契約およびボンドに基づく請負業者の責務、損害賠償責任を免除すること。
3)　発注者と下請業者間に新たな契約関係が生じること。
4)　請負業者が発注者に対して有する権利が下請業者に移行すること。

② 　労働者賃金

請負業者は各下請会社に対して、本契約で請負業者に求められる労働者賃金に関する規定を遵守すること、および本契約で要求されている全ての証明書と説明書を提出することを要請しなければならない。

③ 　下請の定義

以下の事項は下請発注と見なさない。

1)　砂、砂利、砕石、砕石スラグ、現場練コンリート骨材、現場外での組立鋼構造物およびその他工作物、認証された工場で製造された材料などの購入。
2)　上記①の材料の運搬。

④ 　下請工事の完了と留保金の返済

請負業者は下請契約で下請工事の完了手続きに関し、以下のことを規定しなければならない。

1)　下請業者は書面で留保金またはボンドの返済を要求すること。
2)　請負業者は請求書を受けた日から10日以内に、下請工事が適切に完了

したかどうかの判断を行い、その結果を下請業者に書面で通知すること。
3) 請負業者は下請業者が適切に完了したと判断し、その旨を通知した場合には、通知の日から10日以内に下請負業者に留保金またはボンドを返済すること。
4) 請負業者が下請工事が適切に完了していないと判断した場合は、その理由と完成させるためにさらに下請業者が行うべき事項を書面で通知しなければならない。請負業者は通知工事が完了した日から8日以内に、留保金あるいはボンドを返済すること。
5) 請負業者は下請負業が適切に工事を完了したかどうかを判断するために、下請業者が労務者、再下請業者、資機材供給者など、下請工事に関わった総ての者に総ての支払いを完了したことの証明書の提出を求めることができること。また、請負業者は、発注者が請負業者に要求する賃金支払宣誓書、材料受領証書などを下請業者にも要求すること。
6) もし、請負業者が契約条件に反し、留保金あるいはボンドを不当に留め置いたとき、下請業者が法令に基づく手段に加えて、早期支払い法に基づいて支払いを請求できること。
7) 本契約規定は発注者と下請業者の間に契約関係をもたらすものでないこと。また、本規定は下請業者を発注者と請負業者間の契約で定める第三者の利益者とするものでないこと。
8) 請負業者は全工事が完了するまでに下請の留保金の支払に追加費用が必要となった場合、その費用を負担すること。

1.9 請負業者の書類監査

① 監査の対象

請負業者は、契約期間および発注者による完成工事引取り日から3ヶ年間は、発注者による検査、あるいは監査のために本契約に関わる従業員名簿、賃金、費用記録を開示しなければならない。従って、請負業者はこれらの記録を所定の期間保存しなければならない。また、請負業者は、発注者が下請業者、その下層の下請業者についても元請に対すると同様な検査、あるいは監査ができるよう保証しなければならない。

② 監査実施者

監査は発注者の職員若しくは発注者が契約した監査員が実施するものとする。請負業者、下請業者、下層の下請業者は通常の勤務時間内で、監査のために発注者が求める便宜を提供しなければならない。なお、監査が発注者による完成工事引取り日から60日以後に実施される場合、発注者は20日間以上の事前通告をするものとする。
　　もし、本契約に係わる訴訟又はクレームが起こされ、あるいは監査が始まっている場合、請負業者などはそれらの訴訟、クレーム、あるいは監査が終わるまで上記関連書類を保存しなければならない。
③　クレームに関する監査
　　発注者に対して提起された総てのクレームは発注者の監査の対象とするものとする。請負業者、下請業者、その他下層の下請業者が、監査員がクレームの妥当性の判断をするために必要な資料を保存し、監査員に開示しない場合はクレーム権を放棄したものと見なし、発注者は当該クレームに対する支払はしないものとする。
④　監査の対象書類
　　監査のために、監査員は少なくても以下の書類を調べることができるものとする。
1）　日別の労働時間表と監督員の日報
2）　労働者団体交渉合意書
3）　保険、福祉、諸手当
4）　賃金労働者名簿
5）　賃金支給表
6）　徴税表
7）　材料の請求書と送り状
8）　材料購入費の配分表
9）　建設機械記録書（会社所有機械リスト、レンタル料等）
10）　材料業者、レンタル業者、下請業者、下層下請業者等からの請求書
11）　請負業者と各下請業者および材料業者など、並びに下層下請業者と材料業者等間の契約書
12）　下請業者および下層下請業者への支払証明書
13）　支払い済み小切手（賃金、資材購入）

14) 工種別費用報告書
15) 工種別工賃支払い帳簿
16) 財務諸表資料
17) 現金支払い帳簿
18) 本契約期間内の各年度の財務諸表。もし、発注者が要求した場合は契約締結前の3ヶ年間、契約終了後の3ヶ年間の財務諸表も対象
19) 会社所有建設機械の減価償却表
20) 全てのクレームに関連する書類（クレームする損失額の妥当性を示す書類を含む）

1.10 発注者による設計レビュー

　デザイン・ビルドの最大の特徴は、従来、発注者の主導で作成されてきたプロジェクトの設計を工事とともに請負業者に外注することである。従って、設計に関する最終責任は請負業者が負うもので、設計方法は原則として請負業者の自由裁量に任されるべきである。しかし、設計の結果が工事完成後のプロジェクトの機能、安全性、耐久性、景観などに直接影響することから、デザイン・ビルド方式であっても、契約で発注者が請負業者の設計方法、および設計内容の確認あるいは審査（レビュー）をする規定を設けるのが望ましい。以下にデザイン・ビルド契約における発注者による設計レビューに関する主な契約条項例を紹介する。

(1) 設計関連書類の提出

　請負業者は設計結果、設計の進捗、および設計工程表の変更に関する以下の書類を発注者に提出しなければならない。
1) 発注者によるレビューのため、全ての設計メモ、スケッチ、作業書面、および設計のための算定書
2) 全ての構造物の計算書
3) プロジェクトの全体設計が完成する前に、プロフェッショナル資格を有するエンジニアの証印が押された設計要約書
4) CADファイル

なお、提出された全ての書類は発注者の資産となり、発注者は制限を受ける

ことなく使用することができるものとする。ただし、発注者による自由使用の結果について請負業者に責任を求めないものとする。

(2) 設計レビューの実施方法
　① 設計レビューの目的
　　　発注者は請負業者の設計チームとともに設計図面が、発注者が求める諸手順と契約要件に基づいているかどうかを確認するためにレビューをするものとする。ただし、発注者によるレビューの目的は詳細な部分の確認、設計の主要部分、あるいは設計図の精度の検査をするものではない。
　② 設計事務所における発注者と請負業者の合同レビュー
　　　発注者は、設計の進捗および設計者の品質管理状況についての話し合いと確認をするために、定期的に設計者の事務所を訪れることができる。発注者は訪問する際には、2日以上前に事前通告をするものとする。また、請負業者は設計期間中は何時でも、設計の進捗について話し合い、確認、あるいは問題、課題の解決の支援を得るため、発注者に設計事務所を訪問することを要請できる。ただし、訪問要請は2日以前に行うものとする。
　③ 発注者単独の設計レビュー
　　　発注者は単独で品質管理計画に従ったレビューをするものとする。また、発注者は、それ以外にも必要があるときは何時でも設計をレビューすることができるものとする。発注者が設計をレビューをする際、請負業者の設計責任者はレビュー対象の設計が、
　　1) 契約要件に従って設計されていること
　　2) 品質管理計画に従って検査されていること
を確認しなければならない。

(3) 設計完了時のレビューと最終設計
　① 設計完了時のレビュー
　　　請負業者はプロジェクトの全設計作業が完了したとき、以下の点を確認して発注者のレビューを受けなければならない。その際、請負業者は作業完了段階の設計が、
　　1) 契約要件に従って設計されていること

2）　品質管理計画に従って検査されていること、およびその設計で
　3）　全工事が施工できること
を確認している旨の書面を添付しなければならない。
　　発注者は、請負業者から提出された完了設計をレビューして、もし、問題点がある場合には、請負業者に発注者の見解（コメント）を伝えるものとする。
　②　最終設計の提出
　　請負業者は発注者のコメントを考慮して設計を修正して、有資格技術者が証印と署名した以下の図書からなる正式な最終設計を発注者に提出するものとする。
　a）　設計図面
　b）　設計計算書
　c）　設計報告書
　d）　仕様書
　e）　工事数量表
発注者は最終設計が設計作業完了時点のレビューで出したコメントを反映したものであるかどうかの確認を行うものとする。発注者は、さらに意見があれば最終設計を受取った日から10日以内に請負業者に連絡して、最終設計の再提出を求めることができるものとする。

(4)　設計の変更
　①　設計変更の提案
　　発注者あるいは請負業者の何れからも、施工中の早期着手工事（注：後述「1.11　早期着手工事」を参照）の設計、あるいは最終設計に対して変更を提案できるものとする。
　②　設計変更の承認とレビューおよび費用負担
　　早期着手工事、完了前の最終設計あるいは最終設計に対する変更は発注者の書面による承認を得るものとする。変更の設計作業は当初設計と同様のチェックを受けなければならない。
　　設計変更に対する費用は、請負業者が提案した場合は請負業者が、発注者が提案した場合には発注者が負担するものとする。

③ 設計基準の改正と設計変更
　　請負業者の入札時の技術提案はその時点で発注者が適用している設計基準、仕様書、政策方針に基づいたものであり、それらが改正された場合、請負業者は必要に応じて設計を訂正する必要がある。設計変更の必要性の有無は発注者が決定するものとする。ただし、訂正のために著しい再設計、あるいは追加工事が必要な場合は発注者が設計変更命令を出し、それに要する追加費用を負担するものとする。

1.11 早期着手工事

デザイン・ビルド契約の目的の一つが工事の早期完成であり、請負業者は設計が完全に完了する前に工事に着手することが認められている。ただし、その場合には以下の事項を遵守しなければならない。

(1) 発注者による設計レビュー
　　請負業者は、契約進捗計画に早期着手をする工事（下記の注を参照）の工種、部分を明示しなければならない。発注者は早期着手工事に関する設計をレビューする。設計が契約要件を満たしていない場合、あるいは請負業者による品質管理のチェックが十分でない場合には、書面でコメントを請負業者に通知する。ただし、それは発注者が条件付で設計を承認することを意味するものではない。

注：早期の工事着手とは、全ての設計が、発注者のコメントを取入れて品質管理計画に基づいて完了したとして請負業者がスタンプを押印し、最終設計として提出する前に、契約工事の一部に着手することである。

(2) 着手の要件
　　請負業者は早期着手工事を開始する前に、プロジェクトに求められている全ての環境要件を満足させていなければならない。また、以下の全ての条件項目も満たさなければならない。
① 請負業者は最終の設計および工事に責任を負うこと。また、早期着手工事によるために問題が発生した場合、請負業者が責任を持って解決すること。

② 早期着手工事に関する設計が、請負業者の設計者による品質チェックを経て、工事に着手できる状態にあること。
③ 早期着手工事に関する設計について、請負業者の設計管理者が契約要件を満たし、かつ、所定のチェックが終了していることを確認していること。
④ 設計の施工性が公衆および労働者の安全の観点から問題がないか確認がされていること。
⑤ 請負業者が、発注者に関係図面、仕様書をレビューし、コメントをする期間として5日間以上の時間を与えたうえ、発注者からコメントが出た場合、必要な修正をし工事設計として認定されていること。
⑥ 早期着工工事の設計に、有資格の技術者が日付きの署名をし、証印を押していること。
⑦ 現場で工事を管理するための杭、丁張りなどが着工時に設置されていること。
⑧ 請負業者が工事のどの部分を早期着手するかを明示した図面を提出していること。
⑨ 請負業者が定められた公衆への情報提供および通知を全て完了していること。

もし、発注者が請負業者からの提出物のレビュー期間中に、契約要件を満たしていない事項、あるいは請負業者のチェックが適切でないことを見付けたときは、その旨を請負業者に文書で通知するものとする。

1.12　契約の工程管理と月別出来高払い

(1)　契約進捗計画書

請負業者は契約後、契約に定められた作業（設計および工事）の実施工程を示す契約進捗計画書（Contract Schedule）を作成しなければならない。なお、契約進捗計画書に示す作業項目は概ね1ヶ月の期間内に完成できる規模の作業量で設定する。また、請負業者は契約金額を契約進捗計画書の作業項目に分配（Price loading）しなければならない。その結果、契約進捗計画書で設計と工事の進捗度が作業量と契約金額との両面から確認することができ、請負業者は月別の出来高払いの支払いを請求する際の請求額の算定根拠にすることができる。

① 契約進捗計画書の提出

契約期間中、請負業者は契約書に定められた下記の進捗計画書を提出しなければならない。
1) 90日間進捗計画書（90-day Look Ahead Schedule）
　下記の基準契約進捗計画書が発注者に承認されるまでの暫定契約進捗計画書ともいえる。
2) 基準契約進捗計画書（Baseline Contract Schedule）
　基準進捗計画書は公式の記録文書として保管され、実際の工程管理はそのコピー（作業用進捗計画書（Work Schedule）と称する）を使用する。作業用進捗計画書は、下記のように毎月見直される。
3) 月間修正進捗計画書（Monthly Update Schedule）
　請負業者が毎月、実績に基づいて作業用進捗計画書（基準契約進捗計画書のコピー）を見直して修正したもので、請負業者が出来高支払請求書とともに提出する。月間修正進捗計画書が次の修正まで、新たな基準契約進捗計画書となる。
4) 最終実績進捗表（As-Build Schedule）
　契約完了後に実績に基づいて作成される契約履行の実進捗表。

② 90日間進捗計画書
　請負業者は発注者から着手命令書を受けた日から14日以内に、最初の90日間の進捗計画を提出する。90日間進捗計画書は、発注者が早期に工事計画と諸調整をできるようにするため、および請負業者からの基準契約進捗計画書の提出前に出来高払いの準備をするために利用する。従って、90日間進捗計画書には各作業項目とそれらの項目ごとの工事費を記載しなければならない。その際、作業項目は発注者が着工後の90日間に実施される工事（設計も含む）の内容を理解できる程度に詳細なものでなければならない。また、基準契約進捗計画書が発注者に受理されるまでは、90日間進捗計画書が出来高払いの算定根拠として利用される。

③ 基準契約進捗計画書
　請負業者は発注者から着手命令書を受けた日から30日以内に、クリティカル・パス方式の詳細な基準契約進捗計画書案を提出しなければならない。発注者は提出された計画書案を審査して、必要があれば請負業者に修正案の提出を求める（注：受理までに数回、再提出することもある）。最

終的に発注者に受理された計画書案が基準契約進捗計画書となり、それは公式の記録文書として保管され、修正、変更などはできない。従って、実際の工程管理には、基準契約進捗計画のコピーが最新の作業用進捗計画書として利用される。

基準契約進捗計画書には設計・工事の作業を細分割した作業項目のほかに、請負業者からの提出物に対する発注者の審査期間、公益施設の移設、その他工事を完成するために必要な全ての作業工種を記載しなければならない。また、基準契約進捗計画書の作業項目ごとにその項目を完成するために必要な費用（諸経費、利益を含む、ただし準備工費は除く）を記載しなければならない（注：基準契約進捗計画書およびそのコピーである作業用進捗計画書は、契約金額の一種の内訳書ともいえる）。

請負業者の基準契約進捗計画案が工事着工命令の日から4ヶ月以内に受理されない場合、90日間進捗計画書以降の月別出来高の支払いは留保される。

④ 作業用進捗計画書の毎月の修正

月別進捗報告書及び月別出来高の計算は、基準契約進捗計画書が発注者に受理されるまで、90日間進捗計画書に基づいて作成する。基準契約進捗計画書が受理された後はそのコピー（作業用進捗計画）を用いる。請負業者は最低月1回の割合で、その時点までの実進捗、工事手順の変更、出来高払いの総額に基づいて作業用進捗計画書を修正するものとする。工程が20日以上遅れた作業項目については詳細な理由書を添付するものとする。

また、請負業者は毎月の修正作業進捗計画書に下記の進捗説明書を添付する。

1) 次期の報告対象期間における予定作業（設計関連書類の提出を含む）
2) 予測される工事遅延と問題点、およびそれらのコスト、作業項目および全体工期への影響予測、影響の修正方法
3) 全体工事の計画進捗率と実進捗率の比率
4) 余裕日が10日以下の全作業項目リスト
5) 設計／工事の主要作業項目の累積進捗率
6) 次期報告対象期間の目標（各作業項目の進捗、問題と対策など）

発注者は月別の作業進捗計画書の修正を受理するまで、月別の出来高払

いをしない。
⑤ 最終実態進捗表

工事完了後、30日以内に請負業者は実態に基づく完成クリティカル・パス工程表を提出する。工程表には、総ての工種の作業開始日と完了日、およびそれに対する支払い金額を記載しなければならない（各工種の金額の合計は、発注者が支払った金額の合計に一致するものとする）。

⑥ 進捗計画書の修正

請負業者は、実際の進捗に応じて必要と認めたときは提出済みの進捗計画書を修正する権利を有する。ただし、発注者は修正を拒否する権限を有する。請負業者が修正する際には、下記を発注者に提出しなければならない。

1) 請負業者の都合で修正する場合で、修正以降の工程に変更が生じる時は、修正の妥当性を文書にして提出しなければならない。
2) 請負業者の都合で修正する場合で、その結果、発注者が行うべき業務の時期或は期間が影響を受ける時は、発注者の業務が必要となる少なくても30日以前に修正案を提出するものとする。

(2) 進捗計画書の作成要領

① 進捗計画書の作業項目区分の詳細度

全ての進捗計画書は日々の工事進捗が確認できる程度の詳細度で作成しなければならない。進捗計画書に記載する作業項目は、発注者の承認がない限り、その完成に要する工事期間が30日を超えない作業種類と工事規模で定義したものとする。

② 進捗計画書の内容

進捗計画書に以下の限定、制約、設計・施工作業、進捗計画を明記する。

1) 契約履行の開始および完成の期日、全体の工事期間
2) 設計作成工程、および主要作業項目の予定完成期日
3) 進捗計画書に用いる暦日の定義
4) 特別工種の工事に必要な材料の購入計画
5) 発注者による審査が必要な設計書類の提出時期と承認希望時期
6) 発注者に工事用地の提供を求める時期

7) 占用公益施設の確認と移転計画、および請負業者による移転に関連する暫定地益権および関連不動産の取得計画
  8) 契約金額の進捗計画書の作業項目ごとへの配分（注：作業項目によってランプサムの場合とユニット・プライスの場合がある）
  9) 請負業者の責務である政府からの許可取得期日

(3) 契約金額の作業項目への配分
 ① 契約金額の作業項目別内訳
　　定期的な（月別）出来高払いの金額は、請負業者から提出された金額付作業項目進捗計画書に基づいて計算する。そのため、請負業者は契約金額のうち準備工費を除いた金額を進捗計画書の作業項目に配分した内訳表（注：上記(2)、8）を参照）を提出しなければならない。準備工費の支払いは別に定めた方法により行うものとする。
　　作業項目別の内訳金額には、諸経費と利益を含めるものとする。諸経費と利益は全体の諸経費と利益を作業項目別金額に比例して配分する（別の言い方をすれば、各作業項目の直接工事費に一律の諸経費率と利益率を乗じた額を加算する）。作業項目別内訳表は発注者の承認を得る必要がある。
 ② 月別出来高の決定
　　月別出来高払いの金額は、各支払い期間の末日までに完了した作業項目、および（作業項目の全体が完成していない場合）現場で施工された工事量により決定する。そのため、発注者と請負業者は出来高支払い期間末に各作業項目の完了或は施工済み工事量について確認し、各作業項目の完成度（パーセント）について合意するものとする。もし、合意できない場合は発注者の決定を最終とし、請負業者はそれに従わなければならない。

　　補記
　作業項目別内訳書の提出時期と出来高払い
　　上記の事例の場合、入札時の価格提案は契約金額のみで、作業項目および契約額の内訳は、契約後に提出する契約履行の進捗計画書（工程計画）の一部として提出することになっている。しかし、発注機関、プロジェクトの内容によっては、入札時に、作業項目と作業項目ごとの金額をまとめた資料（Schedule of Values）の提出を求める例もある。ただし、我が国のように、詳細設計

が完了した後に発注者と請負業者の間で単価合意という行為は行わない。

　米国でこの様な内訳書を求める主たる理由は、出来高払いを円滑にするためといわれている。すなわち進捗計画書の金額内訳で、発注者と請負業者の間で出来高の決定が容易になる。また、発注者は予め何時、幾らの支払をするかを予測し、支払い準備が容易になるからである（注：作業項目別内訳書は契約額の変更に活用することを主目的としていない）。

2　英国の契約条項

2.1　親会社による履行保証

　請負業者の契約不履行に備えて、発注者は請負業者の親会社（Parent Company）から、契約履行保証書（Guarantee）の提出を求める。親会社は、請負業者が契約を履行しない場合は、請負業者に代わって請負業者が契約で負う全ての義務と責任を果たさなければならない。

---補記---

　英国道路庁の工事契約を締結する建設業者は、入札前に財政力と技術力の審査を受け、有資格者簿に登録されなければならない。また、登録の際、各業者に受注できる工種と契約額の上限値が定められる。従って、例えばJVで受注する場合でJV自体の契約可能上限値が小さい場合、親会社の保証が必要になる。

2.2　工事保険

　請負業者は以下の事態に備えた工事保険を掛けなければならない。保険額は通常、工事契約額と同額とする。保険会社について請負業者は事前に発注者の承認を得なければならない。

・理由の如何を問わず、工事のやり直しまたは補修、現場における建設機械とプラントの損失に対して支払われる保険。保険は工事の着工の日から付保する。
・設計関係資料の訂正に必要な費用をカバーする保険。この保険は契約の諦結をした日から付保する。
・現場に搬入された請負業者の建設機械を取り代えるために必要な費用をカ

バーする保険。この保険は契約を締結した日から付保する。
・契約の締結時以降に製作工場、倉庫あるいは現場への搬送途中にある材料、プラントに対する保険。

　請負業者は上記の工事保険の他、第三者の死亡、傷害、施設の損失あるいは損害に対する保険も掛けなければならない。これら保険は、発注者が負うリスクに関わる損失は対象とはしないが、保険の受取人は発注者と請負業者の両者とする。

　また、請負業者と品質管理コンサルタントは工事現場で働く雇用者の傷害保険に加入しなければならない。保険額は、通常、500万ポンド（約10億円）である。

　発注者は契約の中で保険料金を特別項目で明示して支払うことはない。保険料はランプサムの契約金額に入っていると見なされている。

2.3 瑕疵担保と留保金

　瑕疵担保期間（Maintenance Period）の終了まで、一定の契約金額を発注者が留保し、請負業者に支払われない。工事の段階では、全契約金額の5％に達するまで、中間払いのうち5％が留保される。だだし、工事が完成して発注者に引き渡された部分の留保金は2.5％になる。従って、全体の工事が完成して発注者に引き渡された時点での留保金は契約金額の2.5％となる。この2.5％の留保金は瑕疵担保期間（プロジェクトにより異なるが、道路庁の場合、3〜5年が多い）が終了した時点で、請負業者が負担すべき費用がなければ、発注者に留保されている全額が請負業者に支払われる。

2.4 設計責任保険

(1) 設計保険

　デザイン・ビルド契約では設計責任は請負業者にある。従って、発注者としては、請負業者の下請けとして設計を行うコンサルタント、すなわちデザイナーに設計責任保険に加入することを義務付けない。設計責任保険に加入するかどうかは請負業者と設計者の間で決めることである。通常、設計業務に従事するコンサルタントは会社全体の設計保険として1,000万ポンド（約20億円）程度の保険を付している。

工事中に設計瑕疵により問題が生じた場合で、請負業者が適切な処置を取らない時は、発注者は親会社保証あるいは工事リスク保険で対応する。工事完了後で瑕疵担保期間内であれば留保金で対応する。

(2) 現場条件の相違保険

デザイン・ビルド契約の場合、多くの発注者は工事現場の地下地質が入札時に予測したものと異なるなど、現場条件の相違に関するリスクも請負業者に転嫁している。このリスクが工事費や工期に与える影響が非常に大きいことから、建設業者の間で、保険会社が保険を引き受けることを望む声が強かった。道路庁が保険会社と話し合った結果、現在、地質状態の相違や道路占用者が行う工事によるコスト増や工期延長に対する保険を引受ける保険会社があると言われている。ただし、付保するか否かは請負業者の自由判断に任されている。

2.5 下請業者の事前承認

請負業者は、事前に発注者の承認を得ない限り契約の如何なる部分も下請発注をすることはできない。請負業者は発注者の承認を得るために、下請負業者の財力、技術力、経験について適切な調査を行い、履行能力があることを示す資料を提出しなければならない。ただし、この規定はデザイナーの様に入札時に資格審査を受ける下請には適用されない。

2.6 設計・契約変更の発案者

(1) 発注者による変更提案

契約後、発注者は設計の変更を命じることができる。その場合は変更内容に応じて契約額の増減と工期の変更をする。変更金額、工期の変更期間は請負業者からの見積に基づき、変更工事に着手する前に発注者と請負業者が協議して決める。ただし、契約途中で工事の内容や品質レベル等の要件が変ることは、請負業者の設計から工事までの一貫した工事計画に悪影響を与えたり、入札時に遡って不公平さの問題が生じることもありうることから、発注者は安易に設計変更を命じるべきでないと言われている。

(2) 請負業者による変更提案

　デザイン・ビルド契約の場合でも、請負業者が契約額が増加する設計変更を提案して認められる場合もあるが、当然ながらそのケースは非常に限定される。一方、発注者は下記の様に請負業者がバリューエンジニアリング（VE）で契約額が減額となる設計変更の提案をすることは歓迎している。英国の道路庁のプロジェクトで請負業者の提案する設計変更が認められるのは、通常、次の三つの場合である。

① 設計変更をしないと、請負業者が契約条件を遵守できない場合。例えば、測量の間違いで、橋梁の長さを延長する変更とか、排水施設を拡大しなければならないケースがこの場合に相当する。ただし、この変更でプロジェクトの機能あるいは品質を減じてはならない。

② 小規模な変更で、それに関連する部分の機能あるいは品質が若干減少するが、プロジェクト全体としては、問題にならない程度の変更を提案することができる場合。

③ VEなどによりコストの削減となる変更で、仮に、機能あるいは品質が若干減じても、コストの削減がそれを上回り、かつ、発注者の権利が損なわれず、請負業者の契約義務の緩和にならない場合。

　請負業者の発案による設計変更の場合で、コストの削減に結びつく場合は契約額が減額される。ただし、発注者は請負業者のコスト削減努力を奨励するため、通常、削減額の半分は請負業者に還元することにしている。従って、契約額の減額は削減額の半分になる。

　通常、デザイン・ビルド契約では、地質条件、測量、天候など大部分の工事リスクは請負業者に転嫁されているため、請負業者の変更提案の場合、コストが増大しても契約額は増額されない。ただし、請負業者が増額クレームをして認められれば契約額が変更される。

2.7 契約金額の変更

　発注者が提案する設計変更について、発注代理人あるいは請負業者が、契約額あるいは工期を変更する必要があると判断した場合は、請負業者が契約で変更すべき金額あるいは工期を見積り詳細な資料を添付して、発注代理人に提出しなければならない。資料には変更対象の工事ごとに詳細な内訳書を含める。

発注代理人は、請負業者の提出した見積りの妥当性を確認する。発注者と請負業者の間で契約額あるいは工期の変更について合意に達しないときは、発注者が変更を取り消すか、発注代理人が請負業者の提出した資料に基づいて妥当な額あるいは工期を算定して請負業者に通知して変更の実施を要請する。

2.8 発注者による知的財産の使用権

道路庁が用いるデザイン・ビルド契約の標準契約書に定められた知的所有権に関する条項の概要は次の通りである。

請負業者は、契約事業を実施するために契約前あるいは契約期間内に生み出された全ての知的財産の使用権（License）を無料で発注者に与えなければならない。請負業者は契約期間中に生み出された知的財産については、その知的財産が生じた時から、契約前に生じたものについては、契約の受託を表明した時から、その使用権を発注者に与えなければならない。また、請負業者は発注者の二次使用権（sub-license）を認めなければならない（二次使用権とは、発注者が当該工事に従事する者、例えば発注代理人に請負業者の知的財産を使わせること）。なお、使用権を得た発注者は使用料を支払うことなく知的財産を使用できるものとする。

発注者に与えられた知的財産の使用権は、通常当該契約工事のみに適用できるもので、他の工事に当該知的財産を用いる事はできない。また、請負業者が発注者に知的財産の使用権を与えても、その財産の所有権は請負業者に残る。

請負業者は、知的財産が第三者によって不法に使用されていることあるいは使用されようとしていることを知ったときは、直ちに発注者に連絡しなければならない。発注者は知的財産が第三者によって侵害あるいは不法に使用され、または、その怖れがあるときは、請負業者に法的措置によりそれを阻止することを要請する権利を有するものとする。また、発注者自らが法的措置を講じるときには、請負業者は発注者に全面的に協力する義務を負う。

請負業者が設計データの作成のため下請け業者、パートタイマーなどを使う場合には、その契約書に、上述のように設計データの使用権を発注者に与えることを義務付ける規定を設けなければならない。

請負業者、デザイナーあるいは下請け業者などが設計データ、その他の記録を蓄積または活用するために特許のあるソフトウエアを使用する場合、請負業

者は工事の引渡しが完了するまで、発注者およびその代理人が自由にソフトウエアを使用できる様にするため、自己の費用で使用権を得なければならない。

2.9 請負業者の守秘義務

　請負業者は契約の履行上必要となる以外、当該プロジェクトのために発注者が与えた発注要件、あるいは発注者に提出した設計データを発注者の書面による同意がない限り、第三者に伝えてはならない。また、請負業者はデザイナー、チェッカー、および安全確認者にも同様な守秘義務を課さなければならない。

参考資料Ⅲ
デザイン・ビルドによるミネソタ州崩落橋の新設工事でのコンサルタントによるプロジェクト監理

1 新設橋のデザイン・ビルド契約と契約監理

2007年8月1日、米国ミネソタ州のミネアポリスでミシシッピー川に架かる州際道路 I-35W の橋梁が崩落した。同橋を管理するミネソタ州交通局は、直ちに新設橋（St. Anthony Falls（I-35W）Bridge）をデザイン・ビルド方式で建設することを決定した。

注：ミネソタ州交通局は橋梁崩落以前から、将来の橋梁の架け替えに備えて新たな橋の概略設計を進めていた。新設橋の概要は**参考表3-1**の通りである。

参考表3-1 新設橋の概要

公式橋梁名称	St. Anthony Falls（I-35W）Bridge
橋梁幅員	55m（10車線＋将来計画対応（将来、車線と路肩幅を調整して軽軌道鉄道またはバス専用車線を設置する計画）
橋長（径間割り）	371m（100m＋154m＋80m＋37m）
構造型式	コンクリート箱桁（4本）最長径間のみプレキャスト
橋面高	37m（推定）
桁下空間	21m
落札者決定	2007年10月8日
工期	2007年10月30日（工事着手）～2008年12月24日

ミネソタ州交通局は8月4日には入札指名審査書類提出要請（Request for Qualifications）を発行し、入札希望者の公募に入った。応募者の中から5社を指名して8月23日に入札提出要請書（Request for Proposals）を発送し、4社が入札書（技術提案と価格提案）を提出した。入札条件として落札者は2007年10月に工事に着手し、2008年12月24日までに完成することが義務付けられた。入札書の提出を受けたミネソタ州交通局は2007年9月19日に Flatiron 社と Manson 社が結成した JV を落札者と決定した。なお、落札した JV は入札書で設計担当会社はコンサルタントの FIGG にすることを表明していた。

落札額は2億3,400万ドル（約280億円）であった。なお、請負業者は工事完

成が遅延した場合、1日当たり20万ドル（約2,400万円）の賠償金を支払い、一方、早期完成に対しては最大（契約工期を3ヶ月短縮した場合）で2,700万ドル（約32億4,000万円）の報奨金を受取ることができるという契約になっている。

発注者に技術提案の活用を認める非落札者には、入札報酬として50万ドル（約6,000万円）が支払われることになっていた。

ミネソタ州交通局は、デザイン・ビルド方式による St. Anthony Falls (I-35W) Bridge の新設工事（以下、単に「橋梁プロジェクト」と呼ぶ）の監理業務、

① 設計管理（設計審査、設計段階でのデザイン・ビルド契約事務管理）
② 品質管理（材料検査、工事検査、施工段階でのデザイン・ビルド契約事務管理）

をコンサルタントに外注することにした。なお、本監理業務の契約は2007年10月15日に始まり、2009年の3月までと予定されている。

下記の**参考図3-1**は、落札業者が作成した新設橋の工程計画表である。

参考図3-1 新設橋（St. Anthony Falls（IP35W）Bridge）の工程計画（案）

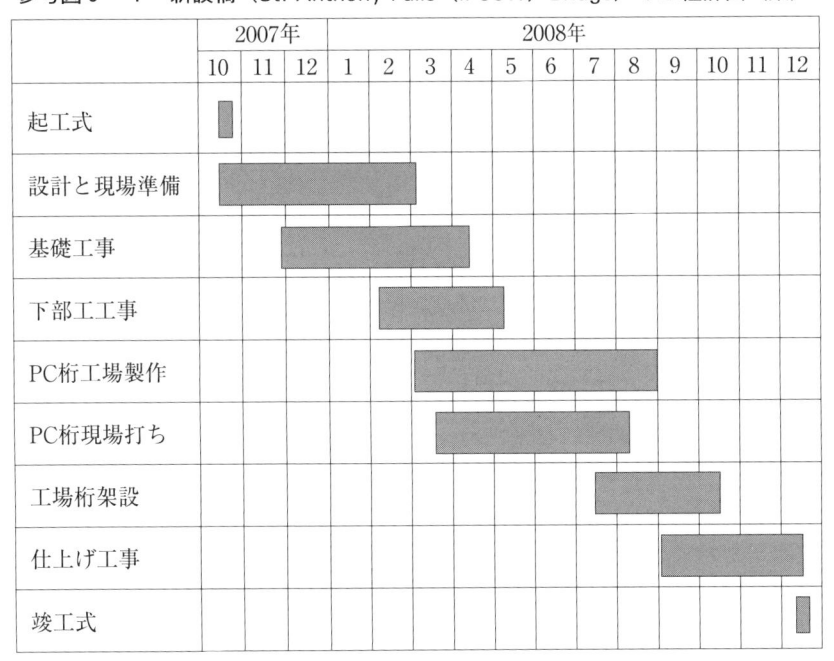

	2007年			2008年										
	10	11	12	1	2	3	4	5	6	7	8	9	10	11	12
起工式															
設計と現場準備															
基礎工事															
下部工工事															
PC桁工場製作															
PC桁現場打ち															
工場桁架設															
仕上げ工事															
竣工式															

2　橋梁プロジェクトの監理業務概要

　以下の記述は、ミネソタ州交通局が「橋梁プロジェクトの監理業務」のためにコンサルタントを選定する際に発行した「プロポーザル提出要請書（Request for Proposals）」の一部を翻訳し要約したものである。なお、本文では広義のプロジェクト管理を「監理」、個別事項についての管理を「管理」と記述した。

(1)　コンサルタントによるプロジェクト監理
　① コンサルタントの位置付け

　　　コンサルタントの役目は橋梁プロジェクトの請負業者に、プロジェクトを発注者が示した図面、仕様書、契約条件に合致して設計・施工して工期内に完成させることであるが、契約上のコンサルタントの立場は、発注者側のプロジェクト・マネージャー、およびその代理人を支援するという位置付けになっている。従って、コンサルタントは発注者が定める基準と手続きに従って監理業務を実施することになる。

　② 監理業務の内容

　　　コンサルタントに求められる主な監理業務は以下の通りである（監理業務の詳細は、後述の「5　コンサルタントの監理業務範囲」を参照）。
　　・設計管理（橋梁、取付け道路、公益施設の設計審査）
　　・品質管理（工事検査、材料試験）
　　・デザイン・ビルド方式による橋梁プロジェクト契約の契約管理（設計段階と施工段階での契約の履行状況の確認と契約事務管理での発注者支援）

(2)　監理業務の実施概要
　① コンサルタントは、橋梁プロジェクトの請負業者が作業をしているときは常時、設計審査、工事検査、材料試験などを実施する。
　② コンサルタントによる監理は発注者が定めた基準に基づいて行うものとする。なお、コンサルタントの監理業務に欠陥が発見されたとき、コンサルタントは発注者側のプロジェクト・マネージャーの意見を聞き、直ちに是正措置をとるものとする。

③　監理業務の実施に必要なコンサルタントの想定人員

　　コンサルタントは少なくとも発注者が決める人員を監理業務に従事させなければならない。この人員はプロジェクトの進捗に応じて増減する。発注者の予想では橋梁プロジェクトの最盛期には17人程度が必要と想定されている。その内訳は次の通りである。
・3人の設計担当技術者
・12人の工事検査および材料試験担当者
・2人の契約事務の管理担当者

④　発注者側の橋梁プロジェクト・マネージャー（以下、単に「発注者側のマネージャー」と呼ぶ）は、コンサルタントによる橋梁、道路などに関わる設計の審査、工事検査、材料試験、契約管理などの監理業務が適切に行われているかについてのチェック（Review）をする。

⑤　下請コンサルタントの活用

　　コンサルタントは発注者の承認を得れば測量、材料試験、あるいは特別な専門分野については下請コンサルタントを活用することができる。

⑥　現場事務所

　　コンサルタントの現場における担当者は、デザイン・ビルドの請負業者が準備する共同事務所を、発注者の担当職員およびデザイン・ビルドの請負業者と共同して使用する。

3　コンサルタント選定のプロポーザルと評価

(1)　プロポーザルの内容

　　コンサルタントの選定はQBS（Qualification Based Selection）方式で行われ、監理業務の受注を希望するコンサルタント（建設業者であっても良い）は、以下の資料を提出する。なお、発注者は入札者の入札費用を負担しないとされた。
・会社名、連絡先、住所など
・入札者の発注業務の目的および目標の理解度を反映した、業務内容に関する見解書
・業務に対する入札者の取組み方、業務の実施手法、業務の管理技法に関する記述書

- 入札者の詳細な経歴、類似業務の経験。事例としてそれらの業務の幾つかについて入札者の係わりの程度、および従事した主要スタッフの氏名。また、それらの類似業務について以下の情報を添付する。
  1) コスト管理状況（当初の契約工事費と最終工事費の比較。著しい差異がある場合はその説明）
  2) もし、工期遅延があった場合、それに関する説明書
  3) 提供した業務に対しての発注者の評価など
- 配置予定の主要スタッフのリスト。各スタッフの責任範囲、受けた訓練、業務経歴と資格および主要スタッフを含む組織図を添付する。
- 配置予定の主要スタッフについて、現在、従事しているプロジェクトのリスト、それらの予定完成時期、全勤務時間のうちで各プロジェクトに従事している時間の割合
- 今回の発注の監理業務の実施工程計画。この計画はプロポーザルで契約予定者として選定されたコンサルタントとの価格交渉の基礎資料としても活用する。

(2) プロポーザルの評価方法

ミネソタ州交通局の職員が提出されたプロポーザルを評価する。必要に応じて評価の一環として面接を行うことがある。評価は100点満点で以下の5項目について行う。項目間の重みは全て同じとする。すなわち、各項目を夫々20点満点で評価する。
- 業務内容の理解度、業務の取組み方と実施手法、および業務実施工程計画などから、入札者が有する技術能力と専門知識の適性度を評価する。
- 入札企業の経歴、類似業務の経験、類似の制約条件での工事監理に関する経験から、入札者が有する専門知識、受注可能業務量、および技術力の適性度を評価する。
- 過去の類似業務での出来栄えから入札者のコスト、工程および品質管理能力を評価する。
- 発注業務を所定の時期に実施するために必要な人材、その他の資源を確保できる可能性の評価をする。
- 主要スタッフの資格と経験の評価をする。

4 コンサルタントの監理業務スタッフ

(1) 一般

コンサルタントは、別途デザイン・ビルド方式で発注される橋梁プロジェクトの監理業務を効率的に実施するため、必要な能力を有する十分な数のスタッフを配置しなければならない。

橋梁プロジェクトでは、1週7日間、1日24時間の体制で工事が行われる可能性があるが、コンサルタントは、工事中は常に必要な監理スタッフをプロジェクトに配置しなければならない。また、コンサルタントのスタッフは発注者の担当者が不在のときは、監理業務に係わる事項について個人で必要な判断あるいは決定を下すことが求められる。コンサルタントが監理のために配置するスタッフの数は、発注者側でどれだけの職員を橋梁プロジェクトに充当できるかによって異なってくる。従って、発注側のマネージャーがコンサルタントのスタッフの数を増減する権限を有するものとする。

本プロジェクトの最盛期には17人程度のスタッフが必要になる見通しである。その内訳は設計関係が3人、工事検査と材料試験関係が12人、契約事務管理が2人である。ただし、この人数はあくまでも目安であり、コンサルタントは発注側のマネージャーが必要に応じて決定し、指示する数のスタッフを配置しなければならない。

(2) 監理業務に従事するコンサルタント・スタッフの資格

コンサルタントが橋梁プロジェクトの監理業務に配置するスタッフは、この入札提出要請書で定められた最低限の資格、もしくはそれ以上の資格を有する者でなければならない。コンサルタントは配置予定のスタッフ全員について、氏名、給料、学歴、経験と資格を示す経歴書を提出しなければならない。コンサルタントは、発注側のマネージャーが経歴書に基づいて承認した以外の者を配置してはならない。

コンサルタントのスタッフで現場の監理業務に従事する者は全て、橋梁プロジェクトが開始される前に、ミネソタ州交通局が実施する「ミネソタ州交通局現場マニュアルの研修」に参加しなければならない。

(3) 設計管理担当スタッフ

① 地質設計技術者（本業務での従事時間率は約25％）

土木の学士号の取得、ミネソタ州のＰＥ登録、および地質部門で舗装、橋梁、控え擁壁および土工など交通関連の構造物の設計と工事で5年以上の経験が必要である。

② 構造物設計技術者（常勤）

土木の学士号の取得、ミネソタ州のＰＥ登録、およびミネソタ州交通局が管理する幹線道路の橋梁と構造物の設計で5年以上の経験が必要である。

③ 道路設計技術者（本業務での従事時間率は約50％）

土木の学士号の取得、ミネソタ州のＰＥ登録、および主要道路の設計で5年以上の経験が必要である。

(4) 品質管理担当スタッフ

コンサルタントのスタッフは、橋梁プロジェクトが開始される前に、ミネソタ州交通局（発注者）の最新の契約事務管理マニュアル（Contract Administration Manual）と工事仕様書集についての実務能力を持っていなければならない。また、コンサルタントのスタッフは少なくとも以下の研修と経験を有することが必要である。

① 事務管理マネージャー（Office Manager）

土木の学士号の取得、ミネソタ州のＰＥ登録、および工事と設計の監理で5年以上の経験が必要である。経験した監理には契約変更命令の処理、工事完了後の最終見積り、週および月別報告書、雇用均等機会法の順法に関する事項が含まれていることが必要である。また、発注者の契約事務管理マニュアルおよび仕様書に精通し、かつデザイン・ビルドの請負業者が請負契約書に定められた目標を達成しているかどうかを判断するに足る程度に、工事と設計についての一般的知識を有すること。

事務管理マネージャーは発注側のプロジェクト・マネージャーの監督の下で働き、設計変更およびその他の事務処理に関して発注者の担当者を支援する。また、橋梁プロジェクトが契約条件に基づいて完成されることを確認するために所定のプロジェクト・ファイルを作成し、管理するものとする。

② 橋梁と道路の技術者

　土木の学士号の取得、ミネソタ州のＰＥ登録、および契約事務管理を伴う工事の現場で5年以上の経験が必要である。また、工事検査チームを引率する能力を有すること。

③ 主任橋梁検査官

　主任橋梁検査官として2年以上の経験を有すること。また、一般検査官を管理する能力を有するとともに健全かつ合理的な判断を下すことができること。発注者が発行する**参考表3－2**の資格証明書のうち必要な証明書を有すること。

④ 主任道路検査官

　主任道路検査官として2年以上の経験を有すること。また、一般検査官を管理する能力を有するとともに健全かつ合理的な判断を下すことができること。発注者が発行する**参考表3－2**の資格証明書のうち必要な証明書を有すること。

参考表3－2　ミネソタ州交通局資格証明書

コンクリート（現場）1	瀝青材（プラント）1
コンクリート（現場）2	瀝青材（プラント）2
コンクリート（プラント）1	路床と路盤1
コンクリート（プラント）2	路床と路盤2
瀝青材（道路）1	橋梁検査2
瀝青材（道路）2	信号と照明2

⑤ 検査補助員

　高等学校を卒業し、基礎的な計算と単純な技術関連の指示を受けることができること。担当業務は上位の検査官の補助をすることである。

(5) 下請コンサルタント

　コンサルタントは監理業務を実施する前に、発注側のマネージャーから書面による承諾を得た場合には、測量、材料試験、あるいは特別な専門能力を必要とする分野の業務を下請発注することができる。

　材料試験の下請コンサルタントの選定は、デザイン・ビルド方式の橋梁プロジェクト契約が締結された後に行うものとする。コンサルタントは発注側

のマネージャーの承諾を得る際には少なくとも2社を提出するものとする。下請コンサルタントの最終決定はデザイン・ビルドの請負業者が決定した後、発注側のマネージャーの承諾を得て行うものとする。

(6) コンサルタントが発注者から入手するもの
① 事務所
　　監理業務のコンサルタントは、橋梁プロジェクトの請負業者が準備する事務所を、発注者の担当者および請負業者とともに共同で使用するものとする。コンサルタントには20人分のスペースが準備される。
② 書類、参考書など
　　コンサルタントは監理業務を開始するに前に、発注者が発行している下記**参考表3－3**の書籍の中から、必要なものを入手すること。

参考表3－3　ミネソタ州交通局発行書籍

工事標準仕様書	契約事務管理マニュアル	標準板マニュアル
建築・景観設計指針	排水マニュアル	標準標識マニュアル
瀝青舗装マニュアル	地質・舗装マニュアル	州補助マニュアル
橋梁工事マニュアル	路床・路盤マニュアル	技術マニュアル
橋梁設計マニュアル	試験所マニュアル	交通工学マニュアル
橋梁標準図	修景事業マニュアル	ミネソタ統一交通管理装置マニュアル
CADDデータマニュアル	道路設計マニュアル	
コンクリートマニュアル	標準図マニュアル	

(7) コンサルタントが準備するもの
① 事務用器具
　　コンサルタントは一般的な備品、コンピューターなどを準備する。
② 工事および材料試験器具
　　コンサルタントは写真撮影機材、テープ、定規、その他必要なものを準備する。また、コンサルタントは自社のスタッフ用の安全器具と訓練に責任を負うものとする。ただし、全ての試験器具と試験用の材料は発注者が提供するものとする。
③ 現場器具
　　コンサルタントは、現場で自社のスタッフおよび器具の移動用として、

一般車両と明確に識別できる自動車を必要台数準備しなければならない。コンサルタントが準備する自動車は、コンクリートのテストピース、重量の重い器具、その他発注側のマネージャーが必要と判断する器具を安全に運ぶに十分な性能を有していなければならない。さらに、コンサルタントは自社のスタッフに携帯電話を支給して現場でスタッフ間の連絡を確保しなければならない。また、コンサルタントはプロジェクトが完成して竣工検査に合格するまで、発注者が使用する、4台のデジタルカメラを提供しなければならない。

5 コンサルタントの監理業務範囲

(1) 監理業務スタッフの準備

コンサルタントは、この入札提出要請書に記載された業務の遂行について全ての責任を負うものとする。本契約に関するコンサルタントの全作業（Activities）と決定事項（Decisions）は、「発注者側のマネージャー」の審査（Review）の対象にするものとする。

コンサルタントは、本契約のプロジェクト監理業務の対象である、橋梁プロジェクト（St. Anthony Falls（I-35W）Bridge 新設工事）のデザイン・ビルド請負業者が決定し、その通知を受けた時には、その日から2週間以内に、本監理業務契約で必要なスタッフを配置できる態勢を整えるものとする。ただし、発注者側のマネージャーから書面で業務開始通知が発行されるまで、スタッフを監理業務に配置しないものとする。

コンサルタントは、橋梁プロジェクトの請負業者が設計および工事をする時には、常に設計審査、工事検査および材料試験ができる態勢になければならない。橋梁プロジェクト契約が何らかの理由で完全にあるいは部分的に中断された場合、コンサルタントは中断の状況に応じて、監理要員のスタッフ数を調整するものとする。

(2) プロジェクトの実施体制と監理業務

コンサルタントが実施する監理業務は、下記の2項目に大別できる。
・設計管理（設計審査、および設計段階でのデザイン・ビルドの契約事務管理）

・品質管理（工事検査と材料試験、および施工段階でのデザイン・ビルドの契約事務管理）

　本契約の監理業務とデザイン・ビルド契約による橋梁プロジェクトとの実施体制の関係は**参考図3－2**の通りである。

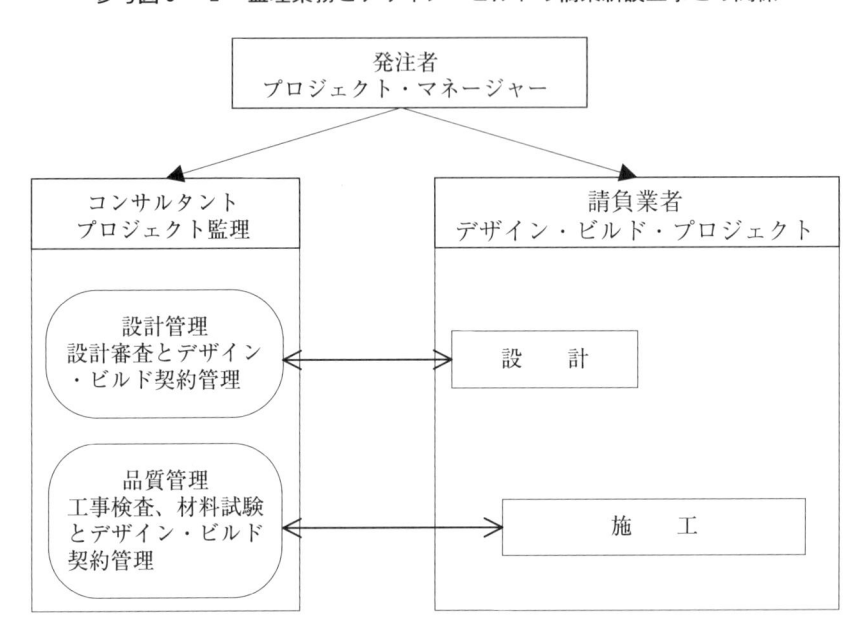

参考図3－2　監理業務とデザイン・ビルドの橋梁新設工事との関係

```
                   発注者
            プロジェクト・マネージャー
              ↙             ↘
   コンサルタント           請負業者
   プロジェクト監理      デザイン・ビルド・プロジェクト

    ╭─────────╮
    │  設計管理      │
    │ 設計審査とデザイン │ ←──→   設　　計
    │ ・ビルド契約管理 │
    ╰─────────╯

    ╭─────────╮
    │  品質管理      │
    │ 工事検査、材料試験 │ ←──→   施　　工
    │ とデザイン・ビルド │
    │ 契約管理       │
    ╰─────────╯
```

(3) 発注者によるコンサルタントの監理業務のチェック

　発注側のマネージャーは、本監理業務契約の期間中コンサルタントが発注者の方針に十分に準拠して橋梁、道路および水理に関する設計の審査、工事検査、材料試験、および契約事務管理業務を実施しているかを判断するためのチェックをするものとする。

　発注者のチェックは、ミネソタ州交通局が、監理業務の内容に応じて定めた方針に基づいて実施する。その際、コンサルタントは発注者側のマネージャーに協力および支援をするものとする。発注者のチェックで監理業務の実施に欠陥が見つかった場合、コンサルタントは直ちに発注者側のマネージ

ャーの助言に従って、是正措置を取るものとする。その際、コンサルタントは欠陥を是正するための費用を請求することはできないものとする。

(4) コンサルタントによる設計管理
① 設計審査
コンサルタントは橋梁プロジェクトの請負業者が作成した図面が適切であるかどうかを確認するため、下記で定義する審査（Review）あるいは照査（Check）を行うものとする。
　審査：標準的な設計方法に照らして適正か、類似構造物と比較して適正かの検討をする。比較検討では橋梁プロジェクトの請負業者が用いた設計方法、設定した仮定条件、および計算を対象とする。ただし、比較の結果、問題があることが明らかな場合を除いて計算を行っての検討をする必要はない。
　照査：完全な計算に基づく検討を行い、設計図面に問題があれば訂正をする。
　注：入札提出要請書に設計図ごとに審査によるか、照査によるかが示されている。

橋梁プロジェクトの請負業者は発注者が提供した概略設計図面に基づいて最終図面を作成する。コンサルタントは、最終図面が概略図面を作成するときのコンセプトに沿ったものであるかどうかを確認するための審査を行う。また、コンサルタントは最終図面が、発注者が現在使用している最新の設計基準と設計方法、および入札提出要請書に記載されている要件に基づいて作成されているかどうかについても審査するものとする。

② 設計段階の契約事務管理
コンサルタントは、
・デザイン・ビルドの橋梁プロジェクトで全ての関係者による作業間の調整を図るため、
・プロジェクトに関係する全ての作業と出来事を完全かつ正確に記録するため、
・プロジェクトに関する全ての重要変更を適切に書面に記録するため、
・図面、仕様書、契約条項に関する解釈書を提供するため、

・発注者に工事契約に関する紛争を解決するための助言をするため、および
・請負業者の契約履行状況の監視をするため
に必要なサービスを提供するものとする。

　コンサルタントは入札提出要請書に記載された責務を遂行するために必要となる、その他の契約事務管理サービスも提供しなければならない。なお、全ての記録の保全および書類の作成は、発注者が定めた標準手続き、様式および内容構成に則して行わなければならない。

　設計段階での契約事務管理でコンサルタントが提供するサービスには以下のものを含む。

1) 日々の契約事務管理業務の一環として、あるいは管理業務の実施上の必要性に応じて検討会（Conference）または打合せ会議（Meeting）に出席すること。打合せ会議には工事着手前会議および工事終了会議を含むものとする。
2) 工事開始前に、発注者の標準的な設計手法、橋梁プロジェクトのデザイン・ビルド入札提出要請書、橋梁プロジェクトのデザイン・ビルドの請負業者が提出する作業工程計画を熟知すること。
3) 請負業者に遅延を引き起こさせないように、タイムリーな審査を行うため、監理業務に技術的な資格と経験を有する十分な数のスタッフを配置すること。
4) 予期しない状況が起きた場合、直ちに発注者側のマネージャーに通知すること。
5) 発注者の要請があった場合、あるいはコンサルタントとして必要性がなくなったことが明らかになったときには、適切な期間内に不要となったスタッフを引上げるか、サービスの提供を停止すること。
6) 本契約の入札提出要請書に記されたサービスを提供するために必要が生じたとき、スタッフに対して輸送手段（車両など）、備品、材料、雑費を支給すること。
7) 橋梁プロジェクトで設計が絡む工事が実施されている期間、フルタイムベースで設計審査サービスを提供すること。なお、コンサルタントは請負業者および発注者の担当者と同一事務所を使用すること。

8) 設計の提出書、承認書、変更および修正書を保管すること。
9) 発注者の要請および監理業務の実施上の必要性に応じ、定期刊行物、中間あるいは最終データおよび記録簿を作成して提出すること。
10) 本契約の入札提出要請書に記載された通り、橋梁プロジェクトの終了時または打ち切り時に、本契約業務を遂行するために作成した全ての計算書、製図とスケッチ、電子設計ファイル、記録簿、その他の書類を取りまとめて発注者に提出すること。
11) デザイン・ビルドの請負業者の設計作業工程計画を審査し、実施状況を監視すること。
12) 竣工図を作成するため、図面と仕様書の変更を書面に整理すること。
13) デザイン・ビルドの請負業者が作成した竣工図を審査すること。
14) デザイン・ビルドの請負業者に図面、仕様書、および契約条項の解釈書を提供すること。コンサルタントは、解釈書に複雑な問題、あるいはコストに影響を与える事項が含まれるときは、事前に発注者側のマネージャーに相談をすること。また、発注者側のマネージャーはコンサルタントに解釈書について説明を求めることができるものとする。
15) 発注者側のマネージャーとともに、請負業者のVE提案を評価し、提案された変更案が当初に計画された構造物と同等であるか否か、並びに発注者と請負業者にとって期待されているコスト節減が確実にもたらされるかどうかについての判断をするものとする。
16) 橋梁プロジェクトを完成させるために必要と思われる図面、仕様書あるいは契約条項の変更、および追加工事についての必要性の分析・検討を行うこと。変更あるいは追加工事が必要と判断したとき、コンサルタントは発注者側のマネージャーにそれを承認するように助言すること。
17) 本監理業務の契約期間内に橋梁プロジェクトの工事に関して発生した調停の聴聞あるいは訴訟に対する発注者の準備を支援すること。
18) デザイン・ビルドの請負業者の作業に遅延が生じない様に、速やかに図面、計算書、および仕様書の照査および審査、報告書の作成、書面の準備をすること。

⑸　コンサルタントによる品質管理

　　コンサルタントは、デザイン・ビルド方式の契約による橋梁プロジェクトの工事が、でデザイン・ビルドの入札提出要請書、契約事務管理マニュアル、仕様書、特記仕様書、施工図面、発注者の基本方針と手続き、諸基準、OSHA（Occupational Safety and Health Administration）規則集、連邦道路庁のガイドライン、およびその他の関係法令に準拠して実施されるよう、下記の品質検査（Quality Audits）と契約事務管理を行うものとする。

① 　品質検査（工事検査と材料試験）

　　コンサルタントは、デザイン・ビルドの請負業者の品質管理方法およびその結果が、デザイン・ビルドの入札提出要請書などで事前に定められたものと合致しているか、効率的に実施されているか、プロジェクトの目的を達成するのに適しているかどうかを判断するため、発注者が体系的かつ独立して検討をする際に支援をすること。そのために、コンサルタントは工事段階で、請負業者に対して工事検査と材料試験を行うものとする。

② 　工事段階の契約事務管理

　　コンサルタントは、

・橋梁プロジェクトの全ての関係者による作業間の調整を図るため、

・プロジェクトに関係する全ての作業と出来事を完全かつ正確に記録するため、

・プロジェクトに関する全ての重要な変更を適切に書面に記録するため、

・図面、仕様書、契約条項の解釈書を提供するため、

・工事契約に関する紛争を解決するため、発注者に助言をするため、および

・請負業者の契約履行状況を監視するため

に必要なサービスを提供する。

　　また、コンサルタントは入札提出要請書に記載された責務を遂行するために必要となる、その他の契約事務管理サービスを提供しなければならない。全ての記録の保全および書類の作成は発注者の標準手続き、様式と内容に則したものでなければならない。

　　品質管理段階の契約事務管理としてコンサルタントが実施すべきサービスには以下にものが含まれる。

1) 日々の契約管理業務の一環として、あるいは管理業務の実施上の必要性に応じて検討会（Conference）または打合せ会議（Meeting）に出席すること。打合せ会議には工事着手前会議および工事終了会議を含むものとする。
2) 現場での監理業務を開始する前に、ミネソタ州交通局の標準的な工事施工手法、施工図面、デザイン・ビルド契約、およびデザイン・ビルドの請負業者が提出する作業工程計画を熟知しておくこと。
3) 請負業者に遅延を引き起こさせないように、タイムリーな審査を行うため監理業務に技術的な資格と経験を有する十分な数のスタッフを配置すること。
4) 予期しない状況が起きた場合、直ちに発注者側のマネージャーに通知すること。
5) 発注者の要請があった場合、あるいはコンサルタントとして必要性がなくなったことが明らかになったときには、適切な期間内に不要となったスタッフを引上げるか、サービスの提供を停止すること。
6) コンサルタントの現場作業はOSHA規則集、および実績のある安全手法で実施すること。
7) 本監理業務の入札提出要請書に記されたサービスを提供するために必要が生じたとき、スタッフに対して輸送手段（車両など）、備品、材料、雑費を支給すること。
8) 工事が実施されている期間、フルタイムベースで現場での工事検査および材料試験のサービスを提供すること。なお、コンサルタントは請負業者および発注者の担当者と同一事務所を使用すること。
9) 現場以外の場所で試験が行われた材料については、それらが現場で使用される前に、試験結果の報告書、あるいは品質証明証が受領されていることを確認すること。
10) 発注者の要請および監理業務の実施上の必要性に応じ、定期刊行物、中間あるいは最終データおよび記録を作成し提出すること。
11) 本監理業務の入札提出要請書に記載された通り、プロジェクトの終了時または打ち切り時に、本監理契約を遂行するために作成した日誌、工程日誌、ノート、経理簿、記録簿、報告書などを全て取りまとめて発

注者に提出すること。デザイン・ビルドの請負業者の工事進捗の記録のために必要がある場合、日誌、工程日誌、ノート、記録簿を発注者が求める方法で作成するものとする。

12) デザイン・ビルドの請負業者の工事工程計画を審査し、実施状況を監視すること。

13) 仕様書、特記仕様書、契約管理マニュアルの特別条項に基づいて週間工事日誌および現状報告書を作成して、発注者の審査を受けるために提出すること。

14) 日々、迂回路と維持管理の標識を見直し、必要があるときは手直しをすること。

15) 検査日誌、材料証明書およびプロジェクトに関して受領・発信した書面を取りまとめること。契約管理マニュアルに基づいて施工済み工事の数量に関する書類を取りまとめること。また、工事に使用された全ての材料および完成した工事について計測あるいは数量計算をして、データベースに記録すること。

16) 竣工図を作成するため、図面と仕様書の変更を書面に整理すること。

17) データベースを使用して部分支払い書を作成して承認を受けること。部分支払い書は1ヶ月以上の間隔で定期的に作成するものとする。

18) 工事に関する支払い工種表、数量、材料、および図面、仕様書、特記仕様書あるいは契約管理マニュアルによって求められるものについて、最終書類を作成すること。

19) デザイン・ビルドの請負業者からの報告書を含む提出物、週別賃金支払簿、賃金規則遵守表明書、手持ち材料に対する支払い請求書などを審査すること。

20) 最終検査を実施し、発注者に完成した工事を受け取るかどうかの助言をすること。

21) CAARSを使って最終支払い書（案）を作成して、発注者の審査並びに承認を受けること。なお、最終支払い書および工事の受取書は発注者が作成するものとする。

22) デザイン・ビルドの請負業者が作成した竣工図を審査すること。

23) プロジェクトに使用される全ての材料について標本を抽出し試験を

行うとともに、ミネソタ州交通局の地方支局の試験所へ提出する標本を入手すること。現場における試験には、最新のデザイン・ビルド材料管理表に基づくコンクリート（スランプ試験、テストピースの破壊試験など）、瀝青材（アスファルトコンクリート、温度、粒度など）、路床・路盤材料（粒度、湿度、密度など）、杭打ち込み（打ち込み長など）に関する試験を含むものとする。

24) 材料試験は発注者の材料管理表、標準仕様書あるいは橋梁プロジェクトのデザイン・ビルド契約の特別条項で修正された仕様書に従って行うものとする。材料管理表で試験は試験所あるいは公的機関で実施することが指定されている場合、それらの試験はミネソタ州交通局の地方支局の試験所で行うものとする。その際、コンサルタントは標本をミネソタ州交通局の地方支局の試験所へ届ける責任を負うこと。

25) デザイン・ビルドの請負業者の進捗の記録のために必要がある場合、日誌、工程日誌、ノート、記録簿を発注者が求める方法で作成し保存するものとする。コンサルタントはコンクリート、瀝青材、路床と路盤に関する報告書を作成して、それらを必要とする関係者に、工事が行われた同一週内に提出するものとする。

26) コンサルタントが使用する全ての試験器具は、少なくとも一年に一度、あるいは発注者が指定する間隔で、ミネソタ州交通局の地方支局の試験所のマニュアルに従ってキャリブレーションをすること。

27) 材料試験に関して暫定品質保証書は一切受け付けられないことを承知すること。

28) ミネソタ州交通局の独立保証検査官（Independent Assurance Inspector）と連絡を取り、プロジェクトの材料試験方法について独立保証（Independent Assurance）の審査をすることを要請するものとする。審査は全ての試験実施者および試験立会人ついて行うものとする。少なくとも毎年一回、各試験実施者および試験立会人に関して書面審査を行うこと。また、地方支局の材料試験所か現場のどちらかで試験実施方法についての審査をするのが望ましい。

・試験実施者とは、実際に試験を行う個人のことを言う。
・立会人とは、橋梁プロジェクトのデザイン・ビルド請負業者が行う試

験に立ち会う検査官のことを言う。

29) 公益施設に関する工事着手前会議と橋梁プロジェクトの着手前会議を計画し開催をするものとする。会議で出された重要な情報および会議内容を記録して関係者に配布するものとする。

30) 橋梁プロジェクトに関する全ての作業および出来事についての正確な記録、並びにデザイン・ビルドの請負業者が完了した全ての工事の記録を、日付別に保管すること。なお、工事記録には最終見積書の作成手続き、および仕様書に則した支払い項目別の数量も含めるものとする。また、コンサルタントは工事数量、工程あるいはコストに重大な変更がある場合には、ただちに発注者側のマネージャーに連絡しなければならない。

31) 工事に用いた全材料について、現場での受領日を明確にした記録を保存するものとする。

32) 全ての抽出試験結果の記録を保管し、材料および施工された工事の受取りの可否を確認するために必要な場合、それらを解析すること。

33) 少なくとも月に一度、その日までに完成した主要な工種（プロジェクト工事内訳書；Project Work Breakdown Structure に対応した工種）の数量について総括表を作成する。数量は日々の記録簿あるいは計算に基づいて算定するものとする。総括表はコンサルタントが月別出来高払い書を作成する際に活用する。

34) デザイン・ビルドの請負業者に図面、仕様書、契約条項の解釈書を提供すること。コンサルタントは、解釈書に複雑な問題、あるいはコストに影響を与える事項が含まれるときは、事前に発注者側のマネージャーに相談をすること。また、発注者側のマネージャーはコンサルタントに解釈書について説明を求めることができるものとする。

35) 発注者側のマネージャーとともに、請負業者のVE提案を評価し、提案された変更案が当初に計画された構造物と同等であるか否か、並びに発注者と請負業者にとって期待されているコスト節減が確実にもたらされるかどうかについての判断をするものとする。

36) プロジェクトを完成させるためには必要と思われる図面、仕様書あるいは契約条項の変更、および追加工事についての必要性の分析・検討

を行うものとする。変更あるいは追加工事が必要と判断したとき、コンサルタントは発注者側のマネージャーにそれを承認するように助言すること。

37) やむを得ない理由で工事の内容が変ったことにより当初のデザイン・ビルド契約書の修正が必要と判断したときは、請負業者と価格交渉を行い、それに基づいて契約変更（案）を作成して、発注者側のマネージャーの承認を得るために提出するものとする。

38) デザイン・ビルドの請負業者から、ある工事がデザイン・ビルド契約の範囲を越えるとして追加費用を要求する意向が通知されたとき、コンサルタントは、その工事のコストに関する正確な記録を保管するものとする。なお、これらの記録にはその工事に投入された労務者の従事時間、建機の稼働時間および材料に関する記録を含むものとする。

39) デザイン・ビルドの請負業者が、追加費用のクレームを提出したときには、クレームを分析し、請求の有効性および妥当性に関して発注者側のマネージャーへの助言を取りまとめること。続いてクレームの解決策についての助言を作成するために（請負業者と）交渉するものとする。なお、クレームに関する工事について完全かつ正確な記録を保管するものとする。

40) デザイン・ビルドの請負業者が工期延伸の要請をしたときは、要請を分析し、発注者側のマネージャーへの助言を作成するものとする。助言には遅延要素が全体工期に与える影響についての説明を添付するものとする。

41) 最終支払い書と最終書面を作成し、並びに竣工図を取りまとめてプロジェクトが完成した日から30日以内に発注者側のマネージャーへ提出するものとする。

42) コンサルタントの監理業務契約の期間内に、工事に関して発生した調停の聴聞あるいは訴訟に対する発注者の準備を支援すること。

43) デザイン・ビルドの請負業者の賃金の支払いが契約条項を遵守したものになっているかどうかを監視（モニター）するものとする。

44) 状況に応じて、工事許可要件への違反がないかどうかについての監視をし、違反あるいは違反の恐れがあるときにはデザイン・ビルドの請

負業者に通知して、直ちに是正することを要求するものとする。また、違反については発注者側のマネージャーにも直ちに通知するものとする。

45) 施工図面の提出書に関する記録簿を保管すること。記録簿にはその施工図の最初の提出日、再提出日、承認日などを記入すること。コンサルタントは施工図が訂正された場合、それを記録して、確実に工事に反映されたかどうかの確認をするものとする。また、その結果を記録、報告し必要に応じて発注者に対しての助言を作成すること。さらに工事の進捗とコストへの影響に関しての判断をするものとする。コンサルタントは全ての審査者に審査を迅速に行うことを奨励するものとする。また、施工図面には全てのマニュアル、およびデザイン・ビルドの請負業者が提出した工事手順の概要書も含むものとする。

46) 工事の遅延を最小限にとどめるため、障害となる公益施設の移設、現場での保護あるいは調整をタイムリーに実施するために、デザイン・ビルドの請負業者、発注者の職員および公益施設会社間の調整を行うものとする。これらに関する書類は発注者の求める様式で保存するものとする。

47) 発注者側のマネージャーに要請された場合、デザイン・ビルド契約で清算払いの対象になっている公益施設も含む全ての公益施設に関する工事の検査を行うものとする。

48) 毎週、デザイン・ビルドの請負業者（必要に応じて公益施設会社を含めて）と会議を開催し、図面、工程、問題点、その他の懸案事項を審査するものとする。会議の議事録を発注者側のマネージャーを含め、全ての関係者に配布するものとする。

49) 正規の工事時間後、週末、および休日も含めて、現場付近の交通整理状況についての調査を行い書面に記録するものとする。

50) コンサルタントは、デザイン・ビルドの請負業者の作業に遅延が生じない様に、速やかに報告書の作成、数量計算書の確認、支払いのための現場測定、および関連書類の作成を行うものとする。

51) 条件の変更要請、デザイン・ビルド契約の変更があったとき、変更の程度を検討して、概略のコストおよび工期の変更量を推定すること。

デザイン・ビルドの請負業者からの見積りを受領する前に、公正なコストの見積りを作成するものとする。

52) 全てのデザイン・ビルドの契約変更について、コンサルタントが作成し、発注者の積算課の承認を得たコストをもとに、発注者の仕様書に定めるところに従い、請負業者と変更金額について交渉し、その結果を発注者側のマネージャーに報告するものとする。発注者側のマネージャーはコストと工期の変更内容を検討して、（適切と認めるときは）承認をするものとする。承認されたときには、コンサルタントがデザイン・ビルド契約変更書を作成すること。

53) 工事着手前に橋梁プロジェクト区域全体についての状況をビデオで撮影すること。また、（将来）クレーム、あるいは一般大衆が問題にする可能性が高い箇所に重点を置いた工事記録写真（デジタル）を提出すること。

54) 工事着手前の会議に先立って、発注者側のマネージャーとの会議を設定して出席すること。この会議で、帳簿類の計算・記載方法、デザイン・ビルド契約、プロジェクトの実施に必要な測量、最終支払い書の作成に必要となる情報について検討をするものとする。従って、この会議には最終支払い書の作成責任者も出席すること。

55) さらに上記の会議では、公益施設の工事着手前会議とプロジェクトの工事着手前会議での配布資料、議題の策定と予行演習を行うものとする。

(6) その他のコンサルティング業務

コンサルタントは、発注者にとって必要があると考え、それに対して発注者が書面で実施を認めたときは、追加の監理業務を行うものとする。本監理業務契約で発注者が追加要請する可能性のある業務は下記の通りである。なお、追加の監理業務に対するコンサルタント料は交渉で決定するものとする。

1) コンサルタントはデザイン・ビルド契約による橋梁プロジェクトを完成させるために必要となった場合で、発注者が承認をしたときには、図面あるいは仕様書の変更あるいは修正を行うものとする。

2) コンサルタントは、発注者から書面による要請があったとき、コンサ

ルタントの基本的な契約事務管理が完了した後に起きた橋梁プロジェクトに関する調停あるいは訴訟に関する聴聞のための資料作成で発注者を支援するものとする。

3) コンサルタントは、発注者から書面による要請があったとき、デザイン・ビルド契約に関する調停あるいは訴訟で、技術に関する証人、証拠物件の提供、およびその他の事項で発注者を支援できる十分な能力を有する専門家を提供するものとする。

4) コンサルタントは、発注者から書面による要請があったとき、本監理業務の契約範囲外のプロジェクトに関する検査を現場、あるいはその他の場所で実施するものとする。

(7) 設計と工事に関するクレーム

クレームの解決あるいは発生防止は、問題の発生時に対処するのが最も効率的である。従って、プロジェクトに影響を与え、かつ請負業者によって提起される（発注者と請負業者間の）見解の不一致問題は、直ちに対応するのが望ましい。

もし、見解の不一致問題が解消されずデザイン・ビルドの請負業者からクレームが提出されたときには、コンサルタントはクレーム処理機関および発注者の防衛にとって決定的に有効となる書類、資料、計画用データなどを持っていることから、必要に応じてコンサルタントは発注者の証人になるものとする。

デザイン・ビルドの請負業者からクレームが提起され必要が生じた場合、コンサルタントは、発注者にクレームの解決方針を提案するとともに、クレームに関係する書面を探し出すものとする。

(8) 工事完了後のクレーム検討

コンサルタントによる監理業務の契約が終了した後に、デザイン・ビルドの請負業者が追加コストあるいは工期延伸のクレームを提起し、発注者が書面で要請した場合、コンサルタントは、クレームを検討し、発注者側のマネージャーへ、クレームの有効性、妥当性などについての助言をするものとする。また、クレームの交渉で発注者を支援するものとする。このサービスに対す

るコンサルタント料は、本契約とは別に交渉で決定するものとする。

6 橋梁プロジェクトの監理業務の主な契約条項

(1) コンサルタント側のプロジェクト・マネージャーと主要スタッフ

　　契約書に、コンサルタントのプロジェクト・マネージャーの氏名、役職、住所、電話などを明記する。その他の主要スタッフについても氏名と役職を特定して契約書に記載する。もし、主要スタッフの変更が必要になった場合、コンサルタントは（可能であれば）2週間前に発注者側の代表者に書面で交代要員の氏名と経歴書を通知するものとする。その際、交代要員は前任者と同等またはそれ以上の資格を有していなければならない。なお、発注者側の代表者は正当な理由があれば、交代要員を拒否することができるものとする。

(2) 発注者側の代表者とプロジェクト・マネージャー

　① 発注者側の代表者（State's Authorized Representative）

　　契約書に、発注者側の代表者の氏名、役職、住所、電話などを明記する。代表者はコンサルタントの業務の実施状況をモニター（監視）し、実施された業務の内容が発注者として満足できるものか否かの判断をする。また、コンサルタントからのコンサルタント料の支払請求に対して支払いをすべきか否かの判断を下すものとする。

　② 発注者側のプロジェクト・マネージャー

　　契約書に、発注者側のプロジェクト・マネージャーの氏名、役職、住所、電話などを明記する。プロジェクト・マネージャーは、コンサルタントの業務実施状況を監視するとともに、業務進捗報告書へのサイン、発注者側の代表者に対してコンサルタント業務結果を受理するかどうかの助言書の作成、コンサルタントからの支払請求書のチェック、および発注者側の代表者に支払いに関する助言をするものとする。

(3) 発注者からコンサルタントへの必要資料などの提供

　　契約締結後、発注者はコンサルタントに業務を実施するために必要なプロジェクトに関するデータ（書類なども含む）を提供する。コンサルタントは提供されたデータを解析し、データが不完全あるいは間違っていることを発

見したときには発注者に通知する。発注者は調査を行い、データが間違っていることが判明したときは速やかに正しいデータを提供するものとする。ただし、コンサルタントは正しいデータの提供が遅れたことを理由にして、コンサルタント料の増額を要求することはできないものとする。

(4) コンサルタント料と支払い

コンサルタント料は実費（Cost）プラス固定利益（Fee）方式として、下記の方法で支払うものとする。
・直接人件費（実費）
・諸経費（率計算）
・固定利益（固定額）
・直接経費（実費）
・下請費用（実費）

コンサルタントの出張に伴う交通費および出張手当は、ミネソタ州交通局の旅費規程に基づいて支払うものとする。

① 諸経費率

諸経費は直接人件費に一定の諸経費率を掛けて計算する。契約締結時には暫定の諸経費率を決定する。暫定諸経費率は発注者とコンサルタントが協議し定めるか、あるいは（受注）コンサルタントについてミネソタ州交通局が実施した最直近の経理簿監査に基づいて定めるものとする。コンサルタントからの支払い請求は、この暫定諸経費率で行う。最終の諸経費の支払総額はミネソタ州交通局の監査室が受注コンサルタントの経理簿を監査した後に確定する諸経費率で決定する（注：米国では、コンサルタント契約について、受注者の経理簿を監査して諸経費率を決定することが多い）。ただし、諸経費率は如何なる場合でも155％を超えないものとする。

② 固定利益

固定利益は直接人件費と諸経費の合計額に（発注者と受注者の交渉で決定する）利益率を乗じて決定する。もし、直接人件費と諸経費の合計が当初に見込んだ金額より減少した場合で、当初の固定利益を実際の直接人件費と諸経費で除して計算した新たな利益率が当初の利益率を2％以上超える場合は、新たな利益率が当初の利益率の2％超にとどまるように調整す

る。なお、最終の利益率は、最終監査（上記の諸経費率の項を参照）の後に行う。
③ コンサルタント料の上限額
契約締結時に発注者からコンサルタントへの総支払額（コンサルタント料）の上限を決定する。契約変更をしない限り、コンサルタントはその上限額を超える支払いを受けることはできない。

(5) コンサルタントによる権利と責務の譲渡
コンサルタントは発注者と合意書を作成しない限り、受注した業務に関する権利あるいは責務を他の者に譲渡することはできない。仮に権利あるいは責務の譲渡について合意がされたとしても、発注者の合意がない限り、権利あるいは責務を譲渡したことでコンサルタントは業務の実施責任を免除されないものとする。

(6) 下請コンサルタント
コンサルタントは発注者から下請発注を認められても、発注者に対して下請コンサルタントが実施した業務に責任を負うものとする。
コンサルタントは、1万ドル（約120万円）を超す業務を下請発注する場合、下請契約を締結した後で、かつ下請業務が開始される前に下請コンサルタントのリストを提出しなければならない。また、コンサルタントは、発注者から要請があった場合には、1万ドル（約120万円）以下の下請であっても下請契約書のコピーを提出しなければならない。

(7) 業務実施工程計画の変更
不可抗力などコンサルタントの管理が及ばない原因で業務実施に遅延が生じ、コンサルタントから要求があった場合、発注者の代理者は業務実施工程計画の変更を交渉するものとする。
コンサルティング業務が不可抗力以外の理由で業務実施工程計画通りに完了できない状況になったとき、コンサルタントは発注者側の代表者とプロジェクト・マネージャーに、速やかに書面で報告するものとする。発注者側のプロジェクト・マネージャーは契約工期内で業務実施工程計画の変更をする

権限を有するものとする。

　コンサルタント業務の実施期間の延伸をするためには契約変更をする必要がある。ただし、契約期間は 5 年を超えることができないものとする。

(8)　業務内容の変更

　発注者からの変更命令は書面で行い、かつ発注者とコンサルタントの間で了承されたときに有効になるものとする。変更命令は、業務範囲あるいは契約条件を明確にするために契約工期に影響しない範囲での業務実施工程計画の変更を行うため、あるいは軽微な指示をするためのものである。変更命令では契約金額と契約工期の変更をすることはできないものとする。

　本契約の変更は、予めその必要性が予測できず本契約書に含まれなかった業務、あるいは本契約に不可欠な追加業務で本契約の業務の範疇に入るものに限って行うことができるものとする。コンサルタントは、発注者の代表者によって増加業務が承認され、契約変更がされた後に増加業務に対するコンサルタント料を請求することができるものとする。

(9)　コンサルタント料の上限額

　コンサルタントは契約書で定められた契約上限額を超えそうになった時は、速やかに書面でその旨を発注者の代表者に通知しなければならない。コンサルタントは、契約上限額を超える業務を実施しても、それについての契約変更が行われていない場合、上限額を超える業務に対する費用の支払いを受けることができない。事前に発注者が署名した契約変更がされていない業務はコンサルタントが奉仕的に実施したものと見なし、コンサルタントはその費用の支払いを請求できないものとする。

(10)　経理簿などの監査と検査

　本契約に関わるコンサルタントの経理簿、記録簿、書類、経理処理手続き、および実施方法は、本契約で最終の支払いが行われ日から 6 ヶ年間、州の監査の対象になるものとする。

　発注者は契約書に記述された各種の業務について効率的業務実施努力（ワークエホート（Work effort））に関する監査をすることができるものと

する。監査では無差別に抽出した業務について、効率的に業務を実施するために行った努力の方法と努力の程度を審査して、当該業務の実施時間の妥当性を確認する。

　コンサルタントは、業務の種類、実施に従事したスタッフごとの従事時間を示す効率的業務実施努力の報告書、並びに下請コンサルタントの効率的業務実施努力の報告書を所定の型式で保管しなければならない。

(11) コンサルタントの責任

　コンサルタントは専門家として業務を実施するに当っては、通常、ミネソタ州で本業務と同様の環境の下で、尊敬を受ける専門家が行使するであろうと同程度の注意力と知識および技能を活用するものとする。

　コンサルタントは、一般的に期待される注意力を用いず、あるいは契約要件を遵守しないことが原因で損害が生じた場合、それについての責任を負うものとする。

(12) 保険

　コンサルタントは以下の保険を付保し、その証明書を契約締結後30日以内で、かつ業務に着手する前に発注者側の代表者に提出しなければならない。

① 一般営業賠償保険（Commercial General Liability Insurance）
  ・一件当たり賠償金額　　　：100万ドル（約1億2,000万円）
  ・年間の賠償総額　　　　　：200万ドル（約2億4,000万円）
② 自動車賠償保険（Commercial Automobile Liability Insurance）
  ・一件当たり賠償金額　　　：100万ドル（約1億2,000万円）（負傷と資産損害）
③ 専門技術賠償保険（Professional/ Technical Errors and etc. Liability Insurance）
  ・クレーム一件当たり賠償金額：100万ドル（約1億2,000万円）
  ・年間の賠償総額　　　　　：200万ドル（約2億4,000万円）
④ 労働者補償保険（Worker's Compensation Insurance）
  ・1人当たり病気傷害保証　　：10万ドル（約1,200万円）
  ・病気傷害の総額保証　　　　：50万ドル（約6,000万円）

・事故傷害保証　　　　　　：100万ドル（約1億2,000万円）

参考資料Ⅳ
米国連邦道路庁デザイン・ビルド発注実態調査

1 調査概要

　1990年、米国の連邦運輸省道路庁（以下「連邦道路庁」と称する）は道路プロジェクトで工事の質を損なうことなく工期の短縮と工事費を縮減するために、新たな入札・契約方式を模索する特別実験事業SEP-14を開始した。その一環として、従来の入札・契約方式（設計と施工の分離発注）と異なるデザイン・ビルド方式（設計と施工の一括発注）の効果を検証するため、州政府および地方政府の道路関連機関が連邦政府の補助事業で試行的にデザイン・ビルド方式を活用することを認めた。

　1998年に制定されたTEA-21法（21世紀に向けた交通最適化法）は、連邦運輸省道路庁にデザイン・ビルド方式の活用に関する法令の整備を求めるとともに、デザイン・ビルドの効果に関する調査を実施し、連邦議会に報告することを義務付けた。連邦道路庁はTEA-21法の規定に基づくデザイン・ビルド発注実態調査（Design-Build Effectiveness Study）のため、2003年10月から2004年3月にかけてデータ収集を行い、続いて分析・検討を行い2006年1月に調査報告書を発表した。

　調査は次の3カテゴリーに分けて収集されたデータをベースにして行われた。

① SEP-14により32州が実施している282件のデザイン・ビルド・プロジェクトの責任者であるマネージャーに対して、デザイン・ビルドに関する質問状送付。回答は27州（2つの有料道路機関とワシントンDCを含む）から得られた。

② 個別のプロジェクトでデザイン・ビルドの効果を調査するために、282プロジェクトのうち契約工期が2002年末以前になっている140件（22州）を確認。続いて140件からプロジェクトの性質、規模を考慮して、85件の詳細調査の対象候補プロジェクトを決定。そのうち19州から69件のプロジェクトについて調査質問状への回答が得られた（**参考表4-1を参照**）。

③ コスト、工期、品質に関してデザイン・ビルド方式と従来方式を比較する

ために、デザイン・ビルドの調査対象プロジェクトと類似した従来方式のプロジェクトの選出と関連データの収集。7つの州から17件の類似プロジェクトを決定。ただし、比較に必要となる十分なデータを備えて回答されたのは11プロジェクトであった。

編注：　**本参考資料Ⅳは、上記の調査報告書に基づいてまとめたものであるが、以下の幾つかの図表の間で、同一項目の値が相違する箇所がある。この点について連邦道路庁は報告書の中で、本調査の対象プロジェクトの数が比較的少ないこと、また、調査項目別に見た場合、データ数にバラつきがあることなどから、データを多様な面から分析した結果に相違点、不確実な点があることを認めている。ただし、今回の調査結果は米国の道路プロジェクトにおけるデザイン・ビルドの活用状況の概要を示すとともに、今後、デザイン・ビルド方式を活用する際に参考にすべき有益な情報を提供していると言える。**

2　デザイン・ビルドの活用状況

（デザイン・ビルド・プロジェクトの種類比率）

　連邦道路庁の特別実験事業 SEP-14 計画の下で、州政府などがデザイン・ビルド方式を活用したプロジェクトの数は282件で、プロジェクトの種類も、新設・拡幅、修繕・改善、舗装打換え・修繕、橋梁・トンネル、ITS と道路に関わるほぼ全ての工事をカバーしている。**参考表4－1**は、SEP-14計画で実施されたデザイン・ビルド方式のプロジェクト、そのうち2002年までに完成したプロジェクト、完成したプロジェクトから本調査の対象として選出したプロジェクト、調査の回答があったプロジェクト、およびデザイン・ビルド方式と比較するために選定した従来方式による類似プロジェクトについて、それぞれの契約件数、プロジェクトの種類の比率を示したものである。

参考表4－1　デザイン・ビルド・プロジェクトの種類比率

	全プロジェクト	2002年までに完成したプロジェクト	調査対象候補プロジェクト	調査解答プロジェクト	類似従来方式プロジェクト
プロジェクト数	282件	140件	86件	69件	17件
新設・拡幅工事	28%	16%	26%	29%	35%
修繕・改善工事	22	18	20	16	29

舗装打換え・修繕	6	5	6	6	6
橋梁・トンネル	38	49	36	38	24
ITS	4	4	6	4	—
その他	12	8	6	7	6
計	100%	100%	100%	100%	100%

(デザイン・ビルド発注のプロジェクト種類の内訳)

　プロジェクトの種類別のデザイン・ビルド方式の全発注件数に対する比率は**参考表4－2**の通りで、新設・拡幅、橋梁・トンネル、ITSでデザイン・ビルドによる発注が多くなっている。全発注件数のうちデザイン・ビルド方式の発注比率は件数で2.8％、金額では25.5％である。

参考表4－2　デザイン・ビルド発注のプロジェクト種類別比率

	デザイン・ビルドによる発注率（％）	
	件数比率	金額比率
新設・拡幅工事	6.0	32.0
修繕・改善工事	1.5	5.6
舗装打換え・修繕	1.4	4.3
橋梁・トンネル	4.0	50.2
ITS	8.6	20.8
全体平均	2.8	25.5

(2002年に完成したプロジェクトの13回答)

(デザイン・ビルド方式の1件当たり発注金額)

　発注方式別の1件当たりの平均契約金額は、デザイン・ビルド方式が従来方式の平均契約金額を大きく上回っている。

参考表4－3　契約方式による1件当たりの契約金額

契約方式	平均契約額（100万ドル）
デザイン・ビルド方式	27.7（約33.2億円）
従来方式	2.4（約2.9億円）
全体平均	3.1（約3.7億円）

(13回答)

3 プロジェクト種類別の契約方式

参考表4－4は、プロジェクトの種類別の契約方式の金額比率を示す。全てのプロジェクトの種類で、従来方式（設計－入札－施工）の契約が80％を超えている。参考表4－1との間にかなりの差異が見受けられるが、その主な原因は、参考表4－1では2002年に完成したプロジェクトのデータが、参考表4－4では2002年までに完成したプロジェクトのデータが使用されていることによると考えられる。

参考表4－4　プロジェクト種類別の契約方式比率

プロジェクトの種類	直営施工(%)	従来方式契約(%)	従来方式で保証付契約(%)	デザイン・ビルド契約(%)
新設・拡幅工事	2.6	83.1	3.2	11.2
修繕・改善工事	2.9	84.3	3.9	8.9
舗装打換え・修繕	4.7	84.6	3.5	7.2
橋梁・トンネル	2.5	85.8	3.2	8.4
ITS	0.0	94.5	0.0	5.5
全種類の平均	3.0	84.4	3.4	9.3

（2002年までに完成したプロジェクトの21回答）

4 デザイン・ビルドの落札者決定方法

2002年に完成したデザイン・ビルド方式の入札で56％が技術要件を満たす者のうち最低価格を入札した者を落札者としている。最善価値方式（Best Value：技術提案と入札価格の両方を比較考慮して発注者が求める価値が最大となる者を落札者にするもので、比較考慮にはいろいろな方法がある）は37.9％である。プロジェクトの種類別による内訳は参考表4－5に示す通りであり、プロジェクトの種類の間に決定方法の違いはあまりない。

参考表4－5　プロジェクトの種類別の落札者決定方法

プロジェクトの種類	最低価格入札(%)	最善価値入札(%)	その他（%）
新設・拡幅工事	54.2	42.9	2.9
修繕・改善工事	64.9	33.3	1.7
舗装打換え・修繕	59.0	40.0	1.0
橋梁・トンネル	56.6	33.4	10.0
ITS	48.6	50.1	1.3
全種類	56.0	37.9	6.1

（2002年に完成したプロジェクトの14回答）

2002年までに完成したプロジェクト29件の回答での落札者決定方法は最低価格が54％、最善価値が42％、その他が4％となっている。最善価値による評価方法の内訳は**参考図4－1**の通りである。

参考図4－1　最善価値による場合の入札評価方式

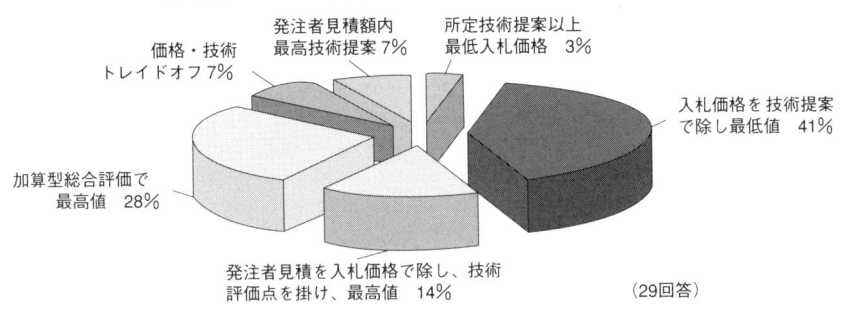

- 価格・技術トレイドオフ 7％
- 発注者見積額内最高技術提案 7％
- 所定技術提案以上最低入札価格 3％
- 入札価格を技術提案で除し最低値 41％
- 加算型総合評価で最高値 28％
- 発注者見積を入札価格で除し、技術評価点を掛け、最高値 14％

（29回答）

今回の調査対象となったデザイン・ビルド・プロジェクトのマネージャーに対して、落札者を決定する際に、価格、価格と工期、工期、契約履行チーム、品質管理の5つの要素の重要度を6段階（1：重要でない、6：非常に重要）で順位付ける質問をした結果は**参考図4－2**の通りである。

参考図4－2　入札評価で重視すべき要素

要素	六段階での相対的重要度
価格	5.1
価格と工期	4.8
工期	4.6
契約履行チーム	4.3
品質管理	4.3

（29回答）

5　プロジェクトの種類別の契約金支払い方法

　一般的に、設計－入札－施工の従来方式の契約では入札時に、発注者から請負業者が施工すべき所要の工種とそれらの工事数量が示される。この場合、契

約は請負業者が入札時に提示された工事数量を図面と仕様書に基づいて忠実に施工すれば、所定の機能・品質と強度を有する構造物が完成するという前提で締結される。従って、米国では入札者が各工種の単位数量に対する価格（単価）を明示して入札し、契約は単価付き総価方式となっている。発注者から請負業者への契約金の支払いは、施工済みの工事数量にその工種の単価を乗じて決定される。すなわち、契約金の支払いはユニット・プライス方式が中心となっている。ユニット・プライスの支払い方式では、契約目的の構造物の機能・品質に変更がなくても、発注者が数量変更を認めれば原則として契約金額も変更される。

　デザイン・ビルド方式の契約は、請負業者が設計段階から創意工夫を凝らし、所定の機能・品質を有する構造物を建設することを目指している。従って、デザイン・ビルド契約での請負業者の履行義務は所定の機能・品質を有する構造物を完成することであって、所要の工事数量を施工することではない。また、デザイン・ビルドの入札では、入札時に正確な工事数量がないこと、デザイン・ビルド方式の特性として工事のコストリスクを請負業者に転嫁するのが望ましいことから、デザイン・ビルドの契約は工事数量とその単価を契約事項としないランプサム方式によることが多い。デザイン・ビルド方式では、発注者が工事数量の増減を伴う変更を認めても、必ずしも契約金額が変更されるわけではない。

　参考表4－6によるとデザイン・ビルド契約の場合、発注者から請負業者への契約金の支払いがランプサム方式によるのが87％、単価方式によるのが13％である（注：精算方式、労賃と材料費による支払い方式は零であった）。

編注：米国の公共工事では、原則として月1回の出来高払いが行われる。ランプサム方式の支払いとなっているとき、出来高に応じた支払い額の算定が困難である。従って、発注者は請負業者に工程計画表は全体工事をおおむね1ヶ月以内に完了できる規模に分割して作成したうえ、その工程計画表に分割した工事ごとの工事費を記載することを求めることが多い。

参考表4－6　プロジェクト種別の契約金支払い方法

プロジェクトの種類	ユニット・プライス方式 (%)	ランプサム方式 (%)
新設・拡幅工事	17	83
修繕・改善工事	11	89
舗装打換え・修繕	13	88
橋梁・トンネル	10	90
ITS	14	86
全種類の平均	13	87

(16回答)

6　デザイン・ビルド方式のコスト・工期・品質への影響

　米国の連邦補助道路プロジェクトで、デザイン・ビルド方式を認める際に最も関心があったのが、デザイン・ビルドによる方式がコスト、工期および品質の面で従来方式に比べてどのように変わるかということであった。本調査では、調査対象となったデザイン・ビルド・プロジェクトの責任者であったマネージャーに対して、コスト、工期および品質への影響度についての質問を行った。**参考表4－7**はその結果である。質問に対する回答は、マネージャーの見解は大きく分かれたが、平均値では工期を14.1％短縮、コストを2.6％縮減できたとなっているが、品質には差異がないという結果になっている。

　この結果は、データに基づくものではなく、マネージャーの推定である。しかし、デザイン・ビルド・プロジェクトの経験をした者の判断であり、デザイン・ビルド方式の特性の一面を示していると考えられる。なお、表中のマイナス印は、工期短縮、コスト縮減、品質低下を意味している。

参考表4－7　デザイン・ビルド方式と従来方式の比較

	工期	コスト	品質
回答者数　（人）	62	48	61
平均値　（％）	－14.1	－2.8	0.0
中央値　（％）	－10.0	0.0	0.0
最大値　（％）	－63.0	－61.8	10.0
最小値　（％）	50.0	65.0	－10.0

(48～62回答)

7 デザイン・ビルド方式による発注までの準備作業

デザイン・ビルド方式はプロジェクトの計画あるいは設計の早い段階から、工事を実施する業者のノウハウを活用することを目的にしている。本調査で6つの州交通局が実施したデザイン・ビルド方式による発注プロジェクトについて、入札前の用地取得、プロジェクトを実施するうえで必要となる許可・承認取得、環境影響審査、設計の進捗度についての調査が行われた。

用地取得は52％のプロジェクトで発注前に95％以上の取得率であった。しかし、48％のプロジェクトの用地取得率は0％から85％の範囲に分布していた。この傾向はプロジェクトの実施に必要な許可・承認取得、および環境影響審査にもほぼ共通している。

設計については、デザイン・ビルドの発注時に詳細設計が完了している例はなかった（編注：おおむね、進捗度が50％〜100％の設計が詳細設計、10％〜50％の設計が概略設計である）。本調査で殆どのプロジェクトは設計進捗度が15％〜50％の範囲で、平均は31％であった。ただし、一部のプロジェクトは設計に着手する前に発注された。設計進捗度が高いプロジェクトの入札評価は、価格のみによる例が多く、反対に設計進捗度が低いプロジェクトの入札は総合評価方式による例が多いといわれている。

参考図4－3は、従来方式によるプロジェクトとデザイン・ビルドのプロジェクトが発注される時点での準備作業の平均進捗度を比較したものである。

8 入札資格

米国の公共工事で、従来方式の発注の入札は、原則として一般競争入札である。ただし、一般競争入札であっても多くの州政府は、事前資格審査に基づく登録制度を設けている。この登録は一定期間有効で通年登録制とも呼ばれる。すなわち、入札に参加を希望する者は予め発注者に登録することが必要である。ただし、登録は随時受け付けられる。

一方、デザイン・ビルド方式での入札者は、次の何れかで決定される（**第2章第2節2.1**「デザイン・ビルドによる請負業者選定方式」を参照）。

① 発注案件ごとに登録業者で入札を希望する者について、発注案件固有の入札資格を審査して、有資格と判断された者の中から、3〜5社を指名する2段階指名方式（編注：本書の他の部分では「能力評価型指名方式」と呼ぶこ

参考図4－3　入札時でのプロジェクト準備作業進捗度

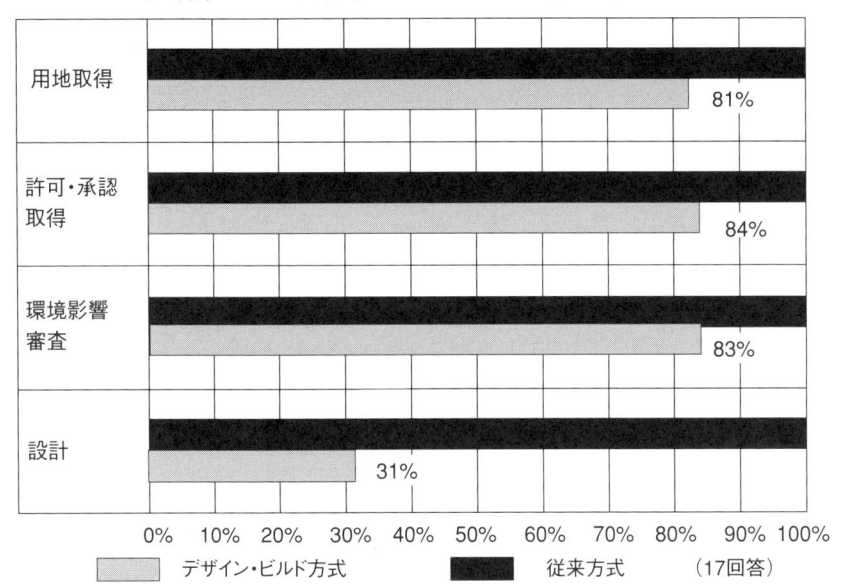

項目	デザイン・ビルド方式	従来方式
用地取得	81%	100%
許可・承認取得	84%	100%
環境影響審査	83%	100%
設計	31%	100%

（17回答）

とがある)。
② 発注案件ごとに登録業者で入札を希望する者について、発注案件固有の入札資格を審査して入札者を決定する1段階方式。
③ 一般競争入札と同様に通年登録を入札資格とする方式。
④ その他。

本調査の対象となったデザイン・ビルドでの入札者の決定方法の分布は下表の通りである。

参考表4－8　入札者の決定方法

入札者の決定方法	比率（％）
2段階指名方式	48
1段階方式	17
通年登録者	21
その他	14

（29回答）

9　入札者の数

　デザイン・ビルド方式の入札希望者は従来方式の入札希望者に比べればかなり少ない。その主たる理由はデザイン・ビルドの入札費用が従来方式に比べてかなり高額となることである。連邦道路庁のデザイン・ビルド規則によれば、2段階指名方式での指名数は原則として3～5社にするとしている。これは入札の競争性確保と建設業者への過度の入札費負担を回避するためと言われている。半数強の発注者は入札者を増やして競争を高めるために、非落札者に入札費用の一部を入札報酬額として支払っている。2段階指名方式は、発注者が支払う入札報酬額に一定の歯止めを掛けることにもなっている。**参考表4－9**は、デザイン・ビルド方式と従来方式での入札状況である。デザイン・ビルドの平均入札者数は4社であるが、連邦道路庁は4社程度が入札すれば、必要な競争性は確保されると判断している。

参考表4－9　入札者数

	デザイン・ビルド方式の入札			従来方式の入札		
	平均	最大	最小	平均	最大	最小
入札希望者	6	15	3	10	40	0
入札有資格者	4	6	2	6	12	0
地元業者の入札者（注）	3	5	1	5	10	2
入札報酬額（1,000ドル）	$48.8	$250.0	$0.0	$0.0	$0.0	$0.0

（注：地元業者とは入札チームの中心業者が発注機関の所在地に存在する業者）

（24回答）

　デザイン・ビルド方式の入札で地元業者がリーダーとなって構成された入札チームが、平均4社の入札資格者のうち3社で約81％である。一方、従来方式での地元業者は入札有資格者6社のうち5社で91％を占めている。このデータからはデザイン・ビルド方式は全国規模で営業する大手建設業者に著しく有利で地元業者に不利となるとは必ずしも言い切れない。

10　デザイン・ビルドの下請発注率

　米国のデザイン・ビルド入札では、落札した場合に一定規模以上の工事を下

請発注することを予定している入札者は技術提案に下請業者名を明示することになっている。技術提案に記載された下請の建設業者およびコンサルタントは、入札者とともに契約履行チームの構成員という位置付けになる。通常、デザイン・ビルドで下請発注と言われるのは、請負業者が契約履行チームの構成員以外の建設業者あるいはコンサルタントにデザイン・ビルド契約の一部を外注することである。別の言い方をすれば、受注工事あるいは設計を元請業者でなくても、契約履行チームの構成員が実施する場合、それは下請発注と見なされない。

(全デザイン・ビルド・プロジェクトでの下請率)

調査対象の全デザイン・ビルド契約での工事と設計の平均下請率は下表の通りである。

参考表4－10　工事と設計の下請率

	契約履行チーム実施率（%）	下請業者実施率（%）
工事	75	25
設計	40	60

（48回答）

(類似プロジェクトでのデザイン・ビルドと従来方式での下請率)

類似のプロジェクトで、デザイン・ビルド方式の契約と従来方式の契約についての下請率の比較は、下表の通りである。

参考表4－11　類似プロジェクトでの下請率比較

	契約履行チーム実施率(%)	下請業者実施率(%)
デザイン・ビルド方式契約の工事	79	21
従来方式契約工事	76	24
デザイン・ビルド方式契約の設計	48	52
従来方式契約設計	89	11

（5～11回答）

工事に関してはデザイン・ビルド契約と従来方式契約との間で下請率に大差はない。これは建設業者が自ら施工する傾向が強いことを反映していると推測

される。設計に関してはデザイン・ビルド契約の下請率が著しく高くなっている。これはデザイン・ビルドの請負業者は大部分が建設業者であり、設計を外部の専門家に依頼する傾向があるためと推測される。

11　入札金額の内訳記載方法

デザイン・ビルド契約では「5　プロジェクトの種類別の契約金支払い方法」の項で説明した通り、契約金の大部分はランプサム方式で支払われる。従って、入札時に提出される入札価格内訳書で大部分の工種はランプサムで記載される。本調査の対象となったデザイン・ビルド契約については、**参考図4－4**に示す通り平均で契約金額の67％がランプサムで、ユニット・プライスで記載された工種の金額は26％、その他が7％であった（注：前述の5項は16プロジェクトの支払い方法の平均であり、本11項は69プロジェクトの内訳記載の平均である）。

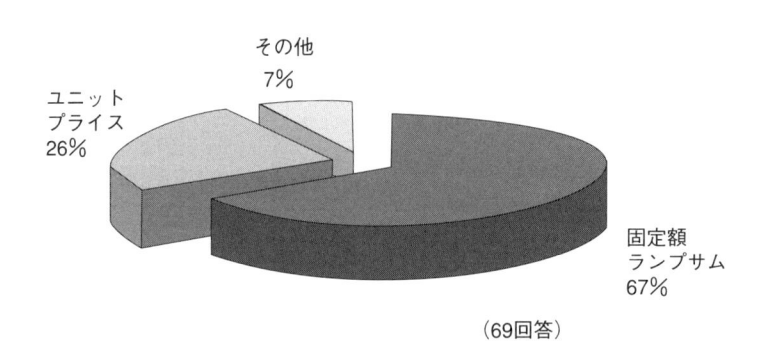

参考図4－4 入札金額の内訳記載方式

（69回答）

ランプサム方式では、従来方式の出来高支払いで求められる詳細な数量の測定と確認に代えて工事進捗に基づく請求書（Progress billing）での支払いが可能になる。さらにランプサム方式は、発注者と請負業者の双方に現場での請求書作成と支払いに関する契約管理事務の簡素化と省力化効果をもたらす。また、ランプサム方式では工程管理がより重視されることから、請負業者は工事費の増大の主要因となる追加工事を避け、かつ工期内に完成するために当初の工事範囲を逸脱しない努力をすると期待されている。

12 デザイン・ビルド契約仕様書

　従来方式の契約の仕様書は、設計方法、施工方法を指示する規定型仕様書であるが、多くの規定型仕様書は長年の実績で裏付けされた技術をベースにして作成され、現時点での最新技術が反映されない嫌いがある。一方、デザイン・ビルド方式の契約では、請負業者が最新の技術を駆使して設計、施工ができるように、規定型仕様書に代えて機能型仕様書を採用するのが望ましいと言われている。しかし、本調査の結果によると調査対象のデザイン・ビルド・プロジェクトの69件のデータによれば、規定型仕様書を使用しているプロジェクトの率は73％、機能型仕様書は20％にとどまっていた（**参考表4－12**を参照）。

　デザイン・ビルド契約の17プロジェクトと、それらに類似した従来方式契約の17プロジェクトとの間では、規定型仕様書と機能型仕様書の比率に差は殆どなかった。

参考表4－12　規定型仕様書と機能型仕様書の使用比率

	調査件数	規定型仕様書（％）	機能型仕様書（％）
デザイン・ビルド契約	69	73	20
類似プロジェクトとの比較			
デザイン・ビルド契約	17	58	34
従来方式契約	17	59	33

13 報酬と罰則に関する契約条項

　米国では、工事プロジェクト契約に報酬（インセンティブ：Incentive）と罰則（ディスインセンティブ：Disincentive）条項を設ける例が少なくない。インセンティブ条項は工期短縮など発注者に都合の良い契約履行をした場合に報奨金を支払うものである。一方、ディスインセンティブ条項は工期遅延、不良品質などの発生を抑止するため、発注者に不都合な契約履行をした場合には罰則金を課すものである。

　本調査で回答されたデザイン・ビルド・プロジェクトのうち20％のプロジェクト契約でインセンティブ条項が設けられていた。一方、ディスインセンティブ条項は46％のプロジェクト契約で用いられていた。**参考表4－13**はインセン

ティブ条項、**参考表4-14**はディスインセンティブ条項の対象になった項目である。

最も頻繁に報酬の対象となっている項目は、プロジェクトあるいは、その一部の早期完成、舗装の平坦性などの高品質の確保である。

参考表4-13　インセンティブ条項の対象項目

早期完成 　① プロジェクトの早期完成への定額報酬 　② プロジェクトの早期完成への日割り報酬 　③ 予め指定した工種、例えば橋梁、信号機設置の早期完成への報酬
交通管理 　① 工事中に一般交通用の補助車線の確保への報酬 　② 工事箇所での交通渋滞緩和対策への報酬
収入分配 　① 有料道路の早期完成による料金収入増額への報酬
工事品質 　① 舗装の平坦性あるいは乗り心地改善への報酬 　② 高品質の材料使用への報酬 　③ 出来栄えへの報酬
その他 　① 良好なプロジェクト管理、品質管理、工程管理への報酬 　② 交通安全確保への報酬 　③ 良好な広報活動への報酬

ディスインセンティブ条項の対象項目には、当然のことながらインセンティブ条項の対象項目の対極となるものが多い。

参考表4-14　ディスインセンティブ条項の対象項目

工期遅延罰則 　① プロジェクト完成の遅延に対する罰則 　② 完成遅延に起因する損害に対する賠償 　③ 道路平坦性の不適格に対する罰則
契約書で明示した損害 　① 実質的完成時期の遅延に対する罰則 　② 最終引渡し時期の遅延に対する罰則

> その他のディスインセンティブ
> ① 無償での工期延伸許可条件の制限
> ② 工事期間中の車線、路肩閉鎖に対する車線賃貸料（レーンレンタル方式を取り入れた契約の場合）

(69回答)

14　保証期間の延伸

　デザイン・ビルド方式の特性の一つが、設計責任と施工責任の両方を請負業者に求めることである。従って、デザイン・ビルド契約では契約履行結果に対する請負業者の保証期間が、従来方式の契約での保証期間より長くされる傾向がある。今回の調査対象となったデザイン・ビルド・プロジェクト69件の30％で、従来方式の契約に比べてより長い保証期間を設けている。なお、これまでの従来方式の契約で請負業者に求める保証は、主として適正な材料の使用と適切な施工を保証（Materials and Workmanship Warranty）する、いわゆる瑕疵担保保証であるが、デザイン・ビルド方式の契約では、建設した構造物の機能・品質保証（Performance Warranty）を求めることもある。

　今回の調査で保証期間を従来方式より延伸したデザイン・ビルド・プロジェクトのうち、3分の2が瑕疵担保保証、残りの3分の1は機能保証であった。プロジェクトによって保証期間は1～7年の範囲で分布し、平均は4年強であった。

　本調査への回答者の大部分は、保証期間の延伸はデザイン・ビルド方式の技術提案の評価対象となる品質、工期、コストに対して殆んど影響を与えなかったと答えている。多くの回答者は保証期間の延伸は入札・契約方式の問題でなく、プロジェクトの機能の一部として捉えるべきと指摘している。

編注：米国の道路信託基金は維持管理に使用することが認められていなかったため、連邦政府からの補助金を受ける道路プロジェクトの工事契約では、将来の維持管理につながる保証条項を入れることができなかった。連邦道路庁が1995年8月25日に国家道路網システムの道路プロジェクトの工事契約での保証条項に関して「暫定最終規則（Interim Final Rule）」を発行し、続いて1996年4月16日に「最終規則」を発行したことから、現在は、道路の建設工事契約で保証条項を入れることができるようになった。ただし、

今でも日々の維持管理（Routine maintenance）は、連邦政府の補助対象になっていない。

　今では従来方式の契約による道路プロジェクトでも保証条項を入れる例が多くなってきている。保証期間は、発注機関、プロジェクトの種類によって異なっている。最近は従来方式の契約でも保証期間を延ばす傾向がある。例えば、イリノイ州では州法で、試験的に2000会計年度〜2004会計年度の間に発注する道路プロジェクトのうち20件の契約で5ケ年間の保証期間条項を設けることが定められた。

15　デザイン・ビルド方式の中小企業への影響

　デザイン・ビルド方式の導入に際して、中小企業からはデザイン・ビルドのプロジェクトに参画できないのではないかとの懸念が示された。デザイン・ビルド入札は、中小企業にとって入札資格審査、ボンド保証の取得の面で不利になると考えられたからである。このような懸念に配慮して、幾つかの発注者は小規模なプロジェクトにもデザイン・ビルド方式を取り入れ、中小企業にデザイン・ビルドへの参画機会を与えた。なお、本調査で中小企業の参画とは元請業者、ジョイント・ベンチャー、パートナー、あるいは下請業者の何れかによる参画のことを指している。

　本調査によると**参考表4-15**に示すように、デザイン・ビルド契約のプロジェクトと従来方式の契約のプロジェクトの間で、中小企業が関与する工事金額（Project Costs Provided by Small Firms）には殆んど差異が見られなかった。

参考表4-15　デザイン・ビルドの契約と従来方式での中小企業の参画状況

入札・契約方式	デザイン・ビルド（％） 平均	最大	最小	従来方式（％） 平均	最大	最小
中小企業が関与する工事金額率	31.3	55.0	5.0	33.0	55.0	15.0
地元企業が元請業者である場合での中小企業が関与する工事金額率	32.3	75.0	5.0	32.9	75.0	15.0

(15〜22回答)

　本調査の回答者の3分の2は、デザイン・ビルド方式での元請業者と下請業者の経営規模は、従来方式の場合と差異がないと報告した。残りの3分の1は、

デザイン・ビルド方式の元請業者の経営規模は、従来方式の元請業者のそれに比べてかなり大きいと報告している。ただし、コンサルタント（元請業者ではないが、契約履行チームのメンバーのことが多い）の経営規模に限れば、デザイン・ビルド方式と従来方式の間に大差はないという結果になっている。

全体的に見た場合、デザイン・ビルド方式の元請業者の規模は従来方式の元請業者に比べやや大きいが、下請業者についてはほぼ同じである。これらの結果からは中小企業にとってデザイン・ビルド方式にも従来方式と同程度の参画チャンスがあると言える。特に、下請に限れば、デザイン・ビルド方式で中小企業の受注機会が損なわれることはないと言える。

編注： 中小企業とは従業員が500人以下で、年間売上額が
・総合建築請負業者（General Building Contractor）、総合土木請負業者（Heavy Construction Contractor）の場合は2,850万ドル以下、
・専門工事請負業者（Special Trade Construction Contractor）の場合は1,200万ドル以下の企業のことをいう。

―― 著者略歴 ――

のもと　のぶいち
埜本　信一

1937年　岐阜市に生まれる
1960年　名古屋工業大学土木工学科卒業
　　　　建設省（現・国土交通省）、タンザニア共和国公共事業省、
　　　　アジア開発銀行、（社）国際建設技術協会などに勤務
　　　　長年にわたり、アメリカ、イギリス、フランス、ドイツな
　　　　どの公共工事調達方式の調査・研究に従事
現　在　（株）東光コンサルタンツ最高顧問
　　　　（社）国際建設技術協会参与
著　書　欧米の公共工事調達システム（大成出版社）
　　　　建設工事のクレームと紛争（大成出版社）
　　　　建設VE（日経BP）
　　　　国際化時代の建設英語（大成出版社、共著）

公共工事のデザイン・ビルド
―日・米・英にみるパートナーシップのデザイン・ビルド方式―

2008年5月20日　第1版第1刷発行

編　著　埜　本　信　一
発行者　松　林　久　行
発行所　株式会社 大成出版社
東京都世田谷区羽根木 1―7―11
〒156-0042　電話(03)3321―4131(代)
http://www.taisei-shuppan.co.jp/

©2008　埜本信一　　　　　　印刷　亜細亜印刷
落丁・乱丁はお取替えいたします
ISBN 978-4-8028-2809-3

関連図書のご案内

■ 7年ぶりに改正された逐条解説書の最新版！

民間（旧四会）連合協定工事請負契約約款の解説 【平成19年（2007）5月改正】

編著■民間（旧四会）連合協定工事請負契約約款委員会
A5判・並製カバー装・280頁・定価3,200円（本体3,048円）
図書コード9347・送料実費

＜改正主旨＞①監理者の役割の明確化、②「四会連合協定建築監理業務委託契約約款」・同「業務委託書」との整合性、③その他など。
　監理者に関係する条項が主に改正された最新版！

■「大成ブックス」シリーズ　建築生産実務の必携書

建築の著作権入門

著者■大森　文彦
A5判・並製カバー装・180頁・定価1,890円（本体1,800円）
図書コード9271・送料実費

【基本編】
1　著作権法の目的とその他の知的財産権
2　著作物
3　著作者
4　著作者の権利全般
5　著作者人格権
6　著作権
7　著作権の侵害等
8　著作権の保護期間と制限
9　著作権の登録

【応用編】
1　設計図書(設計図と仕様書)
2　エスキス
3　施工図
4　完成した建築物
5　土木の工作物
6　模型・竣工図・竣工写真の著作物性
7　設計変更と著作者人格権・著作権

■「大成ブックス」シリーズ第2弾！！
取引を巡る契約についての注意点・問題点を実務に即して分かりやすく解説

現代建設工事契約の基礎知識

A5判・並製カバー装・210頁
定価2,100円（本体2,000円）
送料実費

第1章　建設工事契約に関する基本問題
第2章　建設業法・下請法の規制
第3章　工事契約締結過程の諸問題
第4章　工事契約履行過程の諸問題
第5章　工事履行後の諸問題
第6章　工事代金債権の保全・契約当事者の倒産
第7章　新形態の建設工事契約の留意点

株式会社 大成出版社
〒156-0042 東京都世田谷区羽根木1-7-11
TEL 03-3321-4131　FAX 03-3324-7640
ホームページ　http://www.taisei-shuppan.co.jp/
※ホームページでもご注文いただけます。